SpringerWienNewYork

Veröffentlichungen des Instituts Wiener Kreis

Band 15

Hrsg. Friedrich Stadler

Anne Siegetsleitner (Hrsg.)

Logischer Empirismus, Werte und Moral

Eine Neubewertung

SpringerWienNewYork

Dr. Anne Siegetsleitner
Universität Salzburg, Salzburg, Österreich

Printed in Germany

SpringerWienNewYork ist ein Unternehmen von
Springer Science + Business Media
springer.at

Satz/Layout: Reproduktionsfertige Vorlage der Herausgeber
Druck: Strauss GmbH, D-69509 Mörlenbach

Gedruckt auf säurefreiem, chlorfrei gebleichtem Papier
SPIN 12788231

Bibliografische Information der Deutschen Nationalbibliothek
Die Deutsche Nationalbibliothek verzeichnet diese Publikation in der Deutschen Nationalbibliografie; detaillierte bibliografische Daten sind im Internet über http://dnb.d-nb.de abrufbar.

ISBN 978-3-7091-0159-9 SpringerWienNewYork

Inhaltsverzeichnis

Editorial

Logische Empiristinnen und Empiristen – allen voran die Mitglieder des Wiener Kreises – hielten Wert- und Normsätze (einschließlich jener in Moral und Ethik) für kognitiv sinnlos. Wert- und Moralphilosophie waren ihnen ebenso suspekt wie die Metaphysik und wurden in Bausch und Bogen abgelehnt. Abgesehen von sprachphilosophischen Ausführungen zu ihrer nonkognitivistischen Metaethik herrschte deshalb Schweigen und weitgehend Desinteresse an Fragen der Moral und Lebenspraxis. So will es kurz gefasst die vorherrschende Sicht vom Verhältnis des Logischen Empirismus zu Werten und Moral. Diese Auffassung ist in weiten Kreisen philosophisches Gemeingut und wird spätestens nach einem Einführungskurs in Wertphilosophie oder Ethik als bekannt vorausgesetzt. Was sollte es dazu noch zu sagen geben?

Vom 4.–5. Juli 2008 fand in Salzburg unter Leitung der Herausgeberin die Tagung „Logischer Empirismus, Werte und Moral: ein schwieriges Verhältnis neu gesehen" statt, in der dieses vorherrschende Bild kritisch hinterfragt wurde. Halten die herkömmlichen Ansichten einer näheren Betrachtung stand? Gilt es die gängige Sicht zu revidieren? Für wissenschafts- und erkenntnistheoretische Fragen ist längst eine Neubewertung des Logischen Empirismus im Gange. Was Fragen der Wertphilosophie und der Ethik anbelangt, geschieht dies erst vereinzelt und ansatzweise.

Der vorliegende Band, der auf die Vorträge der Salzburger Tagung zurückgeht, rückt diese bisher vernachlässigten Forschungsfragen ins Zentrum des Interesses und vereint Beiträge, die sich eingehend mit dem Verhältnis von Logischem Empirismus, Werten und Moral befassen, um eine umfassendere Behandlung der Thematik zu ermöglichen. Es wird v.a. anhand des Wiener Kreises dargelegt, was Logische Empirist(inn)en zu Werten und Moral zu sagen hatten und welche Formen von Ethik und Wertphilosophie im Rahmen des Logischen Empirismus als möglich erachtet wurden. Es werden darin entschieden vielfältigere Bezüge vorgestellt und diskutiert, als es die vorherrschende Sicht des Verhältnisses nahelegen würde. Dennoch muss es sich bei einem Sammelband mit bescheidenem Umfang unweigerlich um eine Auswahl handeln, mit der nicht der Anspruch verbunden sein kann, eine umfassende oder gar erschöpfende Abhandlung der Thematik vorzulegen. Der Band kann und will jedoch Anfang und Anstoß zu einer solchen sein.

Ich danke den Vortragenden der Tagung für ihre rege und anregende Teilnahme an der Veranstaltung und dafür, ihre Beiträge hier veröffentlichen zu dürfen. Friedrich Stadler gebührt mein Dank für die Möglichkeit, die Beiträge in dieser Reihe zu publizieren, und Robert Kaller für seine hilfreiche Unterstützung im Layout. Mein Dank gilt zudem dem österreichischen *Fonds zur Förderung der wissenschaftlichen Forschung*, der durch das von ihm geförderte Elise-Richter-Projekt „Logischer Empirismus, Moral und Recht" (FWF-Projekt V48-G14), im Rahmen dessen die Tagung abgehalten wurde und dieser Band entstand, die finanziellen Voraussetzungen für diese Publikation geschaffen hat.

Salzburg, im Juli 2009 Anne Siegetsleitner

Anne Siegetsleitner

Logischer Empirismus, Werte und Moral: Anmerkungen zur vorherrschenden Sicht

Zur vorherrschenden Sicht vom Verhältnis der Logischen Empiristinnen und Empiristen zu Werten und Moral zählt die Meinung, diese hätten wenig bis keinerlei Interesse an Werten und Moral gezeigt. Diese Ansicht wird genau genommen in zwei Varianten vorgebracht: In einer Variante wird behauptet, Werte und Moral seien für diese persönlich als Menschen und Bürger(innen) unwichtig gewesen. Eine zweite Variante bezieht sich auf die fachliche Ebene und besagt, Werte und Moral seien für sie fachlich als Philosoph(inn)en bzw. Wissenschaftler(innen) von geringem bis keinem Interesse gewesen. Ihr minimales fachliches Interesse führte aufgrund logisch-empiristischer Grundannahmen lediglich zu einer Beurteilung von Wert- und Normsätzen (einschließlich moralischer und ethisch-normativer) als sinnlos. Diese Ansicht ging und geht nicht selten mit dem Vorwurf einher, eine spezifisch logisch-empiristische Ethik würde Werte und Moral zerstören.[1] Besonders in Deutschland, wo der Positivismus – für den Logischen Empirismus sind auch die Namen „Logischer Positivismus" und „Neopositivismus" geläufig – einen schlechten Ruf hat, ist diese Beurteilung des Logischen Empirismus noch immer weit verbreitet. Dies ist nicht zuletzt einem alten Angriff auf den Wiener Kreis durch Max Horkheimer (mit Theodor Adorno im Hintergrund) aus dem Jahre 1937 und dem sogenannten „Positivismusstreit" aus den 60er Jahren geschuldet:[2]

---

1 Der Brentano-Anhänger Oskar Kraus von der Deutschen Universität Prag hielt nicht nur die Position Carnaps für gemeingefährlich (siehe Edgar Morscher im vorliegenden Band), sondern schrieb in einem Brief an eine Wiener Cousine, die mit Karl Menger bekannt war, dessen Buch *Moral, Wille und Weltgestaltung* sei falsch und unmoralisch (siehe Anne Siegetsleitner/Hannes Leitgeb im vorliegenden Band). Die Frau war alarmiert und diskutierte den Brief und Mengers Buch mit Schlick. Da Schlick sie nur halb beruhigen konnte, wandte sie sich schließlich an Max Planck, der ihr versicherte, das Buch sei weder inkorrekt noch unmoralisch. Erst damit gab sie sich zufrieden (Karl Menger, *Reminiscences of the Vienna Circle and the Mathematical Colloquium.* Hg. v. Louise Golland / Brian McGuinness / Abe Sklar. Dordrecht–Boston–London: Kluwer 1994, p. 191).

2 Max Horkheimer, „Der neueste Angriff auf die Metaphysik", in: *Zeitschrift für Sozial-*

> So hat sich etwa im Gefolge des berühmten Positivismusstreits in der deutschen Soziologie in weiten auch philosophisch interessierten Kreisen die Ansicht breitgemacht, der Wiener Kreis sei eine etwas weltfremde, vorwiegend an logischer, mathematischer und physikalischer Grundlagenforschung interessierte, ansonsten aber gegenüber den Problemen seiner Zeit gleichgültige oder implizit konservative Gruppierung gewesen.[3]

Doch selbst in der Analytischen Philosophie, die den Logischen Empirismus zu ihren Wurzeln zählt, ist ein apolitisches, ja amoralisches und von einer normativ enthaltsamen logisch-empiristischen Ethik gezeichnetes Bild des Logischen Empirismus lang gepflegte Tradition.[4]

In der Forschung zum Logischen Empirismus besteht mittlerweile breite Übereinkunft darüber, dass diese philosophische Bewegung keine gemeinsame Lehre hervorbrachte und keine homogene Schule bildete, wenngleich es eine weit geteilte Grundhaltung gab. Deshalb ist es in historischer Hinsicht treffender, beim Logischen Empirismus von einer philosophischen Bewegung und nicht von einer einheitlichen philosophischen oder wissenschaftstheoretischen Position zu sprechen. Getragen wurde diese Bewegung bekanntlich vor allem vom Wiener Kreis um Moritz Schlick, Otto Neurath und Rudolf Carnap sowie von der Berliner Gruppe um Hans Reichenbach. Wie weit darüber hinaus die Bewegung gefasst werden soll, ist strittig. Eng verbunden waren ihr jedenfalls einzelne Philosoph(inn)en im skandinavischen und anglo-amerikanischen Raum wie beispielsweise Alfred J. Ayer, Lizzie Susan Stebbing und Eino Kaila. Die Abgrenzung einer historischen Bewegung ist ein notorisch schwieriges Unterfangen, auf das hier nicht näher eingegangen werden kann.

---

forschung 6, 1937, pp. 4-51. Zur Überlegung von Kooperationen zwischen Frankfurter Schule und Logischem Empirismus siehe Hans-Joachim Dahms, *Positivismusstreit. Die Auseinandersetzung der Frankfurter Schule mit dem logischen Positivismus, dem amerikanischen Pragmatismus und dem kritischen Rationalismus.* Frankfurt am Main: Suhrkamp 1994.

3 Hans-Joachim Dahms, „Vorwort“, in: Hans-Joachim Dahms (Hg.), *Philosophie, Wissenschaft, Aufklärung. Beiträge zur Geschichte und Wirkung des Wiener Kreises.* Berlin–New York: de Gruyter 1985, pp. VII-XI, hier p. VIII.

4 Wenn ich diese Sicht die „vorherrschende“ nenne, will ich nicht behaupten, diese werde von allen Philosoph(inn)en geteilt. Eine komplexere Sicht im Überblick findet sich z.B. schon bei Heiner Rutte, „Ethik und Werturteilsproblematik im Wiener Kreis“, in: János C. Nyíri (Hg.), *Von Bolzano zu Wittgenstein.* Wien: Hölder-Pichler-Tempsky 1986, pp. 162-172.

Dass Metaphysikkritik, ein verifikationistisches Sinnkriterium und die Idee einer Einheitswissenschaft (Stichwort „Physikalismus") eine zentrale Rolle spielten, ist nicht von der Hand zu weisen. Doch schon im Wiener Kreis gingen beispielsweise die Auffassungen darüber, was Metaphysik sei, ob und welches verifikationistische Sinnkriterium möglich und zweckmäßig sei, weit auseinander. Schlick parodierte Neuraths Idee der Einheitswissenschaft als „Einheizwissenschaft", Neurath fand wiederum manche von Schlicks Ansichten zu metaphysisch. Gemeinsam war der Bewegung dennoch der Kampf gegen Irrationalismus sowie eine methodische Ausrichtung an sprachlicher Klarheit, Nachvollziehbarkeit der Argumentation, moderner mathematischer Logik und die Unterteilung von Problemen in Einzelfragen, wobei selbst hier große Unterschiede in der Ausprägung zu verzeichnen sind.[5] Eric Hilgendorf, der 1998 eine Textsammlung zur Moral- und Rechtsphilosophie des Logischen Empirismus herausgab, betont nicht zuletzt auch die gemeinsame Forderung nach intellektueller Redlichkeit.[6] Diese Vielfältigkeit könnte nach einigen Jahrzehnten einschlägiger philosophiehistorischer Forschung – nicht zuletzt jene des *Instituts Wiener Kreis* – hinlänglich bekannt sein, ist sie aber leider nicht. Da die Bewegung aus losen Gruppen mit einer weit geteilten Grundhaltung bestand, wird es zudem der Bewegung als historischem Phänomen nicht gerecht, Repräsentant(inn)en auszuwählen, deren Positionen über die Grundhaltung hinaus als pars pro toto genommen wird, selbst dann nicht, wenn es sich um zentrale Figuren wie Carnap handelt. Dies gilt, wie der vorliegende Band aufzeigen wird, auch für das Verhältnis des Logischen Empirismus zu Werten und Moral.

Dass den Logischen Empirist(inn)en Werte und Moral persönlich, v.a. auch als Bürgerinnen und Bürger, nicht wichtig gewesen seien, ist klar widerlegt. Viele von ihnen waren parteipolitisch, gesellschaftspolitisch und sozial aus moralischen Beweggründen heraus aktiv. Sie sahen sich dabei in einer Aufklärungstradition und standen in Wien im kulturellen Umfeld der Spätaufklärung, die sich u.a. in Monisten- und Freidenkerbewegung, Sozialistischer Kulturbewegung, Ethischer Gesellschaft, Frauenvereinen und einer Reihe reformerischer Vereine wie dem von Josef Popper-Lynkeus gegründeten *Verein Allgemeine Nährpflicht* organisierte.[7] Die einen tendierten in

5 Siehe dazu Eric Hilgendorf (Hg.), *Wissenschaftlicher Humanismus. Texte zur Moral- und Rechtsphilosophie des frühen logischen Empirismus.* Freiburg–Berlin–München: Haufe 1998, p. 379.

6 *Ibid.*, p. 381.

7 Siehe dazu Friedrich Stadler, *Studien zum Wiener Kreis. Ursprung, Entwicklung und Wirkung des Logischen Empirismus im Kontext.* Frankfurt am Main: Suhrkamp 1997, pp. 210-224.

ihrem Engagement zu praktischer sozialistischer Politik, zur Arbeiter- und Volkshochschulbildung (u.a. Otto Neurath, Edgar Zilsel, Herbert Feigl, Friedrich Waismann). Andere wie Moritz Schlick, Victor Kraft und Rudolf Carnap[8] (auch) zum Engagement im Rahmen der Ethischen Gemeinde, die sich in der Tradition der ethischen Kulturbewegung und der ethischen Gesellschaften um eine moralische Erneuerung der Gesellschaft bemühte und dabei in der Zwischenkriegszeit nicht so unpolitisch war, wie vielfach angenommen (siehe Sonja Kato-Mailáth-Pokorny im vorliegenden Band).[9] Einige Mitglieder des Wiener Kreises waren in der Sozialdemokratischen Arbeiterpartei (SDAPÖ) aktiv, unter ihnen Neurath und Zilsel, die beide regelmäßig in der Zeitschrift *Der Kampf*, dem theoretischen Organ dieser Partei, publizierten. Politisch am aktivsten war der Nationalökonom und Philosoph Neurath.[10] Aber auch Mitglieder der Berliner Gruppe waren aus klarer moralischer Überzeugung (gesellschafts-)politisch tätig: Hans Reichenbach und Kurt Grelling engagierten sich schon in der sozialistischen Studentenbewegung. Grete Hermann, wie Grelling von Leonard Nelson stark beeinflusst, war beispielsweise im *Internationalen Sozialistischen Kampfbund*, den Nelson mit Minna Specht gegründet hatte, aktiv, auch nach ihrer Emigration nach London. Nach der Rückkehr in die BRD gestaltete sie die Bildungs- und Kulturpolitik der SPD führend mit. Was das politische Engagement Logischer Empirist(inn)en betrifft, ist nicht zuletzt durch die Neurath-Renaissance der vergangenen Jahrzehnte ein bereits nachhaltiger Wandel der Einschätzung der Bewegung eingetreten.

---

8 Stadler, *Studien zum Wiener Kreis*, *op. cit.*, p. 222.

9 Die Ethische Bewegung war seit ihrem Tätigwerden in Europa sowohl in der sogenannten Sozialen als auch in der Frauenfrage engagiert. Friedrich Jodl, Initiator und u.a. neben Rosa Mayreder Gründungsmitglied der österreichischen *Ethischen Gesellschaft* sowie Ordinarius an der Universität Wien, war mit Margarete Jodl verheiratet, die den ersten Wiener Frauenverein gründete. Georg von Gizycki, Mitbegründer der *Deutschen Gesellschaft für Ethische Kultur*, war Ehemann der Frauenrechtsaktivistin und Sozialistin Lily Braun. Diese Gesellschaften waren Teil eines internationalen Netzwerkes Ethischer Gesellschaften, denen weitere namhafte Ethikerinnen und Ethiker angehörten, in England etwa Henry Sidgwick (vgl. Henry Sidgwick, *Practical Ethics. A Collection of Addresses and Essays*. London: Swan Sonnenschein 1898). Auch die Gründung der Zeitschrift *Ethics* im Jahr 1890 geht auf diese Bewegung zurück (vgl. u.a. „The Future of the Journal“, in: *The International Journal of Ethics* 34, 1, 1923, pp. 1-5).

10 Vgl. dazu u.a. Dahms, *Positivismusstreit*, *op. cit.*, p. 38. Neurath publizierte auch gemeinsam mit seiner ersten Ehefrau, der Philosophin, Ökonomin und Frauenrechtlerin Anna Schapire, die bei der Geburt ihres ersten Kindes starb.

Sehr viele Logische Empirist(inn)en waren also aus einem starken moralischen Selbstverständnis heraus in (gesellschafts-)politischen Bewegungen engagierte Menschen. Für den Wiener Kreis betont Carnap in seiner Autobiographie nicht nur, dass er selbst immer starkes Interesse an moralischen Fragen hatte, sondern, dass alle im Wiener Kreis drei Meinungen unbezweifelt teilten, wodurch sie keiner Diskussion bedurften. Für die Verbindung dieser drei Überzeugungen wählte Carnap die Bezeichnung „wissenschaftlicher Humanismus“:

> […] erstens die Ansicht, daß der Mensch weder übernatürliche Beschützer noch übernatürliche Feinde hat, und daß deshalb alles, was zur Verbesserung des Lebens getan werden kann, Aufgabe des Menschen selbst ist. Zweitens waren wir der Überzeugung, daß die Menschheit fähig ist, ihre Lebensbedingungen so umzugestalten, daß viele der heutigen Leiden vermieden und die äußere und innere Lebenssituation für den Einzelnen, die Gemeinschaft und schließlich für die ganze Menschheit wesentlich verbessert werden könnte. Drittens die Ansicht, daß jede überlegte Handlung Welterkenntnis voraussetzt, daß die wissenschaftliche Methode die beste Methode der Erkenntnisgewinnung ist und die Wissenschaft deshalb als eines der wertvollsten Instrumente zur Verbesserung des Lebens betrachtet werden muß.[11]

Darin lag die moralisch-politische Haltung vielleicht nicht aller, doch maßgeblicher Mitglieder des Wiener Kreises. Durch die dritte Ansicht ergab sich ein direkter Zusammenhang von moralischer Haltung und wissenschaftlicher Tätigkeit. Deutlich zum Ausdruck kommt dies auch in der Programmschrift des Wiener Kreises, einer kurzen Schrift mit dem Titel *Wissenschaftliche Weltanschauung.* Diese wurde von Neurath konzipiert, von mehreren überarbeitet und von Carnap, Hahn und Neurath unterzeichnet. Darin heißt es:

> Wir erleben, wie der Geist wissenschaftlicher Weltauffassung in steigendem Maße die Formen persönlichen und öffentlichen Lebens, des Unterrichts, der Erziehung, der Baukunst durchdringt, die Gestaltung des wissenschaftlichen und sozialen Lebens nach rationalen Grundsät-

11 Rudolf Carnap, *Mein Weg in die Philosophie.* Stuttgart: Reclam 1993, p. 130. Dabei handelt es sich um die Übersetzung von Rudolf Carnap, „Intellectual Autobiography“, in: Paul Arthur Schilpp (Hg.), *The Philosophy of Rudolf Carnap.* Chicago, La Salle: Open Court 1963, pp. 1-84.

zen leiten hilft. *Die wissenschaftliche Weltauffassung dient dem Leben, und das Leben nimmt sie auf.*[12]

Im Leben sollte sie aufklärerischen, humanistischen und sozialistischen Reformen dienen. Werte und Moral waren für die Unterstützer(innen) des Manifestes für ihre fachliche Arbeit als Philosoph(inn)en bzw. Wissenschaftler(innen) deshalb sehr wohl als Rahmen von hohem Interesse.

Die wissenschaftliche Arbeit selbst muss sich jedoch trotz dieses Zusammenhangs nicht mit Werten und Moral befassen. Werte und Moral müssen, wenn auch *für*, so nicht *in* der fachlichen Arbeit als Philosoph(inn)en bzw. Wissenschaftler(innen) von Interesse sein. Gab es zwar persönliches Engagement und die Hoffnung einiger, die Wissenschaft diene indirekt einer aufklärerisch-humanistisch-sozialistischen Gesellschaftsentwicklung, aber gleichzeitig keine fachliche Auseinandersetzung mit Werten und Moral? Was die Diskussionstreffen des Wiener Kreis anbelangt, waren nach Berichten einiger Werte und Moral so gut wie nie Gegenstand der Diskussionsabende.[13] Carnap hingegen behauptet, es wäre in den Diskussionen zumindest häufig „um die Klärung der logischen Natur von Werturteilen" gegangen.[14] Fest steht, dass Werte und Moral in publizierten Werken behandelt wurden. Auf Äußerungen in den Werken Logischer Empiristinnen und Empiristen basiert jedenfalls die Annahme einer spezifisch logisch-empiristischen Ethik, der gemäß Wert- und Normsätze (kognitiv) sinnlos seien. Dies wird mit zwei Grundannahmen untermauert, die als fixer Bestandteil des (frühen) Logischen Empirismus gesehen werden. Rainer Hegselmann führt sie folgendermaßen aus:

1. „Erkenntnis kann nur durch Erfahrung gewonnen werden." (Basistheorem)
2. „Man kann unterscheiden zwischen den sinnvollen Sätzen, die wahr oder falsch sind, und sinnlosen Scheinsätzen, die nur die grammatische Form sinnvoller Sätze imitieren. ‚Wahr' und ‚falsch' sind dabei Prädi-

12 Otto Neurath / Rudolf Carnap / Hans Hahn, *Wissenschaftliche Weltauffassung. Der Wiener Kreis.* Wien: Artur Wolf 1929, p. 30.

13 Diese Darstellung geben beispielsweise Victor Kraft (Heiner Rutte / Karl Acham / Johann Götschl / Peter Payer, „Gespräch mit Viktor Kraft", in: *Conceptus* 7, 21-22, 1973, pp. 9-25) und Karl Menger (Menger, *Reminiscences of the Vienna Circle and the Mathematical Colloquium*, *op. cit.*, p. 181).

14 Carnap, *Mein Weg in die Philosophie*, *op. cit.*, p. 127.

kate, die offenbar nur auf empirische und analytische Sätze angewandt werden können.“ (Sinntheorem)[15]

Gut in dieses Bild passt, was Rudolf Carnap in „Überwindung der Metaphysik durch logische Analyse der Sprache“ schreibt:

> Die logische Analyse spricht somit das Urteil der Sinnlosigkeit über jede vorgebliche Erkenntnis, die über oder hinter der Erfahrung greifen will. Dieses Urteil trifft zunächst jede spekulative Metaphysik. [...] Weiter gilt das Urteil auch für alle *Wert- und Normphilosophie*, für jede Ethik oder Ästhetik als normative Disziplin. Denn die objektive Gültigkeit eines Wertes oder einer Norm kann ja (auch nach Auffassung der Wertphilosophen) nicht empirisch verifiziert oder aus empirischen Sätzen deduziert werden; sie kann daher überhaupt nicht (durch einen sinnvollen Satz) ausgesprochen werden.[16]

Dies ist sicherlich eine der häufigsten zitierten Stellen, wenn es um die logisch-empiristische Auffassung von Werten und Moral geht. Nicht zufällig wird eine angeblich gemeinsame (oder zumindest paradigmatische) logisch-empiristische Position mit Carnapschen Formulierungen untermauert. Meist gleich gefolgt oder vorausgehend (je nach Rezeptionskreis) von Aussagen Ayers. Denn maßgeblich geprägt wurde diese vorherrschende Sicht durch eine entsprechende Darstellung in Ayers Buch *Language, Truth and Logic*, das 1936 erschien und in seiner leicht lesbaren Form vor allem im anglo-amerikanischen Raum die Sicht des Logischen Empirismus bestimmte.[17] Ayer hatte sich 1932 auf Empfehlung seines Lehrers Gilbert Ryle einige Zeit in Wien aufgehalten, wo er an Zusammenkünften des Wiener Kreises teilnahm.[18] Fortan galt im Einflussbereich des Buches ein extremer Emotivismus als (historische Ausgangs-)Position und Paradigma logisch-

---

15 Vgl. Rainer Hegselmann, „Logischer Empirismus und Ethik“, in: Moritz Schlick, *Fragen der Ethik*. Frankfurt am Main: Suhrkamp 2002, pp. 7-46, hier pp. 14f.

16 Rudolf Carnap, „Überwindung der Metaphysik durch logische Analyse der Sprache“, in: *Erkenntnis* 2, 1931/32, pp. 219-241, hier p. 237).

17 Vgl. Alfred Jules Ayer, *Language, Truth and Logic*. London: Victor Gollancz 1936; 2. Aufl. London 1946; deutsch: *Sprache, Wahrheit und Logik*. Stuttgart: Reclam 1970.

18 Alfred Jules Ayer, „Der Wiener Kreis“, in: Brian McGuinness (Hg.), *Zurück zu Schlick. Eine Neubewertung von Werk und Wirkung*. Wien: Hölder-Pichler-Tempsky 1985, pp. 8-23.

empiristischer Ethik.[19] Die Wert- und Moralphilosophie des Logischen Empirismus beschränke sich darauf zu sagen, alle Wert- und Normsätze (moralische und ethisch-normative eingeschlossen) seien sinnlos, und alles, was sie darüber hinaus leisten könne, sei die sprachphilosophische Klärung der emotiven Bedeutungsfunktion, welche später um weitere nonkognitive Bedeutungsfunktionen erweitert wurde. Der Rest sei – nicht nur mit Referenz auf Shakespeare, sondern insbesondere auch Wittgenstein – Schweigen. Diese überlieferte, herkömmliche und noch immer vorherrschende Sicht logisch-empiristischer Ethik umfasst dementsprechend im Wesentlichen folgende Thesen:

1. Empirische Untersuchungen (insbesondere psychologische, soziologische oder historische) zählen zu den legitimen Aufgaben logisch-empiristischer Ethik.
2. Die Analyse moralischer Sprache zählt zu den legitimen Aufgaben logisch-empiristischer Ethik. Alle Logischen Empirist(inn)en vertraten einen metaethischen Nonkognitivismus (wenn nicht gar Emotivismus), und nur ein Nonkognitivismus ist mit logisch-empiristischen Grundannahmen vereinbar. Möglich bleiben Aussagen über die Bedeutung und Funktionsweise moralischer Urteile, in denen moralische Urteile auf einer nonkognitivistischen Basis rekonstruiert werden.
3. Eine normative Ethik zählt nicht zu den legitimen Aufgaben logisch-empiristischer Ethik. In den logisch-ethischen Arbeiten zur Moral findet sich keine normative Ethik.[20]

Dies ist jedoch nicht nur die übliche Außenansicht der Strömung, sondern auch die in der Analytischen Philosophie tradierte, die sich u.a. als Weiterführung des Logischen Empirismus versteht. So bezog sich schon John Dewey in seiner Darlegung der „ejaculatory theory" von Wertaussagen, die er auch für die im Wiener Kreis geteilte Auffassung hielt, nur auf Ausführungen Ayers, ohne die Quelle zu nennen, was den Anschein erweckte, der Logische Empirismus insgesamt oder zumindest der Wiener Kreis würde Ayers Position vertreten.[21] In einem Brief an Dewey im Rahmen der Herausgabe dieser Schrift in der Reihe *International Encyclopedia of Unified Science*

19 Eine ähnliche Position wurde schon vor Ayer unabhängig vom Logischen Empirismus vertreten. Vgl. insbesondere Charles Kay Ogden / Ivor Armstrong Richards, *The Meaning of Meaning.* London: Routledge and Kegan Paul 1923.

20 Vgl. Hegselmann, „Logischer Empirismus und Ethik", *op. cit.*

21 John Dewey, *Theory of Valuation.* Chicago: The University of Chicago Press 1939 (Bd. 2, Nr. 4 der *International Encyclopedia of Unified Science*), pp. 6-13.

fand Carnap selbst seine eigene Position missverständlich wiedergegeben, obwohl er für sich und den Rest des Wiener Kreises eine nonkognitivistische Position bezog.[22] Diese Sichtweise ist nicht überholt, sondern hält sich hartnäckig. Auch Hilary Putnam verweist in *The Collapse of the Fact/Value-Dichotomy*, wenn es um die Ethik des Logischen Empirismus (bei ihm Positivismus) geht, lediglich auf Carnap, Reichenbach und Charles Stevenson, die bei allen Unterschieden ins vorherrschende Bild passen.[23]

Ob nun beispielsweise ein (extremer) Emotivismus eine Moral gefährdet, hängt davon ab, ob man von dieser Moral mehr erwartet, als persönliche Gefühle/Haltungen zum Ausdruck zu bringen. Persönliche Haltungen setzt auch der Emotivismus voraus, sogar in seiner extremsten Form. Ein Nihilismus oder ein Amoralismus folgt daraus also nicht. Unabhängig davon, dass die Logischen Empirist(inn)en nicht einem Nihilismus oder Amoralismus anhingen, wäre es auch keine notwendige Konsequenz einer emotivistischen oder anderen nonkognitivistischen Position. Hier hat Carnap sicherlich recht, wenn er dies am Schluss seiner Autobiographie zurückweist: „Dass die Anerkennung der nicht-kognitiven Natur der Werturteile das Desinteresse an moralischen oder politischen Aufgaben fördere oder dafür bezeichnend sei, halte ich durch eigene Erfahrung für klar widerlegt."[24] Gar nicht widersprechen würde Carnap vermutlich jener Behauptung wollen, dass der Logische Empirismus bestimmte Ansichten von Werten und Moral (dass sie notwendig zeitlos seien, vom Wollen und Streben der Menschen unabhängig etc.) zerstöre. Insofern stellte er tatsächlich eine Bedrohung für politisch konservative Kreise dar, denn abgelehnt wurde in der Tat alles, was Absolutismus und Unfehlbarkeit im Gepäck hatte (starker ethischer Realismus, Intuitionismus, religiöser Naturalismus usw.) und alles Weltabgewandte.[25]

Welche Auffassungen von Werten, Moral und Ethik im Logischen Empirismus noch als möglich erachtet und in zahlreichen Beiträgen auch

---

22 Carnap an Dewey, 11. März 1939. ASP RC 102-39-03. Zitiert in: George Reisch, *How the Cold War Transformed Philosophy of Science: To the Icy Slopes of Logic.* Cambridge: Cambridge University Press, p. 91.

23 Hilary Putnam, *The Collapse of the Fact/Value Dichotomy*. Cambridge, Mass.: Harvard University Press 2002, pp. 7-27. In *Ethics without Ontology* wird die Ethik des Logischen Empirismus nur in einer kurzen Anmerkung mit Bezug auf Ayer und Carnap erläutert (Hilary Putnam, *Ethics without Ontology*. Cambridge, Mass.: Harvard University Press 2004, p. 148).

24 Carnap, *Mein Weg in die Philosophie*, *op. cit.*, p. 129.

25 Vgl. Hans Hahn, *Überflüssige Wesenheiten* (*Occams Rasiermesser*). Wien 1930.

ausgearbeitet wurden, ist jedoch viel komplexer und vielfältiger, als das vorherrschende Bild unterstellt.[26] Dieses ist das Ergebnis mehrerer den Blick verengender geschichtlicher Entwicklungen.[27] Es ist an der Zeit, dieses kritisch zu hinterfragen und gegebenenfalls zu revidieren und zu ergänzen, um den Logischen Empirist(inn)en in ihrem Verhältnis zu Werten und Moral gerecht zu werden.

Der vorliegende Band ist Teil einer solchen Neuaufarbeitung. Edgar Morscher beschäftigt sich mit dem moralisch motivierten Kampf im Logischen Empirismus gegen Metaphysik und traditionelle Ethik und den Vorwurf, eine nonkognitivistische Metaethik gefährde die Moral und führe zu moralischer Verwahrlosung. Hohe moralische Ansprüche mit einer fundamentalen Skepsis gegenüber einer normativen Ethik verbinden sich auch bei Ludwig Wittgenstein, wie Dietmar von der Pfordten ausführt. Obzwar nie Mitglied des Wiener Kreises, übte Wittgenstein großen Einfluss auf diesen aus und gehört auch in der Ethik beispielsweise für Schlick zum theoretisch einflussreichen Umfeld. Als Umfeld für praktisches Engagement von Schlick, Kraft und Carnap schildert Sonja Kato-Mailáth-Pokorny die oben bereits erwähnte Ethische Gemeinde. Die Beiträge, die diesen einleitenden folgen, setzen sich mit der Werttheorie und Ethik einzelner Logischer Empiristen auseinander. Sie brechen dabei vielfach mit vereinfachten Auffassungen ihrer Position. So zeigt Thomas Mormann, dass Carnap nicht immer ein radikaler Nonkognitivist war und selbst im *Aufbau* noch eine Nähe zur neukantianischen Werttheorie gegeben ist. Carnaps Nonkognitivismus legt er als Symptom einer lebensphilosophischen dualistischen Weltsicht aus. Thomas Uebel ergänzt diese Begründung von Carnaps nonkognitivistischer Wende, indem er sie zum einen in den Kontext der Wende zum Physikalismus stellt. Zum anderen vermutet er einen außerphilosophischen Grund in einer politisch-pragmatisch motivierten Ablehnung der

26 Die praktisch-philosophischen Arbeitsgebiete schlugen sich in der *Erkenntnis* – der Zeitschrift der Bewegung – kaum nieder. Eher geschah dies in der Reihe *Schriften zur wissenschaftlichen Weltauffassung* (1928–1937). Von den insgesamt zehn Bänden dieser Reihe befassten sich immerhin drei mit Ethik.

27 Zur Entstehung der vorherrschenden Sicht im amerikanischen Kontext siehe Reisch, *How the Cold War Transformed Philosophy of Science*, *op. cit.* Reisch sieht den Verlust der politischen Ausrichtung dem Kalten Krieg und der McCarthy-Ära in den USA geschuldet. Für die Entstehung der vorherrschenden Sichtweise im deutschsprachigen Raum wird einerseits der Positivismusstreit als Ursache gesehen, andererseits aber auch der Reimport des Logischen Empirismus durch Wolfgang Stegmüller, der die metaphysikkritische und politische Komponente dieser Bewegung aussparte. Siehe Thomas Mormann, *Rudolf Carnap*. München: Beck 2000, pp. 199-201.

Rickertschen Werttheorie. Letztere sieht er vor allem auch bei Neuraths radikaler Ablehnung des südwestdeutschen Neukantianismus als BLUBO-Metaphysik (kurz für „Blut-und-Boden-Metaphysik") wirksam. Der Beitrag von Anne Siegetsleitner stellt für Schlick generell einen Nonkognitivismus in Frage und untersucht, welche Begründung Schlick für seine eudämonistische Moral liefert. Wie Schlick arbeitete auch Kraft an einer Moralbegründung. Mit dem pragmatisch, abduktiven Argumentationsmuster in seiner Moraltheorie beschäftigt sich Jan Radler. Wulf Kellerwessel widmet sich in seinem Beitrag Herbert Feigl, der ebenfalls im Rahmen logisch-empiristischer Grundannahmen eine rationale Basis für ein bestimmtes moralisches Wert- und Normsystem ausfindig machen wollte. Karl Menger ging es hingegen um ganz anderes. Seine Schrift *Moral, Wille und Weltgestaltung* sollte keine Moralbegründung leisten, sondern exakt-wissenschaftliche Modelle für die moralische Praxis zur Verfügung stellen. Diese in Teilen zu rekonstruieren unternehmen Anne Siegetsleitner und Hannes Leitgeb. Abschließend legt Elisabeth Nemeth dar, welche Implikationen ein rechtes Verständnis wissenschaftlicher Objektivität Philipp Frank für Gesellschaft, Politik und Moral sah. Auch ohne den Glauben an absolute Werte könne die Wissenschaft die Auffassung, Werten komme Objektivität zu, unterstützen.

Edgar Morscher

Metaethik – Feind oder kritischer Begleiter von Moral und normativer Ethik?

1. Ein filmischer Einstieg in die Thematik

In Alfred Hitchcocks Krimi „Rope“ (deutsch: „Cocktail für eine Leiche“) erdrosseln zwei Studenten – Brandon und Phillip – vor Beginn einer Party kaltblütig und leidenschaftslos ihren Freund, den sie selbst zur Party eingeladen haben. Sie legen seine Leiche in eine Truhe, auf welcher das Buffet der Party aufgebaut wird. Der Mord geschieht ohne jedes Motiv – weder Hass, noch Wut, noch Eifersucht oder Neid ist dabei im Spiel: es ist ein Mord bloß um des Mordes willen. Die beiden Studenten wollen mit der Tötung Ihres Freundes nur sich selbst ihre geistige Überlegenheit über alle anderen Menschen und ihre absolute Freiheit beweisen. Sie rechtfertigen ihre Tat damit, dass es für intellektuelle „Übermenschen“ (als die sie sich selbst einstufen) gar keinen Unterschied zwischen Gut und Böse, ja überhaupt keine moralischen Begriffe gibt; diese Auffassung haben sie von ihrem Oxforder Philosophie-Professor Rupert übernommen, der ebenfalls an der Party teilnimmt. Genauso gut hätten sie sich dabei auch auf Alfred Jules Ayer (der wirklich in Oxford gelehrt hat) und seine metaethische These, dass alle ethischen Sätze sinnlose Scheinsätze sind, berufen können.[1] Sobald Brandon, der Haupttäter, das Entsetzen in Ruperts Gesicht beim Anblick der Leiche wahrnimmt, fleht er Rupert förmlich an, dass wenigstens er ihn verstehe, wo sie doch mit dem Mord nur das in die Tat umgesetzt hätten, was sie angeblich von ihm gelernt haben: dass es nämlich keine ethischen Begriffe und keine sinnvollen ethischen Sätze gibt. Hier ist der entscheidende Ausschnitt aus dem Dialog zwischen Rupert und Brandon, nachdem Rupert die Leiche entdeckt hat:

---

1 Diese These hat Ayer vom Wiener Kreis – speziell von Carnap – übernommen; vgl. Alfred Jules Ayer, *Language, Truth and Logic*. London: Victor Gollancz 1936; 2. Aufl. London 1946, pp. 136-150, bes. pp. 142-144; deutsch: *Sprache, Wahrheit und Logik*. Stuttgart: Reclam 1970, pp. 135-150, bes. pp. 141-144.

Rupert: Oh, no. No. I couldn't believe it was true.
Brandon: Rupert, *please* –
Rupert: Please *what*?
Brandon: Listen to me, just listen. Let me explain.
Rupert: Explain? Do you think you can explain *that*?
Brandon: Yes, to *you*, I can. Because *you'll* understand.
Rupert: *Understand*?
Brandon: Rupert, Rupert: Remember the discussion we had before with Mr. Kentley? Remember, we said, the lives of inferior beings are unimportant. Remember, we said – we've *always* said, you and I, that moral concepts of good and evil and right and wrong don't hold for the intellectually superior. Remember, Rupert?
Rupert: Yes, I remember.
Brandon: That's all we've done. That's all Phillip and I have done. He and I have lived what you and I have talked. I knew you'd understand, because, don't you see, you *have* to, don't you see, you *have* to.
Lange Pause.
Rupert: Brandon – Brandon, till this very moment, this world and the people in it have always been dark and incomprehensible to me, and I've tried to clear my way with logic and superior intellect. And you've thrown my own words right back in my face, Brandon. You were right, too. If nothing else, a man should stand by his words. But you've given my words a meaning I never dreamed of! And you've tried to twist them into a cold, logical excuse for your ugly murder!

2. Zwei weitere Beispiele zur Illustration

Dass metaethische Auffassungen und ein bestimmtes Verständnis von Moral derart schwerwiegende praktische Auswirkungen haben wie in Hitchcocks Film, erscheint uns wenig realistisch und eher ein Ausdruck filmischer Übertreibungskunst zu sein. Selbst die Tatsache, dass manche nationalsozialistische Verbrecher ihre grausamen und unmenschlichen Taten mit Nietzsches Lehre vom Unter- und Übermenschen oder gar mit Kants Kategorischem Imperativ zu verbrämen suchten, macht diese Lehren noch lange nicht zur Ursache jener Verbrechen. Dafür, dass rein theoretische Auffassungen der Metaethik für gefährlich und schädlich angesehen werden, gibt es jedoch auch durchaus realistische Beispiele. So erwähnt Rudolf Carnap in seiner Autobiographie, nach Auffassung mancher Philosophen führe die metaethische These, dass ethische Wert- und Normsätze sinnlose Scheinsätze sind und daher nicht gültig sein, ja nicht einmal begründet werden können, „zwangsläufig zu moralischer Verwahrlosung und Nihilismus". Als Beispiel führt Carnap den Brentano-Schüler Oskar Kraus an, von dem er erzählt: „Von Studenten hörte ich, er stelle in einem seiner Seminare meine These über die Natur von Werturteilen als so gefährlich für die Moral der Jugend dar, daß er ernsthaft die Frage erwogen habe, ob es nicht seine Pflicht sei, die Behörden anzurufen, um mich ins Gefängnis zu bringen. Schließlich, sagte er, sei er aber zu dem Schluß gekommen, daß das nicht das Rechte sei, weil ich, obwohl meine Lehre ganz falsch sei, kein wirklich schlechter Mensch sei".[2]

Ähnlich wie Carnap war auch Charles L. Stevenson ein Anhänger des metaethischen Nonkognitivismus; er veröffentlichte dazu mehrere Aufsätze, die in seinem Buch *Ethics and Language*[3] zusammengefasst sind. Obwohl Stevenson den Standpunkt des metaethischen Nonkognitivismus in einer im Vergleich zu Carnaps extremem Emotivismus eher milden Form vertrat, wurde er von der Yale University mit der Begründung entlassen, er gefährde mit seinen Auffassungen die Jugend.[4]

---

2 Rudolf Carnap, „Intellectual Autobiography", in: Paul Arthur Schilpp (Hg.), *The Philosophy of Rudolf Carnap.* La Salle, Illinois: Open Court [*The Library of Living Philosophers*, Bd. XI] 1963, pp. 1-84, siehe pp. 81f.; deutsch in: Rudolf Carnap, *Mein Weg in die Philosophie.* Stuttgart: Reclam 1993, pp. 5-131, siehe p. 128.

3 Charles L. Stevenson, *Ethics and Language.* New Haven: Yale University Press 1944. In dem 1963 erschienenen Band *Facts and Values. Studies in Ethical Analysis.* New Haven: Yale University Press, sind spätere Arbeiten von Stevenson enthalten.

4 Dies erzählte Ruth Barcan-Marcus, die damals eine Kollegin von Stevenson an der Yale University war, in ihrem Vortrag „Recollections", den sie am 30. Mai 2009 an der Universität Bern aus Anlass der Verleihung des Lauener-Preises hielt. Dieser „Zeitzeugen"-Bericht von Ruth Barcan-Marcus wird durch die Darstellung von Arthur W. Burks in seiner „Preface" zu Alvin I. Goldman / Jaegwon Kim (Hg.), *Values and Morals. Essays in Honor of William Frankena, Charles Stevenson, and Richard Brandt.* Dordrecht-Boston-London: D. Reidel 1978, p. xii, bestätigt: „Steve had published *Ethics and Language*, the definitive statement of his emotive theory of ethics, in 1944. At that time, positivism was unpopular among most traditional American philosophers, including some of Steve's senior colleagues at Yale. Positivism in ethics was especially unpalatable to the traditionalists. Some even felt that Steve's ethics could corrupt morality by removing its objective basis. One declared that Stevenson had 'committed positivism'! All of this occurred despite the fact that Stevenson's emotive theory was a meta-ethics, not a normative ethics. Moreover, he was always at pains to point out that his theory had no direct implications for ethical norms. [...] It is regrettable that Steve's positivistic ethical position led to his discharge at Yale."

3. Das wissenschaftstheoretische Anliegen des Neopositivismus und Logischen Empirismus: metaphysikfreie Wissenschaft

Der Neopositivismus wollte das Programm des Positivismus konsequent weiter und zu Ende führen. Ernst Mach setzte sich zum Ziel, die Physik und mit ihr auch alle anderen Naturwissenschaften von metaphysischen Begriffen und Voraussetzungen zu reinigen. Solche metaphysischen Begriffe und Voraussetzungen hatten sich in der Physik, die sich erst langsam als eigenständige Disziplin von der *philosophia naturalis* abgenabelt hat, bereits vor langer Zeit eingenistet und waren von den Physikern selbst lange unbemerkt geblieben. In der Physik und in den anderen empirischen Wissenschaften hat jedoch nach (neo)positivistischer Auffassung nur das etwas verloren, was sich streng wissenschaftlich-empirisch nachweisen lässt; alles andere „verunreinigt" die Wissenschaften und muss aus ihnen eliminiert werden.

Diese Zielsetzung übernahmen die Logischen Empiristen (vor allem die Mitglieder des Wiener Kreises) von Ernst Mach; zur Erreichung dieses Zieles setzten sie die Mittel der damals noch „neuen" Logik ein, die Frege begründet hatte. Die Logischen Empiristen wollten ein Kriterium entwickeln, mit Hilfe dessen sich die echt wissenschaftlichen Sätze von allen anderen – insbesondere den metaphysischen Sätzen – unterscheiden lassen. Dabei verbanden sie das Instrumentarium der modernen Logik mit der empiristisch-positivistischen Forderung, alle inhaltlichen Erkenntnisse letztlich auf Sinneserfahrungen zurückzuführen. In seiner extremsten Form verlangt das Kriterium von einem Satz der empirischen Wissenschaften, dass er den syntaktischen Regeln der modernen Logik gemäß gebildet und ausschließlich aus empirischen Termini bzw. Beobachtungstermini zusammengesetzt ist. (Diese empirischen Termini wurden bei Mach und in der Anfangsphase des Wiener Kreises noch phänomenalistisch-mentalistisch und erst später physikalistisch verstanden.) Gekoppelt mit der Wittgensteinschen Idee, dass alles, was überhaupt sinnvoll gesagt werden kann, auf diese Weise gesagt werden muss, führt dies geradewegs zum Sinnkriterium des Wiener Kreises, das in seiner schärfsten Version bei Carnap[5] besagt: Ein Satz ist dann und nur dann sinnvoll, wenn er entsprechend den Regeln der logischen Syntax ausschließlich aus empirischen Termini zusammengesetzt ist. Da ein Satz einen empirischen Gehalt haben kann, auch ohne dass jeder einzel-

5 Rudolf Carnap, „Überwindung der Metaphysik durch logische Analyse der Sprache", in: *Erkenntnis* 2, 1931, pp. 219-241, siehe pp. 220f., 227.

ne nicht-logische Teilausdruck einen empirischen Bezug aufweist, wurde dieses „schärfste" Sinnkriterium sehr bald so abgeschwächt, dass es nicht mehr von jedem einzelnen Bestandteil eines sinnvollen Satzes, sondern nur vom Satz als Ganzem einen Bezug zur Sinneserfahrung verlangt; das führte zum modifizierten Sinnkriterium in Standardform: Ein Satz ist genau dann sinnvoll, wenn er verifizierbar ist.

Damit wollte man zunächst einmal alles Metaphysische aus den Wissenschaften vertreiben. Als Sinnkriterium verstanden, werden dadurch aber neben den metaphysischen und religiösen auch viele „ehrbare" Satzarten aus dem Bereich des sinnvoll Sagbaren ausgeschlossen: die Sätze der Mathematik, der Logik, der Erkenntnistheorie – und der normativen Ethik.

Dass durch das Sinnkriterium mit den metaphysischen Sätzen auch die Sätze der Logik und Mathematik aus der Wissenschaft ausgeschlossen wurden, haben die Vertreter des Wiener Kreises (insbesondere Carnap) zunächst dadurch „abgefedert", dass den logischen und mathematischen Sätzen (und auch der Philosophie insgesamt) zumindest eine instrumentale Rolle für die Wissenschaften zugeschrieben wurde; für Erkenntnis- und Wissenschaftstheorie bot sich später der Ausweg an, sie als Metawissenschaften aufzufassen. Alle diese Opfer und Einschränkungen wurden in Kauf genommen, damit jedenfalls die Sätze der Metaphysik und der Religion aus dem Kreis der sinnvollen Sätze und damit auch aus dem Bereich der Wissenschaften ausgeschlossen bleiben.

4. Das moralische Motiv für den Kampf gegen die Metaphysik

Insbesondere bei den Vertretern des Wiener Kreises kam zum rein wissenschaftstheoretischen Motiv auch sehr bald ein allgemein gesellschaftspolitisches, ja ein humanitäres und somit moralisches Motiv für den Kampf gegen die traditionelle Metaphysik hinzu. Der Wissenschaft wurde nämlich im Programm des Wiener Kreises nicht nur die rein theoretische Aufgabe der Wahrheitsfindung, sondern darüber hinaus auch die Aufgabe zugeschrieben, das Leben der Menschen zu verbessern und zu erleichtern. So entwickelten die Mitglieder des Wiener Kreises ihr Programm von der wissenschaftlichen Weltauffassung, die neben der Wissenschaft auch Kunst, Kultur, Architektur, Politik, Bildung, das Gesundheitswesen und das gesamte Alltagsleben einbeziehen sollte.[6] Diesem humanitären Anlie-

6 *Wissenschaftliche Weltauffassung. Der Wiener Kreis. Herausgegeben vom Verein Ernst Mach.*

gen widmeten sich die Vertreter des Wiener Kreises mit großem Engagement durch ihre Aufklärungsarbeit in der Erwachsenenbildung, in populärwissenschaftlichen Vorträgen, in politischen Vorlesungen usw. Dabei wurde die Metaphysik (inklusive der Religion) zur Zielscheibe politischer und auch moralischer Angriffe, weil ihre Lehren immer wieder von Machthabern und Obrigkeiten zur Unterdrückung der Menschen missbraucht wurden. Der Kampf der Logischen Empiristen gegen die Metaphysik diente somit auch der Befreiung der Menschen von Unterdrückung und erhielt damit neben der wissenschaftshygienischen auch eine moralische Dimension: Das Bekenntnis zur wissenschaftlichen Weltauffassung bedeutete gleichzeitig auch ein Bekenntnis zum „wissenschaftlichen Humanismus".[7] So wurde die ursprünglich „metaphysikfreie" durch eine „antimetaphysische Einstellung" abgelöst, die darauf abzielte, „den metaphysischen und theologischen Schutt der Jahrtausende aus dem Wege zu räumen".[8]

5. Der moralisch motivierte Kampf gegen die traditionelle Ethik

Gebote und Verbote dienten den Machthabern seit jeher als Instrument, mit dessen Hilfe sie durch Jahrhunderte die Menschen am Gängelband gehalten und unterdrückt haben. Die dabei verwendeten rechtlichen Vor-

---

Wien: Artur Wolf 1929, p. 14: „So zeigen zum Beispiel die Bestrebungen zur Neugestaltung der wirtschaftlichen und gesellschaftlichen Verhältnisse, zur Vereinigung der Menschheit, zur Erneuerung der Schule und der Erziehung einen inneren Zusammenhang mit der wissenschaftlichen Weltauffassung; es zeigt sich, daß diese Bestrebungen von den Mitgliedern des Kreises bejaht, mit Sympathie betrachtet, von einigen auch tatkräftig gefördert werden. […] es gilt, Denkwerkzeuge für den Alltag zu formen, für den Alltag der Gelehrten, aber auch für den Alltag aller, die an der bewußten Lebensgestaltung irgend wie mitarbeiten. Die Lebensintensität, die in den Bemühungen um eine rationale Umgestaltung der Gesellschafts- und Wirtschaftsordnung sichtbar ist, durchströmt auch die Bewegung der wissenschaftlichen Weltauffassung." Vgl. aber vor allem auch die beinahe pathetisch klingenden Schlussworte des Programms auf p. 30: „Wir erleben, wie der Geist wissenschaftlicher Weltauffassung in steigendem Maße die Formen persönlichen und öffentlichen Lebens, des Unterrichts, der Erziehung, der Baukunst durchdringt, die Gestaltung des wirtschaftlichen und sozialen Lebens nach rationalen Grundsätzen leiten hilft. *Die wissenschaftliche Weltauffassung dient dem Leben und das Leben nimmt sie auf.*"

7 Carnap, *Mein Weg in die Philosophie*, *op. cit.*, pp. 130, 147; vgl. auch Eric Hilgendorf (Hg.), *Wissenschaftlicher Humanismus. Texte zur Moral- und Rechtsphilosophie des frühen logischen Empirismus.* Freiburg–Berlin–München: Haufe 1998.

8 *Wissenschaftliche Weltauffassung*, *op. cit.*, p. 13 und p. 29.

schriften wurden dabei häufig moralisch „vorbereitet“ und im Nachhinein oft noch moralisch „weiterbearbeitet“, nämlich durch Moralvorschriften ergänzt und „vertieft“. Die moralischen Gebote und Verbote, auf die man sich dabei stützte, wurden weitgehend mit metaphysischen und religiösen Lehren begründet.[9] Es war daher für die Vertreter des Neopositivismus ein willkommener Nebeneffekt des Sinnkriteriums, dass sich mit seiner Hilfe neben metaphysischen und religiösen Sätzen auch alle ethischen Sätze als sinnlose Scheinsätze „abfertigen“ ließen: Man konnte damit auf einen Schlag zwei „lästige Fliegen“ – Metaphysik und normative Ethik – erledigen.

Dieses moralisch-politische Anliegen im Kampf gegen die traditionelle Metaphysik und normative Ethik kommt sehr klar zum Ausdruck, wenn Carnap von einem Kampf „gegen Aberglauben, Theologie, Metaphysik, traditionelle Moral, kapitalistische Ausbeutung der Arbeiter usw.“ spricht.[10] Bei diesem Kampf handelt es sich nicht um eine theoretische Widerlegung von metaphysischen und ethischen Lehrsätzen (denn sinnlose Sätze sind ja weder wahr noch falsch und können daher auch nicht widerlegt werden), sondern um eine praktische Angelegenheit: „Theoretisch beweisen läßt sich nur, daß philosophische und religiöse Metaphysik ein unter Umständen gefährliches, vernunftsschädigendes Narkotikum ist. Wir lehnen dieses Narkotikum ab. Wenn andere seinen Genuß lieben, so können wir sie nicht theoretisch widerlegen. Das bedeutet aber keineswegs, daß es uns gleichgültig sein muß, wie die Menschen sich in diesem Punkt entscheiden. Wir können theoretische Aufklärung über Ursprung und Wirkung des Narkotikums geben. Ferner können wird durch Aufruf, Erziehung, Vorbild auf die praktische Entscheidung der Menschen in diesem Punkt einwirken. Nur wollen wir uns dabei klar sein, daß diese Einwirkung außerhalb des theoretischen Gebietes der Wissenschaft liegt“.[11] Die Tatsache, dass religi-

---

9 Darauf beruht – der Programmschrift des Wiener Kreises zufolge – die „Enttäuschung breiter Massen über die Haltung derer, die die überkommenen metaphysischen und theologischen Lehren verkünden. So kommt es, daß in vielen Ländern die Massen jetzt weit bewußter als je zuvor diese Lehren ablehnen und im Zusammenhang mit ihrer sozialistischen Einstellung einer erdnahen, empiristischen Auffassung zuneigen“ (*Wissenschaftliche Weltauffassung*, *op. cit.*, p. 29).

10 Rudolf Carnap, „Theoretische Fragen u. praktische Entscheidungen“, in: *Natur und Geist* 2, 1934, pp. 257–260, siehe p. 258.

11 Carnap, „Theoretische Fragen u. praktische Entscheidungen“, *op. cit.*, p. 260. Carnap fügt in einer Fußnote hinzu, dass diese nicht-theoretische Stellungnahme zwar nicht zum offiziellen Programm des Wiener Kreises gehöre, aber von der Mehrheit seiner Mitglieder geteilt werde. Hinsichtlich ihrer ethischen und metaethischen Auffassungen

öse, metaphysische und normativ-ethische Fragen wegen ihrer Sinnlosigkeit nicht theoretisch entschieden werden können, enthebt uns nach Carnap also nicht von „der Pflicht der praktischen Stellungnahme".[12]

6. Der Pferdefuß

In dieser Auffassung von Carnap steckt ganz offenkundig ein Pferdefuß: Wie sinnvoll kann denn eine praktische Stellungnahme in einer Angelegenheit sein, die sich nur durch sinnlose Scheinsätze ausdrücken, nicht aber in sinnvollen Sätzen darstellen lässt? Nehmen wir einmal an, es wäre Carnap gelungen zu zeigen, dass – erstens einmal – neben den metaphysischen und religiösen Sätzen auch alle ethisch-normativen Sätze sinnlose Scheinsätze seien und dass – zweitens – diese Sätze wegen ihrer Sinnlosigkeit und den mit ihnen im allgemeinen verbundenen Schwindeleien und Täuschungsmanövern gefährlich und schädlich für die Menschen, also so etwas wie ein Gift oder ein Narkotikum seien. Daraus würde der normale Hausverstand tatsächlich den Schluss ziehen: Hände weg von diesem Gift, also Hände weg von Religion, Metaphysik und normativer Ethik! Aber ein solcher Befehlssatz ist nach Carnap ja selbst ein sinnloser Scheinsatz[13], den wegen seiner Sinnlosigkeit auch niemand verstehen kann. Außerdem würde – worauf Carnap selber hinweist – ein Drogensüchtiger aus der Feststellung, dass etwas eine Droge (wie z.B. ein Narkotikum) ist, selbst bei der Einsicht, dass es sich dabei um etwas Gefährliches handelt, für sich daraus eher den Schluss: „Her damit!" ziehen (anstatt: „Hände weg davon!"). Wie will Carnap begründen, dass sein Aufruf „Hände weg!" vernünftiger ist als der Aufruf „Her damit!", wo es sich doch bei beiden Aufrufen um Befehlssätze, also um sinnlose Scheinsätze handelt? Die von Carnap selbst vorgeschlagenen Aufklärungsmittel „Aufruf" und „Erziehung" fallen seinem eigenen Sinnkriterium zum Opfer. Übrig bleibt nur noch die von ihm ebenfalls vorgeschlagene „Vorbild"-Wirkung. Warum soll ich aber ausgerechnet dem

---

gibt es jedoch gravierende Unterschiede zwischen den einzelnen Mitgliedern des Wiener Kreises. Man muss sich daher gerade im Hinblick auf ethische und metaethische Fragen davor hüten, verallgemeinernd vom Wiener Kreis, dem logischen Empirismus oder dem Neopositivismus zu sprechen. Ich beziehe mich daher auch hier meist konkret auf die Auffassungen von Carnap.

12 Carnap, „Theoretische Fragen u. praktische Entscheidungen", *op. cit.*, p. 257.

13 Carnap, „Überwindung der Metaphysik durch logische Analyse der Sprache", *op. cit.*, p. 237.

durchaus humanitären Vorbild von Carnap folgen und nicht demjenigen eines Drogensüchtigen oder eines Verbrechers? Wie kann ich – unter Voraussetzung von Carnaps eigener These, dass alle Wert- und Normsätze sinnlos sind – überhaupt zwischen einem humanitären und einem verbrecherischen „Vorbild", zwischen Gut und Böse unterscheiden? Wird diese Unterscheidung aufgrund der Sinnlosigkeit aller Wert- und Normsätze nicht hinfällig? (Damit rechtfertigt jedenfalls Brandon seinen kaltblütigen Mord in „Rope".)

Bertrand Russell hat mit seinem Scharfsinn als erster dieses Dilemma, in welches sich bereits Wittgenstein und in weiterer Folge auch Carnap und andere Neopositivisten mit ihrer radikalen Kritik an der normativen Ethik verrannt haben, durchschaut. Er legte den Finger genau auf diese Wunde, als er in seiner Einleitung zu Wittgensteins *Tractatus logico-philosophicus* schrieb: „Die ganze Ethik wird z.B. von Wittgenstein in die mystische, unausdrückbare Region abgeschoben. Trotzdem hat er seine ethischen Ansichten mitteilen können. Seine Verteidigung würde darin liegen, daß [das,] was er das Mystische nennt, zwar nicht gesagt, wohl aber gezeigt werden kann. Das ist möglicherweise richtig; ich muss bekennen, daß mir einige intellektuelle Unbehaglichkeit bleibt."[14]

7. Der moralische Vorwurf gegen die These der Sinnlosigkeit ethischer Sätze

Aus der These, dass Gott tot und der Mensch daher absolut frei ist, haben Philosophen wie Nietzsche und Sartre angeblich den Schluss gezogen, dass alles – auch Mord und Kindesmissbrauch – ethisch erlaubt sei. Eine sorgfältige philosophiehistorische Untersuchung zeigt, dass dies nicht zutrifft. Tatsache ist jedoch, dass manche Anhänger von Nietzsche und Sartre einen solchen Schluss gezogen haben und dass unter Berufung auf Nietzsche und Sartre immer wieder die These, alles – auch Mord – sei ethisch erlaubt, vertreten und sogar in die Tat umgesetzt wurde.

Auch aus der These, dass alle Wert- und Normsätze und insbesondere diejenigen der Ethik sinnlose Scheinsätze sind, wurde und wird manchmal (zum Teil aus Dummheit, zum Teil aber auch aus Bosheit) der Schluss gezogen, dass alles ethisch erlaubt sei. Das folgt jedoch keineswegs aus der

---

14 Bertrand Russell, Vorwort zu Ludwig Wittgenstein, „Logisch-Philosophische Abhandlung", in: *Annalen der Naturphilosophie* 14, 1921, pp. 186-198, siehe p. 197.

These der Sinnlosigkeit aller Wert- und Normsätze. Ganz im Gegenteil: Weil ein Ausdruck wie ‚Alles ist ethisch erlaubt' (und genauso ‚Mord ist ethisch erlaubt') ein ethischer Normsatz ist, folgt aus der These der Sinnlosigkeit aller Normsätze, dass dieser Satz ein sinnloser Scheinsatz ist und daher aus gar nichts logisch folgen kann, weil nur ein sinnvoller Satz aus sinnvollen Sätzen logisch folgen kann. Wenn aber ‚Alles ist ethisch erlaubt' und ‚Mord ist ethisch erlaubt' sinnlose Scheinsätze sind, dann müssen auch ihre Negationen (‚Nicht alles ist ethisch erlaubt' und ‚Mord ist nicht ethisch erlaubt') sinnlos sein. Unter Voraussetzung der Sinnlosigkeitsthese aller normativen Sätze ist weder auf ein grauenhaftes Verbrechen wie Mord oder Kindesmissbrauch noch auf eine Tat der Nächstenliebe oder eine heroische Heldentat, durch die ein Menschenleben unter Einsatz des eigenen Lebens gerettet wird, eine sinnvolle verbale Reaktion normativer oder evaluativer Art möglich. Unsere praktische Stellungnahme wird also im einen Fall nur in Form von Ablehnung und Abscheu und im anderen Fall in Form von Applaus und wohlwollender Zustimmung zum Ausdruck gebracht werden können. Nun kann es aber auch vorkommen, dass jemand auf eine Großtat der Nächstenliebe mit Abscheu reagiert (etwa weil er eine solche Tat als Ausdruck der Schwäche interpretiert) oder dass jemand auf einen Mord (sogar aus gutem Grund) nicht mit Abscheu, sondern mit Befriedigung oder gar Freude reagiert (etwa wenn ein brutaler Diktator, der Tausende Menschen grausam hinschlachten ließ, ermordet wird). Wie will man (unter Voraussetzung der Sinnlosigkeitsthese aller ethischen Sätze) erklären, dass und warum eine Reaktion angemessen ist und eine andere nicht? Wie will man andere Menschen dazu bringen, angemessen auf solche Taten zu reagieren? Dafür bleiben (die Sinnlosigkeitsthese vorausgesetzt) nur Mittel übrig wie Indoktrination, Manipulation oder gar Zwang – alles Mittel, die den Grundsätzen der Aufklärung diametral entgegengesetzt sind und von den Vertretern der Sinnlosigkeitsthese verabscheut werden.

Schon sehr früh sind Vorwürfe dieser Art gegen die Moralauffassung mancher Neopositivisten (wie vor allem Carnap) laut geworden. Sie wurden von Max Horkheimer in aller Deutlichkeit artikuliert.[15] In all diesen

15 Max Horkheimer, „Der neueste Angriff auf die Metaphysik", in: *Zeitschrift für Sozialforschung* 6, 1937, pp. 4-51 (Nachdruck in: Max Horkheimer, *Gesammelte Schriften, Band 4: Schriften 1936–1941*. Hg. von Alfred Schmidt. Frankfurt/M.: S. Fischer 1988, pp. 108–161).Vgl. dazu Edgar Morscher, *Kann denn Logik Sünde sein? Die Bedeutung der modernen Logik für Theorie und Praxis des Rechts*. Wien-Berlin: LIT Verlag 2009, pp. 271f. Ich behandle dort (pp. 270f. und 273ff.) auch einen analogen Vorwurf, den Gustav Radbruch gegen den Rechtspositivismus und speziell gegen Hans Kelsen erhoben hat. Obwohl

Vorwürfen geht es letztlich um den inneren Widerspruch zwischen Theorie und Praxis der Moral, den schon Russell in seinem Vorwort zu Wittgensteins *Tractatus logico-philosophicus* (an der früher bereits zitierten Stelle) aufgedeckt hat. Für die moralische Praxis erheben die Mitglieder des Wiener Kreises ausdrücklich den Anspruch auf Rationalität: Es geht ihnen „um eine *rationale* Umgestaltung der Gesellschafts- und Wirtschaftsordnung" und um „die Gestaltung des wirtschaftlichen und sozialen Lebens nach *rationalen* Grundsätzen".[16] Durch ihre metaethische Theorie, der gemäß alle normativen Sätze der Ethik sinnlose Scheinsätze sind, machen sie jedoch ihren eigenen Anspruch auf Rationalität zunichte: Sinnlosigkeit schließt (zumindest in der extremen Form, wie sie von Carnap ursprünglich verstanden wurde) jede Art von Rationalität von vornherein aus.

8. Der springende Punkt

G. E. Moore hat die metaethische Diskussion im 20. Jahrhundert in Gang gesetzt, indem er den metaethischen Naturalismus zwar nicht (wie auch heute noch manchmal behauptet wird) durch einen strengen Beweis widerlegt, wohl aber durch ein Plausibilitätsargument als unhaltbar erwiesen hat. Allerdings hat Moore noch daran festgehalten, dass auch ethische Wert- und Normsätze, obwohl sie nicht auf rein deskriptive Sätze *reduzierbar* sind, dennoch – ebenso wie die rein deskriptiven Sätze – im allgemeinen dazu verwendet werden, Sachverhalte zu beschreiben und zu behaupten, dass diese Sachverhalte tatsächlich bestehen. Ethische Wert- und Normsätze können daher nach G. E. Moore auch wahr oder falsch (im üblichen Sinn dieser Wörter, also im Sinne einer Korrespondenztheorie) sein. Die Wahrheit bzw. Falschheit eines ethischen Wert- oder Normsatzes ist uns nach Moore durch einen besonderen „moralischen Sinn" zugänglich. Damit verblieb Moore immer noch im traditionellen Rahmen des metaethischen Kognitivismus.

Mit der Ablehnung der kognitivistischen These, dass ethische Wert- und Normsätze im üblichen Sinn wahr oder falsch sind, sind Wittgenstein und in weiterer Folge Carnap, Ayer und andere in der Metaethik einen entscheidenden und notwendigen Schritt über G. E. Moore hinausgegangen. Aller-

---

beide Vorwürfe ein ähnliches Ziel verfolgen, unterscheiden sie sich doch wesentlich in ihrem Inhalt.

16 *Wissenschaftliche Weltauffassung*, *op. cit.*, pp. 14 und 30 (Hervorhebungen E.M.).

dings tappten sie dabei in die Falle, die sie sich mit dem Sinnkriterium selbst gestellt hatten: Da ethische Wert- und Normsätze nicht wahr oder falsch sein können, können sie auch prinzipiell nicht als wahr oder falsch erwiesen, also verifiziert oder falsifiziert werden. Aufgrund des Sinnkriteriums sind sie daher zur Sinnlosigkeit verurteilt. Genau das ist der springende Punkt: Die berechtigte These des Nonkognitivismus ergibt in Verbindung mit dem Sinnkriterium ein tödliches Gemisch; ihm fällt zwangsläufig sowohl die normative Ethik als auch die Möglichkeit einer vernünftigen Weiterentwicklung der Moral zum Opfer.

9. Der Ausweg aus dem Dilemma

Es gibt einen ebenso einfachen wie überzeugenden Ausweg aus diesem Dilemma. Er besteht in der Beibehaltung des Nonkognitivismus und der Aufgabe des Sinnkriteriums (zumindest in seiner extremen Form). Die Aufgabe des Sinnkriteriums bot sich ohnedies an, da Karl Popper seine Unhaltbarkeit einwandfrei nachgewiesen hatte. Das führte dazu, dass Carnap schon sehr bald seine These, dass ethische Wert- und Normsätze überhaupt keinen Sinn haben, abschwächte und nur mehr behauptete, dass sie keinen *theoretischen* Sinn haben und daher keine *wissenschaftlichen* Sätze sind.[17] Im Laufe seines Lebens hat sich Carnap diesbezüglich immer mehr geöffnet und sogar große Hoffnungen in die Entwicklung einer (nicht-deduktiven) Logik der Werte und Normen gesetzt.[18]

Eine angemessene Behandlung von Wert- und Normsätzen und damit auch der normativen Ethik ist jedenfalls nur jenseits des Sinnkriteriums möglich. Da Popper das Sinnkriterium von allem Anfang abgelehnt und Quine sich schon sehr früh von diesem und auch anderen Dogmen des Empirismus distanziert hatte, liegt es nahe, im Rahmen des Kritischen Rationalismus oder des Holismus einen Ausweg aus dem Dilemma zu suchen, welches erst durch das Sinnkriterium entstanden ist; auch ohne das Sinnkriterium soll dabei jedoch der berechtigte Kern des neopositivistischen Umgangs mit der normativen Ethik – nämlich der Nonkognitivismus – beibehalten werden. Sowohl der Kritische Rationalismus als auch der Holismus bieten einen methodologischen Rahmen für eine derart „dosierte“ kritische

17 Rudolf Carnap, *Philosophy and Logical Syntax*. London: Kegan Paul, Trench, Trubner 1935, p. 25.

18 Carnap, *Mein Weg in die Philosophie*, *op. cit.*, p. 146.

Auseinandersetzung mit Fragen der normativen Ethik, die zwischen der Skylla der Sinnlosigkeit und der Charybdis des Kognitivismus hindurchzusegeln imstande ist.

Obwohl Popper immer wieder zu moralischen Fragen Stellung bezogen hat und in der Öffentlichkeit auch immer stärker als moralische Autorität wahrgenommen wurde, hat er sich nie intensiv mit ethischen oder gar mit metaethischen Fragen beschäftigt. Ähnliches gilt von Quine: Nur in einem Aufsatz hat er sich zur Gänze einem moralphilosophischen Thema gewidmet[19], und bei diesem Aufsatz handelt es sich um eine „Gelegenheitsarbeit" (nämlich um einen Beitrag zur Festschrift für drei bedeutende Moralphilosophen des 20. Jahrhunderts). Nicht nur von Popper und Quine selbst, sondern im Kritischen Rationalismus und im Holismus insgesamt wurde die Ethik bloß stiefmütterlich behandelt; jedenfalls ist sie auch bei anderen bedeutenden Vertretern des Kritischen Rationalismus und des Holismus nie ein zentrales Thema geworden.

Im methodologischen Programm des Kritischen Rationalismus steckt allerdings ebenso wie in demjenigen des Holismus die Versuchung, es dazu auszunützen, um der normativen Ethik eine wissenschaftliche oder zumindest eine quasi-wissenschaftliche Objektivität zu verleihen. So hat z.B. Paul Weingartner versucht, mit Hilfe von Poppers Methodologie die Ethik als normative Wissenschaft zu begründen;[20] und einen ähnlichen Versuch hat Morton White im Rahmen von Quines Holismus unternommen.[21] Diese Versuche, eine Art von Wissenschaftlichkeit oder kognitivistischer Objektivität für die normative Ethik zu sichern, sind aus meiner Sicht zum Scheitern verurteilt.[22] Gegen den Versuch von Morton White, das holistische

---

19 Willard Van Orman Quine, „On the Nature of Moral Values", in: Goldman/Kim, *Values and Morals. Essays in Honor of William Frankena, Charles Stevenson, and Richard Brandt, op. cit.*, pp. 37-45 (Nachdruck in: Willard Van Orman Quine, *Theories and Things.* Cambridge, Mass.: Harvard University Press 1981, pp. 55-66; deutsch: *Theorien und Dinge.* Frankfurt/M.: Suhrkamp 1985, pp. 75-88).

20 Paul Weingartner, *Wissenschaftstheorie.* Bd. 1: *Einführung in die Hauptprobleme.* 2. Aufl. Stuttgart–Bad Cannstatt: Frommann 1978.

21 Morton White, „Normative Ethics, Normative Epistemology, and Quine's Holism", in: Lewis E. Hahn / Paul A. Schilpp (Hg.), *The Philosophy of W. V. Quine.* La Salle, Illinois: Open Court [*The Library of Living Philosophers*, Bd. XVIII] 1986, pp. 649-662. Quine hat im selben Band auf pp. 663-665 darauf geantwortet.

22 Weingartners Begründungsversuch für die Ethik als normative Wissenschaft habe ich kritisiert in „Das Basisproblem in der Theologie", in: Erika Weinzierl (Hg.), *Der Modernismus: Beiträge zu seiner Erforschung.* Graz–Wien–Köln: Styria 1974, pp. 331-368, siehe pp. 337 und 356, sowie in „Zur ‚Verankerung' der Ethik", in: Edgar Morscher / Otto

Testmodell für die Zwecke der normativen Ethik zu vereinnahmen, um ihr eine Art von Wissenschaftsstatus zu vermitteln, hat sich Quine selbst ausdrücklich ausgesprochen.[23] Auch Popper hat (ohne jeden Bezug auf Weingartners Versuch, die normative Ethik als Wissenschaft zu begründen) einer „wissenschaftlichen" Ethik eine klare Absage erteilt: Er betrachtet sie nicht nur als absolut unfruchtbar und völlig irrelevant, sondern sogar als unmoralisch, da er in ihr eine Flucht vor der eigenen moralischen Verantwortung erblickt.[24] Gleichzeitig stellt für Popper jedoch die Welt der moralischen Forderungen – und dazu rechnet er die Forderungen nach Gleichheit, Freiheit und Hilfe für die Schwachen – die wichtigste Errungenschaft des Menschen dar.[25] Auch Popper trat also für bestimmte moralische Forderungen ein und lehnte andere Forderungen als unmoralisch ab. Auch wenn solche moralische Forderungen nie wissenschaftlich bewiesen oder widerlegt werden können, beruht ihre Anerkennung bzw. Verwerfung dennoch nicht auf blanker Willkür. Obwohl moralische Entscheidungen von uns Menschen abhängen, handelt es sich dabei nicht um bloße Geschmacksfragen; sie unterliegen vielmehr der „Kontrolle durch die Vernunft" und damit den Regeln kritischer Rationalität.[26] In einer kritisch-rationalen Auseinandersetzung mit moralischen Forderungen besteht nun aber gerade die Hauptaufgabe der philosophischen Ethik, während sich die Metaethik um die methodologischen Rahmenbedingungen für eine solche Auseinandersetzung zu kümmern hat. Trotz seiner klaren Diagnose hat sich Popper jedoch überraschenderweise nie selbst darum bemüht, methodologische Regeln für eine – zwar nicht wissenschaftliche, aber doch – philosophisch-rationale Ethik auszuarbeiten. Hans Albert hat sich als erster aus Sicht des Kritischen Rationalismus mit diesen Fragen beschäftigt und u.a. die Einführung so genannter Brückenprinzipien vorgeschlagen, um eine kritisch-rationale Behandlung von ethischen Norm- und Wertsätzen zu ermöglichen.[27]

Neumaier / Gerhard Zecha (Hg.), *Philosophie als Wissenschaft.* Bad Reichenhall: Comes 1981, pp. 429-446. Den Versuch von Morton White, für die normative Ethik ein holistisches Testverfahren ganz in Analogie zu den empirischen Wissenschaften zu entwikkeln, kritisiere ich in „Die Indeterminiertheit der normativen Ethik" (im Druck).

23 Vgl. Quines Erwiderung auf den Aufsatz von White, die in Fußnote 21 erwähnt wurde.

24 Karl R. Popper, *Die offene Gesellschaft und ihre Feinde.* 2 Bde., 7. Aufl. Tübingen: J. C. B. Mohr (Paul Siebeck) [*UTB*, Bd. 1724/1725] 1992, Bd. 1, pp. 293f.

25 Popper, *Die offene Gesellschaft und ihre Feinde*, *op. cit.*, Bd. 2, p. 78.

26 Popper, *Die offene Gesellschaft und ihre Feinde*, *op. cit.*, Bd.1, pp. 77 f., und Bd. 2, pp. 279.

27 Hans Albert, *Traktat über kritische Vernunft.* 5. Aufl. Tübingen: J. C. B. Mohr (Paul Sie-

Das Universalisierbarkeitsprinzip von Richard M. Hare dient demselben Zweck und wurde sogar von Hare selbst, der kein Vertreter des Kritischen Rationalismus war, mit Poppers Methodologie in Verbindung gebracht.[28] Für ähnliche Bemühungen in einem holistischen Rahmen ist in erster Linie Dagfinn Føllesdal zu nennen.[29] Eine zentrale Rolle kommt in seinen metaethischen Überlegungen dem Begriff des Reflexionsgleichgewichts (*reflective equilibrium*) zu, den Quine – ohne Bezugnahme auf die Thematik der normativen Ethik – schon in den ersten Ansätzen zu seinem holistischen Programm ins Spiel gebracht hat.[30] John Rawls hat diesen Begriff in systematischer Weise in die ethische Diskussion eingeführt und weiterentwickelt. Während er damit zunächst eine Rechtfertigungsmethode meinte[31], hat er später darunter eine Konsensmethode verstanden.[32]

So bietet sowohl der Kritische Rationalismus als auch der Holismus einen angemessenen methodologischen Rahmen für die Metaethik. Während das Sinnkriterium die Metaethik dazu verurteilt hat, bestenfalls die Rolle eines Feindes und Totengräbers jeder normativen Ethik und damit auch jeder rationalen Weiterentwicklung der Moral zu übernehmen, kann die Metaethik in einem kritisch-rationalen oder holistischen Rahmen ihrer eigentlichen Aufgabe eines kritischen Begleiters von Moral und normativer Ethik gerecht werden. Um darzulegen, wie die Metaethik diese Aufgabe aus meiner Sicht am besten erfüllen kann, werde ich abschließend noch meine eigene metaethische Position kurz umreißen.

---

beck) [UTB, Bd. 1609] 1991, pp. 66-95.

28 Richard M. Hare, *Freedom and Reason*. Oxford: Clarendon Press 1963, pp. 87f. und 91f.; deutsch: *Freiheit und Vernunft*. Düsseldorf: Patmos-Verlag 1973, und Frankfurt/M.: Suhrkamp 1983, pp. 107 und 110f.

29 Dagfinn Føllesdal, „The Emergence of Justification in Ethics", in: *European Review* 13, 2005, pp. 169-182.

30 Willard Van Orman Quine, „Two Dogmas of Empiricism", in: *The Philosophical Review* 60, 1951, pp. 20-43, siehe p. 40 (Nachdruck in: Willard Van Orman Quine, *From a Logical Point of View. 9 Logico-Philosophical Essays*. 2. Aufl. Cambridge, Mass.: Harvard University Press 1961, pp. 20-46, siehe p. 43; deutsch: *Von einem logischen Standpunkt. Neun logisch-philosophische Essays*. Frankfurt/M.–Berlin–Wien: Ullstein [Ullstein Materialien: Ullstein Buch, Bd. 35010] 1979, siehe p. 47).

31 John Rawls, „An Outline of a Decision Procedure for Ethics", in: *The Philosophical Review* 60, 1951, pp. 177-197, siehe pp. 177 und 186.

32 John Rawls, *A Theory of Justice*. Cambridge, Mass.: Harvard University Press 1971, pp. 19-21 und 48-51; deutsch: *Eine Theorie der Gerechtigkeit*. Frankfurt/M.: Suhrkamp 1975, pp. 38f. und 68-71; und *Justice as Fairness. A Restatement*. Cambridge, Mass., und London: Harvard University Press 2001; deutsch: *Gerechtigkeit als Fairneß. Ein Neuentwurf*. Frankfurt/M.: Suhrkamp 2003, pp. 59-63.

10. Mein eigener metaethischer Standpunkt

Wenn ich im Folgenden meinen metaethischen Standpunkt skizziere, muss ich mich auf eine mehr oder weniger apodiktische Darstellung beschränken; eine echte Begründung der einzelnen Punkte würde nämlich den Umfang einer eigenen Arbeit annehmen. (Diejenigen, die diesen Punkten zustimmen, halten sie zwar höchstwahrscheinlich für so trivial, dass für sie eine eigene Begründung überflüssig ist; für diejenigen hingegen, die in diesen Fragen eine andere Auffassung vertreten, ist eine sehr eingehende Argumentation erforderlich. Mit dieser etwas verzwickten Begründungssituation sind wir in der Philosophie häufig konfrontiert.)

a) Wie alle Werte und Normen sind uns auch moralische Werte und Normen nicht vorgegeben, sondern sie werden von uns Menschen geschaffen.[33] Das Wort ‚moralisch' ist dabei in einem neutralen Sinn zu verstehen: Auch Verbrecher und verbrecherische Gemeinschaften erzeugen ihre „moralischen" Werte und Normen, die wir dann (im ethischen, d.h. kritisch-wertenden Sinn) als „unmoralisch" klassifizieren. Die faktische Existenz von moralischen Werten und Normen in einer Gesellschaft liefert also noch keinerlei Unterscheidung zwischen denjenigen Werten und Normen, die wir vernünftigerweise verteidigen, und denjenigen, die wir vernünftigerweise bekämpfen sollen. Das Vorhandensein von so genannten „moralischen" Werten und Normen in einer Gesellschaft erspart uns also keineswegs eine eigene kritisch-rationale Beurteilung dieser „moralischen" Werte und Normen; das ist vielmehr die Aufgabe der philosophischen Ethik. Dies gilt selbstverständlich auch noch dann, wenn diese Werte und Normen eine gewisse Unabhängigkeit von den wertenden und normierenden Subjekten erreicht haben, also eine „partielle Autonomie", wie Popper dafür sagt[34];

---

33 Diese These, dass Normen und Werte Werke bzw. Geschöpfe des Menschen sind, ist natürlich alles andere als originell. Sie wird von Philosophen vertreten, die sich sonst in ihren Lehren grundsätzlich voneinander unterscheiden, so z.B. von Jean-Paul Sartre ebenso wie von Karl R. Popper; vgl. Jean-Paul Sartre, *L'existentialism est un humanism.* Paris: Gallimard 1946; Nachdruck: Paris: Nagel 1966, pp. 75ff., 89; deutsch in: Jean-Paul Sartre, *Gesammelte Werke in Einzelausgaben. Philosophische Schriften* 4: *Der Existentialismus ist ein Humanismus und andere philosophische Essays 1943–1948.* Reinbek bei Hamburg: Rowohlt 2000, pp. 169f., 174; sowie Popper, *Die offene Gesellschaft und ihre Feinde*, *op. cit.*, Bd.1, pp. 77f.

34 Karl R. Popper, *Objective Knowledge. An Evolutionary Approach.* Revised edition. Oxford: Clarendon Press 1979; siehe die zahlreichen Stellen, die im Register unter ‚world 3, autonomy of' angeführt sind; deutsch: *Objektive Erkenntnis. Ein evolutionärer Entwurf.* 4. Aufl. Hamburg: Hoffmann und Campe 1984.

denn auch die von Verbrechern und verbrecherischen Gesellschaften geschaffenen Werte und Normen können über kurz oder lang eine solche partielle Autonomie erlangen.

b) An den uns vorgegebenen Fakten lässt sich also kein Unterschied zwischen „richtigen" bzw. zu befürwortenden und abzulehnenden moralischen Werten und Normen ablesen. Außerdem fallen die „richtigen" moralischen Werte und Normen für einen aufgeklärten Menschen auch nicht (wie die Zehn Gebote) einfach vom Himmel. Daraus ergibt sich für mich eine grundsätzlich nonkognitivistische metaethische Position: In moralischen Fragen gibt es nicht so etwas wie Wahrheit und Falschheit bzw. Erkenntnis und Irrtum im üblichen (d.h. für mich: in einem – sehr weit gefassten – korrespondenztheoretischen) Sinn.

Warum, so wird in diesem Zusammenhang manchmal gefragt, kann man nicht einfach Tarskis Verfahren auch auf die Wert- und Normsätze der Ethik anwenden? Kann man in Analogie zu ‚der Satz ‚*a* ist grün' ist genau dann wahr, wenn *a* grün ist' nicht genauso gut auch sagen ‚der Satz ‚*a* ist schlecht (bzw. verwerflich)' ist genau dann wahr, wenn *a* schlecht (bzw. verwerflich) ist' oder ‚der Satz ‚die Handlung *a* ist verboten' ist genau dann wahr, wenn die Handlung *a* verboten ist'? Können dabei die Ausdrücke ‚schlecht', ‚verboten' usw. nicht ohne weiteres im ethischen Sinn verwendet werden? Und kann man dann die Wahrheitsbedingungen für logisch zusammengesetzte Wert- oder Normsätze nicht ganz in Analogie zu den logisch zusammengesetzten deskriptiven Sätzen rekursiv angeben? Rein formal ist dies selbstverständlich möglich. Aber was haben wir im grundlegenden Fall des elementaren Wert- bzw. Normsatzes dabei gewonnen? Natürlich können wir auf der rechten Seite der Bisubjunktion den Satz ‚*a* ist schlecht' oder ‚*a* ist verboten' auch ersetzen durch ‚das Referenzobjekt von ‚*a*' ist ein Element der Extension von ‚schlecht' bzw. ‚verboten" – ganz in Analogie zu der von Tarski begründeten Interpretationssemantik. Was aber ist die Extension eines Wertprädikates wie ‚schlecht' oder eines Normprädikates wie ‚verboten'? Wir könnten dafür willkürlich eine Menge von Dingen bzw. Handlungen angeben, die als Referenzobjekte von ‚*a*' in Frage kommen. Aber wie immer auch diese Wahl ausfällt, sie bleibt völlig willkürlich. Es wäre dies so ähnlich, wie wenn man – formal völlig korrekt – bestimmen würde: ‚der Satz ‚Zzyzx ist babig' ist genau dann wahr, wenn Zzyzx babig ist', und hinzufügt: Unter der Interpretation, die ‚Zzyzx' als Referenzobjekt den Mount Everest und ‚babig' als Extension die Menge {93, Mont Blanc, Barack Obama} zuordnet, ist der Satz falsch, hingegen ist er unter der Interpretation, welche ‚Zzyzx' als Referenzobjekt die Zahl 17 zuordnet und

‚babig' als Extension die Menge der natürlichen Zahlen vereinigt mit der Menge der europäischen Hauptstädte, wahr. („Zzyzx' ist übrigens der Name einer real existierenden Straße in Kalifornien.) In ähnlicher Weise könnte man auch eine beliebige Menge von Handlungen bunt zusammenwürfeln und zur Extension von Prädikaten wie ‚verboten' oder ‚erlaubt' erklären; im Anschluss daran ließen sich dann die weiteren Wahrheitsbedingungen für Sätze, in denen solche Prädikate vorkommen, entwickeln. Was wäre damit bezüglich der Frage, ob ethische Wert- und Normsätze wahrheitswertfähig sind, bewiesen? Gar nichts, denn: Dass wir den Formalismus à la Tarski bzw. à la Interpretationssemantik auf bestimmte Sätze überhaupt sinnvoll anwenden können, *setzt bereits voraus*, dass diese Sätze wahrheitswertfähig sind (d.h. im korrespondenztheoretischen Sinn wahr oder falsch sein können), und *beweist es nicht*.

c) Was ergibt sich daraus für die Wert- und Normsätze der philosophischen Ethik, welche die moralischen Wert- und Normsätze auf einer reflektierten Ebene widerspiegeln? Systeme von solchen ethischen Wert- und Normsätzen sind nicht bloß (im Sinne von Popper) unfalsifizierbar bzw. (im Sinne von Quine) *unter*determiniert, sondern *indeterminiert*, und zwar im selben Sinn, in welchem nach Quine auch radikale Übersetzungen indeterminiert sind.[35]

d) Wegen der Indeterminiertheit der normativen Ethik entziehen sich deren Fragestellungen jedoch noch lange nicht wie bloße Geschmacksfragen jeder rationalen Diskussion und Argumentation. Wir können sowohl eine kritisch-rationale als auch eine holistische Methodologie als Rahmen für eine rationale Behandlung von Fragen der normativen Ethik benützen. Ich selbst ziehe dafür heute (zum Unterschied von früheren Arbeiten[36],

35 Die von mir vertretene These der *Indeterminiertheit* der normativen Ethik, die sich in diesem Kontext förmlich aufdrängt, findet man überraschenderweise weder bei Quine selbst noch bei anderen Vertretern seiner holistischen Methodologie. Morton White und Dagfinn Føllesdal lehnen die Indeterminiertheit der normativen Ethik sogar ab. Für Føllesdal ergibt sich die Indeterminiertheit der radikalen Übersetzungen aus ihrer Unterdeterminiertheit in Verbindung mit seiner MMM-These (d.i. die These, dass die Bedeutungen von sprachlichen Ausdrücken nicht unabhängig von uns vorgegeben, sondern vom Menschen geschaffen sind; ‚MMM' steht dabei für ‚*Man-Made Meaning*'); Føllesdal lehnt jedoch die analoge These für Werte und Normen – d.i. meine unter a) erwähnte MMV-These (*Man-Made Value*) – ab, weshalb für ihn damit auch die Brücke zur Indeterminiertheit der normativen Ethik einstürzt.

36 Neben den beiden ersten in Fußnote 22 angeführten Aufsätzen sei noch erwähnt: „Sind Moralnormen wissenschaftlich überprüfbar und begründbar?", in: Josef Seifert / Fritz Wenisch / Edgar Morscher (Hg.), *Vom Wahren und Guten*. Salzburg: Verlag St. Peter

in denen ich eine kritisch-rationale Methodologie wählte) aus verschiedenen Gründen einen holistischen Rahmen vor, ohne damit ausschließen zu wollen, dass auch in einem kritisch-rationalen Rahmen Ähnliches oder gar dasselbe erreicht werden kann. Gleichgültig, ob wir uns in einem kritisch-rationalen oder in einem holistischen Rahmen bewegen: Wegen der Indeterminiertheit der normativen Ethik bzw. (in der Terminologie des Kritischen Rationalismus) wegen des Fehlens einer intersubjektiven „Verankerung" (also einer Basis von letztlich ausschlaggebenden Prüfinstanzen) für die normative Ethik müssen wir den jeweiligen methodologischen Rahmen durch Regeln ergänzen, welche diesen Mangel wettmachen; diese Regeln sollen trotz der Indeterminiertheit bzw. trotz des Fehlens einer intersubjektiven Verankerung für die normative Ethik und ihre Sätze eine rationale Prüfung bzw. Kritik ermöglichen, die über die Erfüllung rein formaler Kriterien wie logische Konsistenz hinausgeht. Diese Rolle können im kritisch-rationalen Modell die Brückenprinzipien von Hans Albert – wie z.B. das Sollen-Können-Prinzip – übernehmen; in einem holistischen Rahmen können wir dasselbe erreichen, indem wir eine Logik wählen, zu deren Vokabular neben deontischen auch alethische Modalitäten gehören und die das Sollen-Können-Prinzip als Theorem enthält. Eine andere (oder zusätzliche) Möglichkeit besteht darin, Hares Prinzip der Universalisierbarkeit als methodologische Regel dem jeweiligen Modell hinzuzufügen. Bisher am besten ausgearbeitet ist das Verfahren, bei dem der holistische Rahmen mit der Methode des Reflexionsgleichgewichts verbunden wird; Dagfinn Føllesdal hat dieses Verfahren im Anschluss an John Rawls näher erläutert.[37] Føllesdal selbst versteht diese Methode als Rechtfertigungsmethode, während sie in meinem Rahmen dazu dient, auf rationalem Weg einen intersubjektiven Konsens zu erzielen.

Der durch dieses Verfahren erreichbare Grad einer rationalen Zustimmung zu ethischen Wert- und Normsätzen bzw. zu moralischen Überzeugungen und Entscheidungen unterscheidet sich nicht nur graduell, sondern prinzipiell von dem durch das holistische Verfahren zu erzielenden Überzeugungs- und Bewährungsgrad für deskriptive Sätze bzw. für die von ihnen ausgedrückten Überzeugungen. Steht die Behauptung eines solchen prinzipiellen Unterschiedes nicht im Widerspruch zur Grundidee des Holismus? Diesen scheinbaren Widerspruch werde ich nun aufzulösen versuchen.

1982, pp. 102-106 und pp. 111-116.

37 Føllesdal, „The Emergence of Justification in Ethics", *op. cit.*, pp. 174ff.

e) Der Grundidee des Holismus gemäß sind es nicht einzelne Sätze und Überzeugungen, sondern es ist immer das gesamte System unserer Überzeugungen bzw. der sie ausdrückenden Sätze, das der Prüfung und Kritik ausgesetzt wird. Der entscheidende Punkt ist dabei nicht, dass wir anstelle einzelner Sätze und Überzeugungen eine ganze Menge solcher Sätze bzw. Überzeugungen gleichzeitig testen, denn jede Menge von Sätzen bzw. Überzeugungen kann ja durch Konjunktion ihrer Elemente trivial in einen gleichwertigen Einzelsatz bzw. eine Einzelüberzeugung verwandelt werden. Wesentlich ist dabei vielmehr, dass zu einem solchen Satz- bzw. Überzeugungssystem nicht nur die empirischen Sätze bzw. Überzeugungen aller Allgemeinheitsstufen (inklusive der singulären Beobachtungssätze und -überzeugungen) gehören, sondern dass gleichzeitig mit ihnen auch die dabei verwendeten mathematischen und logischen Sätze sowie deren ontologische Voraussetzungen in den holistischen Test miteinbezogen werden. Das heißt natürlich nicht, dass ein logisches oder mathematisches Gesetz bereits bei jeder kleinen empirischen Unstimmigkeit in Zweifel gezogen wird und ins Wanken gerät, sondern nur: Im Prinzip steht immer ein Satz- bzw. Überzeugungssystem als Ganzes zur Diskussion (inklusive der dabei zugrunde liegenden logischen und mathematischen Gesetze), und im Prinzip könnte in einem extremen Ausnahmefall dabei auch ein logisches oder mathematisches Gesetz in Frage gestellt oder gar aufgegeben und dem neuen Gesamtsystem eine alternative Logik bzw. Mathematik zugrunde gelegt werden. Im Normalfall wird es aber nicht zu einer solchen totalen Änderung und Neugestaltung des Systems kommen, sondern man wird sich damit begnügen, einen kleineren oder größeren Teilausschnitt aus dem Gesamtsystem unserer Überzeugungen dem „holistischen" Test zu unterziehen und die erforderlichen Änderungen auf diesen Teil des Systems zu beschränken. Føllesdal nennt diese „alltägliche" Form des Holismus ‚*piecemeal holism*'.[38]

Selbst wenn wir eine solche praktikable Alltagsversion des Holismus im Auge haben: Warum sollen die ethischen Norm- und Wertsätze, wenn wir sie schon in ein solches holistisches Testverfahren einbeziehen, dabei eine Spezialbehandlung erfahren und nicht genau gleich wie alle anderen in einem solchen System enthaltenen Sätze (von den empirischen Sätzen unterschiedlicher Allgemeinheitsstufen angefangen bis hin zu den mathema-

38 *Ibid.*, p. 176. Vgl. dazu auch Quine, *Theories and Things*, *op. cit.*, p. 71 (deutsch: p. 93), wo Quine darauf hinweist, dass es übertrieben wäre zu verlangen, immer nur das Gesamtsystem der Überzeugungen *en bloc* dem holistischen Test zu unterziehen, sondern dass dafür auch „more modest chunks" genügen.

tischen und logischen Gesetzen und ihren ontologischen Voraussetzungen) behandelt werden? Wenn schon alle diese Sätze gemeinsam dem holistischen Testverfahren ausgesetzt werden, warum sollen sie dann nicht auch im Falle, dass sie den Test bestehen, dieselbe „Würde" bzw. Objektivität erlangen? Weil – so lautet meine ganz simple Antwort – das so entstandene Gesamtsystem von Sätzen bzw. Überzeugungen keinen „Eintopf" darstellt. Vielmehr gibt es darin zwei radikal verschiedene Typen von „Überzeugungen" bzw. Sätzen: Die deskriptiven Sätze bzw. Überzeugungen sind wahr oder falsch im üblichen (korrespondenztheoretischen) Sinn; bei dem, was durch die ethischen Wert- und Normsätze ausgedrückt wird, handelt es sich jedoch um „Überzeugungen" einer ganz anderen Art, da sie ja nicht im üblichen Sinn wahr oder falsch sein können. Wenn wir auch solche „Überzeugungen" gelegentlich ‚richtig' nennen, meinen wir damit bloß, dass wir diesen „Überzeugungen" zustimmen und eine moralische Handlung bzw. Entscheidung, die einer solchen „Überzeugung" entspricht, selbst für „richtig" oder korrekt ansehen; das aber heißt wiederum nichts anderes, als dass diese Handlung oder Entscheidung unseren eigenen „aufgeklärten" Zielen entspricht, die wir letztlich selbst bestimmen. Ich berufe mich hier also schlussendlich wieder auf die eingangs unter a) erläuterte These, dass moralische Werte und Normen vom Menschen geschaffen sind, und auf die daraus resultierende These b) des Nonkognitivismus. Diese Begründung beruht im Grunde auf der einfachen intuitiven Unterscheidung zwischen Erkennen und Entscheiden: Ob etwas wahr oder falsch ist, hängt nicht von uns ab bzw. davon, ob wir es wollen oder nicht; unsere Entscheidungen werden hingegen von uns getroffen, und unser Wollen wird nicht deswegen hinfällig, weil sich die Fakten nicht unserem Wollen fügen. Wenn die Fakten nicht im Einklang mit unseren Überzeugungen stehen, spricht dies keineswegs gegen die Fakten, sondern gegen unsere Überzeugungen; wir müssen sie aufgeben bzw. in Einklang mit den Fakten bringen. Wenn hingegen die Fakten nicht im Einklang mit unseren Zielen und Entscheidungen stehen, müssen wir unsere Ziele und Entscheidungen deswegen noch keineswegs aufgeben; vielmehr werden wir umgekehrt versuchen, die Fakten zu ändern und sie in Einklang mit unseren Zielen und Entscheidungen zu bringen.

Aufgrund all dieser Überlegungen betrachte ich das holistische Testmodell als überaus wertvolle rationale Konsensmethode für die normative Ethik und deren Wert- und Normsätze: Das Verfahren dient dazu, die Wahl der moralischen Normen und Werte nicht der Willkür und Beliebigkeit zu überlassen, sondern der Vernunft unterzuordnen; und dazu gehört auch, dass man sich dabei an gut geprüften Erfahrungen orientiert, die in einem solchen holistischen System eine tragende Rolle spielen. Ethische Wert- und Normsätze können, wenn sie den holistischen Test in einem solchen Konsensverfahren bestehen, einen entsprechenden Grad an rationaler Akzeptabilität bzw. Zustimmung erreichen. Das ist aber etwas ganz anderes als der Grad an Bewährung, den wir für die deskriptiven Sätze im holistischen Test erlangen und der ganz unabhängig vom Grad der Akzeptabilität ist, den das Verfahren dabei (gewissermaßen nebenbei) für die ethischen Norm- und Wertsätze abwirft. Bei der von mir hier für die normative Ethik vertretenen Version des Holismus handelt es sich um einen „Bereichs-Holismus" (in Føllesdals Terminologie: „*bounded holism*"), oder genauer um einen „Teil-Bereichs-Holismus" („*bounded piecemeal holism*"). Einen Total-Holismus („*unbounded holism*") für die normative Ethik betrachte ich hingegen als parasitären Missbrauch der Grundidee des Holismus. (Ähnlich beurteile ich übrigens auch gewisse Versuche, Weltanschauungen und Religionen in einen Total-Holismus einzubetten, um sie kognitiv zu rechtfertigen, als parasitär; hingegen halte ich es nicht nur für legitim, sondern sogar für wünschenswert, wenn sich Weltanschauungen, Ideologien oder Religionen der Methodologie eines „Bereichs-Holismus" bedienen, um die Rationalität ihrer „Glaubensbekenntnisse" zu steigern oder diese „Glaubensbekenntnisse" zumindest mit der Vernunft auszusöhnen.)

f) Ich habe mich immer zu einem (inzwischen „klassischen") nonkognitivistischen Standpunkt bekannt, wonach ethische Norm- und Wertsätze zwar nicht im korrespondenztheoretischen Sinn wahr oder falsch, aber dennoch mehr oder weniger vernünftig bzw. „glaubwürdig" sein können. Der Nonkognitivismus teilt dabei mit dem Kognitivismus immer noch die Voraussetzung, dass es dabei um die Interpretation und Funktion von *Sätzen*, also Repräsentanten von *Propositionen* geht. Kognitivismus und Nonkognitivismus erweisen sich in dieser Hinsicht als zwei Varianten einer von ihnen gemeinsam vorausgesetzten These, die wir ‚metaethischen Propositionalismus' nennen könnten. Diese weitgehend als selbstverständlich geltende Voraussetzung sollte man zumindest in Frage stellen und überlegen, ob man nicht die traditionellen Grenzen des Propositionalismus sprengen und in der Metaethik das Tor zu einem *Nonpropositionalismus* aufstoßen sollte. Unter der Prämisse des metaethischen Propositionalismus geht es zunächst darum, ob ethische Wert- und Normsätze überhaupt wahr oder falsch sein können (Kognitivismus), und falls dies nicht der Fall ist (Nonkognitivismus), ob es nicht zumindest gewisse Standards der Rationalität für diese Sätze bzw. für entsprechende propositionale Einstellungen (wie „bejahen" und „verneinen", „anerkennen" und „verwerfen", „behaupten" und „bestreiten“ usw.) gibt. Im Rahmen des Nonpropositionalismus sind solche Überlegungen hinfällig: Hier geht es in erster Linie gar nicht mehr um die ethischen Wert- und Normsätze und ihren Sinn (d.h. um die durch sie ausgedrückten Propositionen); vielmehr geht es dabei um die moralischen Handlungen und Entscheidungen selbst, auf die sich solche Sätze bzw. Propositionen beziehen, und um die Ausarbeitung von Kriterien der Rationalität, denen die Zustimmung zu bzw. die Ablehnung von solchen Handlungen und Entscheidungen unterliegt. Dies würde zu einem Paradigmenwechsel in der Metaethik führen, der noch viel tiefer geht als der Übergang vom Kognitivismus zum Nonkognitivismus vor 100 Jahren. Diesen Gedanken (den ich Hannes Leitgeb verdanke) kann ich allerdings im Rahmen der vorliegenden Arbeit nicht mehr weiter verfolgen.[39]

g) Abschließend möchte ich noch ein Problem anschneiden, das sich aus meiner metaethischen Position ergibt, bei dem es sich aber selbst nur mehr am Rande um ein metaethisches Problem handelt. Es geht dabei um die Frage, wie mit *methodologischen* Wert- und Normsätzen in einem holistischen Modell umzugehen ist. Für Quines naturalisierte Erkenntnis- und Wissenschaftstheorie gibt es dabei kein Problem, weil sie sich mühelos in das Gesamtsystem von Überzeugungen eingliedern lässt, das es zu testen gilt. Methodologische Normen lassen sich nämlich problemlos in deskriptive Zweck-Mittel-Sätze übersetzen. Lässt sich jedoch vermeiden, in diesem Gesamtrahmen einen obersten methodologischen Wert – etwa die Wahrheit oder zumindest die Suche nach Wahrheit – vorauszusetzen? Und kann dieser oberste Wert (bzw. der entsprechende Wertsatz) als Bestandteil des Gesamtsystems von Überzeugungen bei einem radikalen holistischen Test selbst zur Disposition gestellt werden? (Morton White hat in seinem Aufsatz die Frage der normativen Epistemologie mit ihren methodologischen Norm- und Wertsätzen in Analogie zur normativen Ethik mit ihren ethischen Norm- und Wertsätzen behandelt.) Nach meiner Auffassung ist die Frage nach einem obersten epistemologischen oder methodologischen

---

39 Vielleicht kann ein solcher Nonpropositionalismus auch zu einer Klärung der Diskrepanz zwischen der metaethischen Theorie und der moralischen Praxis bei Carnap und anderen Vertretern des metaethischen Emotivismus beitragen: Die Sinnlosigkeit ethischer Wert- und Normsätze ist zwar mit jedweder Art von Rationalität in der Bejahung oder Verneinung solcher Wert- und Normsätze selbst unvereinbar, nicht aber mit einer Rationalität unserer direkten Einstellungen zu Sachverhalten, Ereignissen und Handlungen. Vielleicht sollte man überhaupt überlegen, den Emotivismus (im Sinne von Carnap, Ayer u.a.) besser gar nicht als nonkognitivistischen Propositionalismus, sondern eher als Nonpropositionalismus zu verstehen.

Wert bzw. nach dem letzten Ziel der Wissenschaft ein moralisches Problem und damit auch eine ethische Frage.[40] Sie müsste daher – wenn überhaupt – in demjenigen holistischen Rahmen behandelt werden, in dem die Behandlung der normativen Ethik erfolgt. Abgesehen davon bin ich jedoch der Ansicht, dass die methodologischen Wert- und Normfragen und damit die gesamte normative Epistemologie und Methodologie aus dem holistischen Gesamtrahmen ausgeklammert und (ähnlich wie die Fragen der normativen Ethik) in einem eigenen bereichsholistischen Rahmen behandelt werden sollten.

40 Vgl. Edgar Morscher, „Idee und moralischer Auftrag von Wissenschaft und Universität", in: Michael Fischer / Heinrich Badura (Hg.), *Politische Ethik II: Bildung und Zivilisation.* Frankfurt/Main: Peter Lang 2006, pp. 89-97.

Dietmar von der Pfordten

Höchster Moralismus und tiefste Skepsis gegenüber der normativen Ethik – Zu Wittgensteins Metaethik

1. Einleitung

Ludwig Wittgenstein war nie Mitglied des Wiener Kreises. Aber er lebte von 1919 bis 1929, also in der entscheidenden Formationsphase dieses Kreises, in Wien oder in der Nähe von Wien. Und er traf regelmäßig eines der einflussreichsten Mitglieder dieses Kreises zu philosophischen Gesprächen, Moritz Schlick. Friedrich Waismann hat die während dieser Treffen geführten Gespräche aufgezeichnet. Dabei standen Fragen der theoretischen Philosophie im Vordergrund. Nur ganz am Rande wurde auch über Ethik gesprochen. Gegenstand waren unter anderem Wittgensteins *Vortrag über Ethik*, Schlicks Buch *Fragen der Ethik* und generell der Status von Werten.[1] Wittgenstein und die Mitglieder des Wiener Kreises hatten in diesen Jahren einige ähnliche philosophische Grundüberzeugungen, insbesondere stimmten sie in einer fundamentalen Skepsis gegenüber der normativen Ethik überein. Im Folgenden soll diese fundamentale Skepsis Wittgensteins gegenüber der normativen Ethik näher untersucht werden.

2. Ausweitung und Einschränkung der Ethik

Ludwig Wittgenstein war – daran ist nicht zu zweifeln – ein moralisch höchst empfindsamer Mensch. In seinen geheimen Tagebüchern schreibt er etwa am 28.10.1914 über seinen Bruder Paul, der Konzertpianist war und im Krieg den rechten Arm verlor: „Immer wieder muß ich an den armen Paul denken, der so plötzlich *um seinen Beruf gekommen ist!* Wie furchtbar. Welcher Philosophie würde es bedürfen, um darüber hinwegzukommen! Wenn dies überhaupt anders als durch Selbstmord geschehen kann!!"[2]

1 Brian F. McGuinness (Hg.), *Ludwig Wittgenstein und der Wiener Kreis. Gespräche, aufgezeichnet von Friedrich Waismann.* 4. Aufl. Frankfurt am Main: Suhrkamp 1993, pp. 92f., pp. 115ff.

2 Ludwig Wittgenstein, *Geheime Tagebücher*. Hg. von Wilhelm Baum. 3. Aufl. Wien: Turia & Kant 1992, Eintrag vom 28. 10. 1914, p. 35.

Diese Eintragung erhellt nicht nur Wittgensteins moralische Empathie und seine Neigung zum Suizid, sondern auch sein damaliges Verständnis der Philosophie. Er sah in der Philosophie weit mehr als logische Analyse und Sprachkritik. Entsprechend den Überzeugungen vieler, vor allem mitteleuropäischer Denker seiner Epoche, etwa Schopenhauer und Nietzsche, war die Philosophie für ihn auch nicht nur Wissenschaft oder Gegenstand akademischer Denkübungen.[3] Im *Vortrag über Ethik* von 1929/30 schreibt Wittgenstein in expliziter Anlehnung an George Edward Moores *Principia Ethica*: „Die Ethik ist die allgemeine Untersuchung dessen, was gut ist."[4] Und dann:

> Anstelle der Formulierung „Die Ethik ist die allgemeine Untersuchung dessen, was gut ist" hätte ich sagen können die Ethik sei die Untersuchung dessen, was Wert hat, bzw. dessen, was wirklich wichtig ist. Oder ich hätte sagen können, in der Ethik gehe es darum, den Sinn des Lebens zu erkunden, zu untersuchen, was das Leben lebenswert macht, oder zu erforschen, welches die rechte Art zu leben ist.[5]

Die Ethik ist für Wittgenstein also auch Lebenslehre.

Moore war ursprünglich Altphilologe. Sein sehr weiter Ethikbegriff war entsprechend stark von der umfassenden antiken Konzeption der praktischen Philosophie beeinflusst. Weder Moore noch Wittgenstein akzeptierten die neuzeitliche Verengung der Ethik auf eine Philosophie des Handelns oder gar eine Philosophie der Moral im Sinne einer Reflexion kategorischer Verpflichtungen dieses Handelns, wie sie etwa Kant entwickelt hat.

Allerdings schränkt Wittgenstein anders als Moore dieses sehr weite, antike Verständnis der Ethik als umfassende Frage nach dem Guten radikal

---

3 Vgl. die Kritik an der „Universitätsphilosophie": Arthur Schopenhauer, „Über die Universitäts-Philosophie", in: ders., *Parerga und Paralipomena I.* Sämtliche Werke Band IV. Frankfurt am Main: Suhrkamp 2001, pp. 171-242; ders., „Über Philosophie und ihre Methode", in: *Parerga und Paralipomena II.* Sämtliche Werke Band V. Frankfurt am Main: Suhrkamp 2001, pp. 1-28; Friedrich Nietzsche, „Unzeitgemäße Betrachtungen. Drittes Stück: Schopenhauer als Erzieher", in: ders., *Sämtliche Werke.* Kritische Studienausgabe Band 1. München/Berlin/New York: Dt. Taschenbuch-Verlag/de Gruyter 1967–77, pp. 335-427.

4 Ludwig Wittgenstein, *Vortrag über Ethik.* Hg. von Joachim Schulte. Frankfurt am Main: Suhrkamp 1989, p. 10. Vgl. George Edward Moore, *Principia Ethica.* Revised Edition. Cambridge: Cambridge Univ. Press 2002, p. 54.

5 Wittgenstein, *Vortrag über Ethik*, *op. cit.*, pp. 10f.

ein. Dies geschieht in folgender Weise: Wittgenstein unterscheidet zwischen der Immanenz der Welt und der Transzendenz eines jenseitigen Bereichs der Werte, des Höheren, des Sinns des Lebens. Die Ethik bezieht sich nach Wittgenstein ausschließlich auf diesen jenseitigen Bereich der Transzendenz. Diese sehr ungewöhnliche Verbindung von radikaler, zu einem antiken Verständnis zurückkehrender Ausweitung der Ethik auf die Frage nach dem Guten und noch radikalerer Einschränkung der Ethik auf den Bereich des Transzendenten zeigt sich in den wesentlichen Passagen des *Tractatus logico-philosophicus* zur Ethik:

6.4 Alle Sätze sind gleichwertig.

6.41 Der Sinn der Welt muß außerhalb ihrer liegen. In der Welt ist alles wie es ist und geschieht alles wie es geschieht; es gibt *in* ihr keinen Wert – und wenn es ihn gäbe, so hätte er keinen Wert.
Wenn es einen Wert gibt, der Wert hat, so muß er außerhalb alles Geschehens und So-Seins liegen. Denn alles Geschehen und So-Sein ist zufällig. Was es nicht-zufällig macht, kann nicht *in* der Welt liegen; denn sonst wäre dies wieder zufällig.
Es muß außerhalb der Welt liegen.

6.42 Darum kann es auch keine Sätze der Ethik geben. Sätze können nichts Höheres ausdrücken.

6.421 Es ist klar, dass sich die Ethik nicht aussprechen lässt.
Die Ethik ist transzendental.
(Ethik und Ästhetik sind Eins)

Wittgenstein war in der Beschränkung der Ethik auf den Bereich des Transzendenten noch radikaler als Moritz Schlick, der eine immanente, wenn auch deskriptive Ethik akzeptierte.[6] Das wird auch aus den Aufzeichnungen Waismanns über die Gespräche zwischen Schlick und Wittgenstein deutlich. Wittgenstein war im Gegensatz zu Schlick der Meinung, die Auffassung, etwas sei gut, weil Gott es wolle, sei tiefer als die Annahme, Gott wolle es, weil es gut sei.[7] Die Begründung lautet: Sie schneidet den Weg einer jeden Erklärung, „warum" es gut ist, ab. Dieser Voluntarismus bezüglich der göttlichen Entscheidung schließt für Wittgenstein eine immanente Beschreibung seitens der Ethik offenbar aus.

Im Folgenden werden die ontologischen, erkenntnistheoretischen und sprachphilosophisch-semantischen Grundannahmen, die dieser radikalen

6 Vgl. Moritz Schlick, *Fragen der Ethik*. Frankfurt am Main: Suhrkamp 1984.

7 McGuinness, *Ludwig Wittgenstein und der Wiener Kreis*, *op. cit.*, pp. 115ff.

Skepsis gegenüber einer immanenten normativen Ethik zu Grunde liegen, analysiert, wobei man aber immer Wittgensteins allgemeinen metaphilosophischen Vorbehalt berücksichtigen muss, derartige nichtempirische Äußerungen seien letztlich unsinnig (vgl. 6.53, 6.54).

3. Ontologische Grundannahmen

Für Wittgenstein besteht die Welt – verstanden als „meine Welt", also als Inhalt meines Wahrnehmungskreises (5.63, 5.621) – ausschließlich in allem, „was der Fall ist", das heißt den innerweltlichen Tatsachen (1, 1.1). In der Welt ist alles zufällig, und was nicht zufällig ist, muss außerhalb ihrer liegen. Der Sinn der Welt, die Werte, das Höhere, das Mystische bzw. Religiöse liegen jenseits der so verstandenen Welt, d.h. jenseits des Inhalts des jeweiligen Wahrnehmungskreises. Wittgensteins ontologische Auffassung ist somit – vorbehaltlich der Unsinnigkeit solcher Sätze – eine dualistische, und zwar eine faktisch-mystisch dualistische: auf der einen Seite die Welt mit ihren Tatsachen, auf der anderen Seite das Höhere, die Werte, der Sinn des Lebens, das Religiöse, das Mystische.

Wittgenstein erweitert dabei den außerweltlichen Bereich stark. Dieser umfasst bei ihm nicht nur ethische, sondern auch ästhetische Werte. Im *Vortrag über Ethik* wird bekräftigt, dass die Ethik den wesentlichen Teil dessen mit umfasst, was man im Allgemeinen Ästhetik nennt.[8] Die Ethik bezieht sich aber auch auf den Bereich des Religiösen. Hinsichtlich der Qualifikation der Ethik als „transzendental" (6.421) ist zweifelhaft, ob Wittgenstein die Kantsche Unterscheidung zwischen „transzendent" und „transzendental" geläufig war, ob er die Ethik also wirklich als „Bedingung der Möglichkeit von Erkenntnis"[9] kennzeichnen wollte. In den Tagebüchern spricht er zwar davon, dass die Ethik wie die Logik eine „Bedingung der Welt" ist.[10] Er verwendet dort aber den Ausdruck „transzendent" und nicht den Ausdruck

8 Wittgenstein, *Vortrag über Ethik*, *op. cit.*, p. 10.

9 Immanuel Kant, *Kritik der reinen Vernunft*. 2. Aufl. Kants Werke, Akademie-Textausgabe. Berlin: de Gruyter 1968, p. 43: „Ich nenne alle Erkenntniß transzendental, die sich nicht sowohl mit Gegenständen, sondern mit unserer Erkenntnisart von Gegenständen, so fern diese a priori möglich sein soll, überhaupt beschäftigt."

10 Ludwig Wittgenstein, *Tractatus logico-philosophicus, Werkausgabe Band 1, Tagebücher 1914–1916*. Frankfurt am Main: Suhrkamp 1984, p. 172: „24. 7. 16. [...] Die Ethik handelt nicht von der Welt. Die Ethik muß eine Bedingung der Welt sein, wie die Logik."

„transzendental".[11] Die Ethik bezieht sich nach Wittgenstein jedenfalls in umfassender Weise auf den nicht-faktischen Bereich der jenseits der Welt der Tatsachen liegenden Werte, seien diese ethisch im engeren praktisch- oder moralisch-philosophischen Sinn, seien diese ästhetisch oder seien diese religiös. Wittgenstein hat gegenüber diesem transzendenten Bereich, diesem Sinn der Welt, diesem Höheren eine große Sehnsucht und Verehrung empfunden.[12] Er bedauerte etwa zutiefst, nicht glauben zu können.[13]

Wichtig ist im Zusammenhang mit seinen ontologischen Grundannahmen auch, dass er eine zentrale Bemerkung aus dem *Prototractatus* nicht in die endgültige Version des Buches übernommen hat, nämlich die Bemerkung: „Wie sich alles verhält, ist Gott. Gott ist wie sich alles verhält."[14] Man kann vielleicht vermuten, dass er diese stark spinozistisch klingende Aussage in der Schlussfassung weggelassen hat, um den scharfen Dualismus zwischen Fakten und Werten nicht zu verwischen.

4. Erkenntnistheoretische Grundannahmen

Wittgensteins radikaler ontologischer Dualismus führt ihn zu einem radikalen erkenntnistheoretischen Dualismus: Die Tatsachen der Welt sind für ihn ausschließlich a posteriori, das heißt empirisch wahrnehmbar (5.634). Was jenseits dieser empirisch wahrnehmbaren Tatsachen liegt, ist nicht verlässlich erkennbar, sondern allenfalls Gegenstand der Logik und des Glaubens. Wir können die Grenze unserer Welt, also die Grenze des empirisch Erkennbaren, nicht mit verlässlichen Mitteln überschreiten. Die erkenntnistheoretische Grenze unserer Welt fällt für Wittgenstein mit der Grenze

11 *Ibid.*, Eintrag vom 30. 7. 1916, p. 173. Im sog. „Prototractatus" heißt es schon „transzendental": Brian F. McGuinness / Tauno Nyberg / Georg Henrik von Wright (Hg.), *Prototractatus. An early version of Tractatus Logico-Philosophicus.* London: Routledge & Kegan Paul 1971, p. 83.

12 Vgl. das Ende des Vortrags über Ethik, Wittgenstein, *Vortrag über Ethik*, *op. cit.*, p. 19: „Durch das, was sie [die Ethik, D. v. d. Pf.] sagt, wird unser Wissen in keinem Sinne vermehrt. Doch es ist ein Zeugnis eines Drangs im menschlichen Bewußtsein, das ich für mein Teil nicht anders als hochachten kann und um keinen Preis lächerlich machen würde."

13 Ilsa Somavilla (Hg.), *Wittgenstein-Engelmann, Briefe, Begegnungen, Erinnerungen.* Innsbruck u.a.: Haymon 2006, Brief an Paul Engelmann vom 21. 6. 1920, p. 57.

14 McGuinness / Nyberg / von Wright, *Prototractatus. An early version of Tractatus Logico-Philosophicus*, *op. cit.*, p. 84.

unserer Sprache zusammen: „5.6 *Die Grenzen meiner Sprache* bedeuten die Grenzen meiner Welt.“

5. Sprachphilosophisch-semantische Grundannahmen

Der sprachliche Ausdruck der Tatsachen der Welt geschieht durch sinnvolle, wahrheitsfähige Sätze bzw. Tatsachenaussagen. Für den frühen und mittleren Wittgenstein, also zumindest noch denjenigen des *Vortrags über Ethik*, kann es jenseits dieser sinnvollen, wahrheitsfähigen Sätze bzw. Tatsachenaussagen kein Sprechen mit Bedeutung geben. Deshalb kommt auch nur mit Bezug auf diese Tatsachen Wissenschaft in Frage. Man kann diese Position als „semantischen Deskriptivismus“ bezeichnen, weil nur wahrheitsfähige, beschreibende Sätze semantisch sinnvoll sein sollen.

6. Wittgensteins Skepsis gegenüber der normativen Ethik im *Tractatus*

Wie führt Wittgenstein diese Grundannahmen zu seiner tiefen Skepsis gegenüber jeder normativen Ethik zusammen? Kann es sinnvolle, wahrheitsfähige Sätze nur bezüglich Tatsachen der Welt geben und gehören die Werte der Ethik als Sinn bzw. Höheres nicht zu den Tatsachen der Welt, sondern zu einem Jenseits, einem transzendenten Bereich, so sind keine wahrheitsfähigen Sätze der Ethik möglich, denn Sätze können nichts Höheres ausdrücken (6.42). Und dann ist klar, dass sich die Ethik nicht aussprechen lässt (6.421). Die Ethik hat deshalb für Wittgenstein auch nichts mit Strafe und Lohn in der Welt, also den Folgen einer Handlung im Diesseits zu tun. Und in 6.52 heißt es: „Wir fühlen, daß selbst wenn alle *möglichen* wissenschaftlichen Fragen beantwortet sind, unsere Lebensprobleme noch gar nicht berührt sind.“

Zu seinem radikalen Skeptizismus bezüglich einer diesseitigen normativen Ethik führen Wittgenstein somit vier Grundannahmen, von denen Schlick und die Mitglieder des Wiener Kreises nur die ersten drei geteilt haben:

(1) die Ontologie eines strikten Dualismus von Faktischem und Mystischem, mit der Beschränkung von Werten auf den jenseitigen Bereich des Religiösen bzw. des Mystischen;

(2) die durch diese Ontologie bedingte dualistische Epistemologie, derzu-

folge sich die Möglichkeit empirischer Erkenntnis auf Fakten beschränkt und empirische Erkenntnis des Höheren bzw. der Werte im jenseitigen Bereich des Religiösen bzw. der Mystik nicht möglich ist;
(3) die sprachphilosophische Annahme, dass nur die Beschreibung der Fakten der Welt wahrheitsfähig und damit semantisch sinnvoll ist, nicht aber die Bezugnahme auf die transzendenten Werte;
(4) die Beschränkung der Ethik auf den jenseitigen, nicht empirisch erkennbaren und nicht sinnvoll aussprechbaren Bereich der Transzendenz des Höheren bzw. der Werte.

Nicht alle diese Annahmen sind gemeinsam notwendig, um zu Wittgensteins Ergebnis der Skepsis gegenüber einer immanenten normativen Ethik zu gelangen. Die Annahmen zwei und drei können vielmehr alternativ eingesetzt werden, um das skeptische Ergebnis zu erreichen. Es wird sich noch erweisen, dass dies für Wittgensteins spätere Auffassung der Ethik eine erhebliche Rolle spielt, weil er hier die Grundannahme drei ohne weiteres aufgeben kann, ohne seine skeptische Haltung gegenüber der normativen Ethik zu korrigieren.

7. Der Sinn des *Tractatus* als ein ethischer

Die These von der Unmöglichkeit sinnvoller Sätze über transzendente Werte ist allerdings noch nicht Wittgensteins letztes Wort zur Ethik. Zwar können wir ethische Sätze nicht aussprechen, aber wir können – so Wittgenstein – durch das Aussprechen des Aussprechbaren das Unaussprechliche *zeigen*, quasi auf es hindeuten. In einem Brief vom 9. 4. 1917 an Paul Engelmann schreibt er: „Und es ist so: Wenn man sich nicht bemüht, das Unaussprechliche auszusprechen, so geht nichts verloren. Sondern das Unaussprechliche ist – unaussprechlich in dem Ausgesprochenen – enthalten."[15] Und im *Tractatus* 6.522 heißt es: „Es gibt allerdings Unaussprechliches. Dies zeigt sich. Es ist das Mystische." In einem Brief vom Oktober oder November 1919 an seinen prospektiven Verleger Ludwig v. Ficker über den *Tractatus* betont Wittgenstein:

> Ich wollte nämlich schreiben, mein Werk bestehe aus zwei Teilen: aus dem, der hier vorliegt, und aus alledem, was ich *nicht* geschrieben habe.

15 Somavilla, *Wittgenstein-Engelmann, Briefe, Begegnungen, Erinnerungen, op. cit.*, Brief an Paul Engelmann vom 21.6.1920, p. 24.

> Und gerade dieser zweite Teil ist der Wichtige. Es wird nämlich das Ethische durch mein Buch gleichsam von Innen her begrenzt: und ich bin überzeugt, dass es, *streng* NUR so zu begrenzen ist. Kurz, ich glaube: Alles das, was *viele* heute *schwefeln*, habe ich in meinem Buch festgelegt, indem ich darüber schweige. Und darum wird das Buch, wenn ich mich nicht sehr irre, vieles sagen, was Sie selbst sagen wollen, aber sie werden vielleicht nicht sehen, daß es darin gesagt ist.[16]

Auch der Architekt Paul Engelmann, ein Freund Wittgensteins, hat die ethische Bedeutung des *Tractatus* betont.[17] Und Allan Janik und Stephen Toulmin weisen in ihrem Buch *Wittgensteins Wien* darauf hin, dass der *Tractatus* in Österreich anders als in Cambridge vor allem als ethisch wahrgenommen worden sei. In den Augen seiner Familie und seiner Freunde sei der *Tractatus* hauptsächlich eine „ethische Tat" gewesen, die das Wesen der Ethik zwar nicht aussprechen, aber doch zeigen sollte.[18]

Nun kann man natürlich fragen, ob der naturgemäß werbende Brief eines Autors an seinen prospektiven Verleger und die Einschätzung der persönlichen, aber nicht unbedingt sachkundigen Umgebung dieses Autors für die Interpretation eines philosophischen Werks ausschlaggebend sein können bzw. sollen. Bedeutsam erscheint in diesem Zusammenhang auch die Tatsache, dass Fragen der Ethik in den Tagebüchern, die bereits einen großen Teil der Bemerkungen des *Tractatus* enthalten, erst ziemlich zum Schluss, nämlich ab Mitte des Jahres 1916 auftauchen.[19] Jedenfalls entstehungsgeschichtlich war der Kern des *Tractatus* also ein logisch-sprachanalytischer und kein ethischer.

Interessant ist in diesem Zusammenhang eine Tagebucheintragung vom 5. 8. 1916: „Wäre der Wille nicht, so gäbe es auch nicht jenes Zentrum der Welt, das wir das Ich nennen, und das der Träger der Ethik ist. Gut und

16 Ludwig Wittgenstein, *Briefwechsel mit B. Russell, G. E. Moore, J. M. Keynes, F. P. Ramsey, W. Eccles, P. Engelmann und L. von Ficker.* Frankfurt am Main: Suhrkamp 1980, pp. 96f.

17 Somavilla, *Wittgenstein-Engelmann, Briefe, Begegnungen, Erinnerungen, op. cit.*, Erinnerungen an Ludwig Wittgenstein, pp. 117f. Ebenso: James C. Edwards, *Ethics Without Philosophy. Wittgenstein and the Moral Life.* Tampa: Univ. Press of Florida 1982, pp. 4, 18, 26ff.

18 Allan Janik/Stephen Toulmin, *Wittgensteins Wien.* München u.a.: Piper 1998, pp. 23f., 26, 199ff., 201.

19 Wittgenstein, *Tractatus logico-philosophicus, Werkausgabe Band 1, Tagebücher 1914–1916, op. cit.*, p. 168f.: „8. 7. 16. […] Um glücklich zu leben, muß ich in Übereinstimmung sein mit der Welt."

Böse ist wesentlich nur das Ich, nicht die Welt."[20] Diese Bemerkung wurde in die endgültige Fassung des *Tractatus* nicht übernommen. Sie steht scheinbar im Gegensatz zur späteren radikalen Beschränkung der Ethik auf den Bereich der Transzendenz, denn das Ich gehört weder zur Welt, noch ist es jenseits der Welt. Es ist vielmehr nach Wittgenstein eine „Grenze der Welt" (5.632). In der Endfassung heißt es aber unter 6.423: „Vom Willen als dem Träger des Ethischen kann nicht gesprochen werden." Es scheint also so zu sein, dass in der endgültigen Version des *Tractatus* zwar nicht das Ich, aber der Wille als zentrale Bestimmung des Ich, vielleicht im Sinne eines transzendenten Schopenhauerschen Weltwillens, zum Gegenstand der Ethik gehört – allerdings ist er wie alle Gegenstände der Ethik unaussprechlich.

8. Wittgensteins normativ-ethische Skepsis im *Vortrag über Ethik*

Im *Vortrag über Ethik* ändert sich an dieser grundsätzlichen Skepsis gegenüber einer aussprechbaren, wahrheitsfähigen normativen Ethik im Ergebnis nichts. Der Vortrag schließt mit den Sätzen:

> Dieses Anrennen gegen die Wände unseres Käfigs ist völlig und absolut aussichtslos. Soweit die Ethik aus dem Wunsch hervorgeht, etwas über den letztlichen Sinn des Lebens, das absolut Gute, das absolut Wertvolle zu sagen, kann sie keine Wissenschaft sein. Durch das, was sie sagt, wird unser Wissen in keinem Sinne vermehrt.[21]

Allerdings führt Wittgenstein im *Vortrag über Ethik* eine wesentliche Nuancierung ein, die sich genauer zu betrachten lohnt. Alle Ausdrücke der Ethik werden nach Wittgenstein in zweierlei Sinn gebraucht: in einem relativen und einem ethischen bzw. absoluten Sinn.[22] Der relative Sinn ist auf einen bestimmten Zweck hin orientiert. Das Wort „gut" bedeutet in diesem relativen Sinn nichts anderes als: einem vorher festgelegten Maßstab gerecht zu werden.[23] Jedes relative Werturteil ist danach für Wittgenstein nur eine Aussage über Faktisches und kann so ausgedrückt werden, dass es auch

---

20 *Ibid.*, p. 175.

21 Wittgenstein, *Vortrag über Ethik*, *op. cit.*, p. 19.

22 *Ibid.*, p. 11.

23 *Ibid.*

der Form nach nicht mehr wie ein Werturteil wirkt.[24] Wittgenstein hat mit der Anerkennung dieses relativen Sinns zugestanden, dass es einen innerweltlichen und gleichzeitig sinnvollen Gebrauch praktischer Ausdrücke wie „gut" gibt. Er meint allerdings – und damit bleibt er seiner früheren Auffassung im *Tractatus* treu –, dass sich dieser Gebrauch vollständig auf Behauptungen über Fakten zurückführen lässt.

Neben dem relativen Sinn haben die Wertausdrücke nach Wittgenstein aber auch einen ethischen bzw. absoluten Sinn. Für diese Wertausdrücke im ethischen bzw. absoluten Sinn gilt nun aber das Ergebnis des *Tractatus* ohne Modifikationen: Keine Fakten können jemals ein absolutes Werturteil ermöglichen oder gar notwendig machen. Ein Buch, das die gesamte Beschreibung der Welt gäbe, könnte nichts enthalten, was wir ein ethisches Urteil nennen würden. Es gibt nach Wittgenstein nichts, was ein solches Urteil logisch impliziert.[25] Auch kann es keine Erklärung oder Theorie des Wertes geben.[26] Die Beschreibung unserer subjektiven Bewusstseinszustände ist für Wittgenstein keine Ethik, denn es handelt sich nur um innerweltliche Fakten, die in keinem ethisch-transzendenten Sinn gut oder wertvoll sind. In moderner metaethischer Terminologie ausgedrückt, führt also auch der Subjektivismus nicht zu einer gehaltvollen Ethik. Wittgenstein vertritt einen radikalen metaethischen Nonkognitivismus und Antirealismus – sofern man unter „Realität" die innerweltliche Realität versteht. Interpretiert man den Ausdruck dagegen weiter, so dass er auch den außerweltlichen Bereich der transzendenten Werte einschließt, so wäre seine Theorie gleichzeitig nonkognitivistisch und realistisch – allerdings unter dem letzten Vorbehalt der Unsinnigkeit aller transzendenten Äußerungen.

9. Wittgensteins spätere Auffassung über Ethik

Ab den 30er Jahren werden Äußerungen Wittgensteins zur Ethik spärlicher. In der Einleitung zu den *Philosophischen Untersuchungen* sind viele Gegenstände als Objekte seiner Beschäftigung der letzten sechzehn Jahre genannt, nicht aber die Ethik.[27] In §77 findet sich eine einzelne Bemerkung. Es geht

24 *Ibid.*, p. 12.

25 *Ibid.*

26 McGuiness, *Ludwig Wittgenstein und der Wiener Kreis*, *op. cit.*, p. 116.

27 Wittgenstein, *Tractatus logico-philosophicus, Werkausgabe Band 1, Philosophische Untersuchungen*, *op. cit.*, p. 231.

dort um die Schwierigkeit, eine scharfe Grenze zwischen Begriffen zu ziehen:

> „[…] es fließen ja alle Farben durcheinander. Es stimmt alles; und nichts". – Und in dieser Lage befindet sich z. B. der, der in der Aesthetik oder Ethik nach Definitionen sucht, die unseren Begriffen entsprechen.
> Frage dich in dieser Schwierigkeit immer: Wie haben wir denn die Bedeutung dieses Wortes („gut" z. B). *gelernt*? An was für Beispielen; in welchen Sprachspielen? (Du wirst dann leichter sehen, daß das Wort eine Familie von Bedeutungen haben muß.)

Man kann sich die Frage stellen, ob die Veränderungen in Wittgensteins mittlerer und späterer Philosophie eine Modifikation seiner metaethischen Überzeugung veranlasst haben. Was sich – allerdings unter dem Vorbehalt des generellen Sinnlosigkeitsverdikts der Philosophie – wohl in der mittleren und späteren Periode nicht gewandelt hat, ist die erste dualistisch-ontologische Grundannahme von der Welt als einer Gesamtheit von Tatsachen einerseits und den Werten als etwas Höherem, jenseits der Tatsachen der Welt Liegendem, also etwas Transzendentem bzw., als Bedingung der Welt, das heißt nach seinem Verständnis „Transzendentalem" andererseits. Auch die zweite erkenntnistheoretische Grundannahme hinsichtlich der empirischen Erkennbarkeit der innerweltlichen Fakten und der Unerkennbarkeit der transzendenten Werte bleibt wohl unverändert. Allerdings werden diese Grundannahmen nicht mehr als Sätze mit ontologischem oder erkenntnistheoretischem Status geäußert, so dass man ihre Konstanz nur vermuten kann. Wittgenstein hat offenbar mit seinem Unsinnigkeitsverdikt aus dem *Tractatus* Ernst gemacht. Es kann sich allenfalls noch um sehr problematische philosophische Sprachspiele handeln.

Was sich allerdings radikal geändert hat, ist Wittgensteins dritte Grundannahme zur Funktion der Sprache, vor allem die Annahme der Beschränkung sinnvoller Sätze auf die Beschreibung von Tatsachen, also der semantische Deskriptivismus. An dessen Stelle tritt das Verständnis der Sprache als Werkzeug des Gebrauchs.[28] Wittgenstein erläutert den Gebrauch der Sprache in den *Philosophischen Untersuchungen* nicht zuletzt anhand von Befehlen.[29] Unter die Sprachspiele fallen also auch nichtdeskriptive Äuße-

---

28 *Ibid.*, §10.

29 *Ibid.*, §§14, 20.

rungen. Und es ist nicht erkennbar, warum sie weniger sinnvoll als deskriptive Äußerungen bzw. Sprachspiele sein sollen.

Führt Wittgenstein diese Aufgabe der dritten Grundannahme und seine nunmehr viel offenere, pragmatische Gebrauchs-Theorie der Sprache dazu, seine Skepsis gegenüber einer aussprechbaren normativen Ethik zu revidieren? Sie führt ihn sicher dazu, wertende Äußerungen im relativen, immanenten Sinn, also solche, die nach seinem früheren Verständnis nicht Teil der Ethik waren, nicht mehr als deskriptiv verstehen zu müssen. Derartige Äußerungen können expressiv, evokativ oder emotiv sinnvoll sein. Damit ist die Möglichkeit einer sinnvollen, innerweltlichen praktischen Sprache eröffnet. Es kann also sinnvolle praktische Sprachspiele mit Wörtern wie „gut", „richtig" oder „sollen" geben.

Die zentrale Frage lautet aber: Ändert das für den späten Wittgenstein etwas an der Unaussprechlichkeit einer Ethik im eigentlichen Sinn, also an der Unaussprechlichkeit ethischer Einsichten im absoluten Verständnis, d.h. von Ausdrücken, die den transzendenten Sinn des Lebens, Werte oder Höheres betreffen? Dies scheint nicht der Fall zu sein. Wittgenstein hat zwar mittels seiner Gebrauchstheorie der Bedeutung die Möglichkeiten der immanent sinnvollen Sprache enorm erweitert. Aber die Grenze zum Transzendenten kann auch diese in ihren Möglichkeiten enorm erweiterte Sprache nicht übersteigen, denn die Erweiterung bleibt ausschließlich immanent. Die Annahme der Unaussprechlichkeit der Ethik, verstanden als Bezugnahme auf transzendente Werte, ändert sich also auch in seinem späteren Denken nicht. Dies kann erklären, warum Wittgenstein trotz des fundamentalen Wandels seiner Sprachphilosophie seine tiefe Skepsis gegenüber einer normativen Ethik soweit ersichtlich nicht aufgegeben hat.

10. Systematische Auseinandersetzung mit Wittgensteins Metaethik

Zum Schluss soll zumindest kursorisch die Frage behandelt werden, wie Wittgensteins metaethische Position sachlich zu bewerten ist. Man wird wohl kaum bezweifeln können, dass sich in der Tat ein Transzendentes, seien es nun Werte, das Höhere, der Sinn des Lebens oder Gott, nicht in gleicher Weise wie empirische Tatsachen erkennen lässt. Dies hat dann aber schon auf einer ontologischen Ebene den Zusammenbruch jeder begründbaren dualistischen Weltauffassung zur Folge, weil sich das Transzendente nicht erkennen lässt.

Des Weiteren stellt sich die Frage, ob die Unerkennbarkeit eines Bereichs auch seine Unaussprechlichkeit nach sich zieht. Wie Wittgenstein in seiner mittleren und späteren Philosophie zu Recht betont hat, scheint die Sprache als Werkzeug enorm flexibel zu sein. Wir können etwa sinnvolle Sätze bilden, die Tatsachen in der Zukunft beschreiben und zum Zeitpunkt ihrer Äußerung weder wahr noch falsch sind. Auch physikalische Hypothesen enthalten Annahmen über prinzipiell unentscheidbare Tatsachen. Insofern erscheint es zweifelhaft, ob die erkenntnistheoretische und die semantische Grenze wirklich so strikt korrelieren, wie der frühe Wittgenstein angenommen hat. Der späte Wittgenstein scheint diese strikte Korrelation auch zurückgenommen zu haben.

Aber selbst wenn man diese strikte Korrelation akzeptierte, bliebe die vierte Grundannahme, der auch Schlick nicht zugestimmt hat, fraglich. Warum soll sich die Ethik eigentlich auf den außerweltlichen Bereich des Transzendenten beschränken? Wittgensteins Beschränkung der Ethik auf das Transzendente erscheint grundsätzlich zweifelhaft. Es kann auch im Bereich der Immanenz Fragen der Ethik geben, die sich dann freilich nicht auf das Höhere, Mystische oder Religiöse richten.

Wittgenstein verkürzt schon die zweckrationalen Bewertungen. Natürlich enthalten diese im Regelfall eine Tatsachenkomponente. Wenn jemand am 18.12.2008 das Ziel hat, mit der Bahn von Göttingen nach Salzburg zu fahren und dort vor 13 Uhr anzukommen, so muss er in Göttingen spätestens um 7.03 Uhr den Zug nehmen. Das ist ein Faktum, das sich aus dem aktuellen Fahrplan ergibt. Aber bereits wenn man das Ziel offener formuliert, etwa die Wahl des Verkehrsmittels nicht festlegt, ist der Tatsachencharakter der Zweck-Mittel-Relation nicht mehr so eindeutig. Dann kommen sehr schnell abwägende Elemente ins Spiel, für die es bessere oder schlechtere Gründe geben kann. Man kann etwa nach den Aspekten der Schnelligkeit, Sicherheit, Bequemlichkeit, Sparsamkeit, Umweltverträglichkeit, Kostengünstigkeit etc. zwischen verschiedenen Verkehrsmitteln wählen. Hinsichtlich eines Mittels zu einem Zweck stellt sich nicht nur die Frage der Eignung, sondern auch die der Erforderlichkeit, also die des mildesten Mittels und die der Verhältnismäßigkeit im engeren Sinn, d.h. der Angemessenheit von Mittel und Zweck. Es ließe sich natürlich einwenden, dass diese Bewertungen rein subjektiv bleiben müssen. Aber es scheint doch in vielen Fällen gute, intersubjektive bzw. relativ objektive Gründe für derartige Abwägungen zu geben, die jenseits des bloß Beliebigen der subjektiven Willkür bestehen.

Noch deutlicher ist diese relative Objektivität ethischer Bewertungen sicherlich im Fall intersubjektiver Konflikte, also im Fall von Konflikten zwischen divergierenden Zielen bzw. Interessen verschiedener ethisch zu berücksichtigender Entitäten. Genau diese bilden den Gegenstand der klassischen Begründungen der Moralphilosophie bzw. Ethik im engeren Sinn, wie sie von Kant bzw. dem Utilitarismus vorgetragen wurden. Am überzeugendsten erscheint insofern ein individualistisch-objektivistischer Kohärentismus, der abschließend skizziert werden soll.

11. Skizze eines individualistisch-objektivistischen Kohärentismus

Der Vorschlag einer individualistisch-objektivistischen sowie kohärentistischen Metaethik lässt sich mit Hilfe von Analogien zu vier nichtethischen Phänomenen erläutern:[30]

(1) Man kann zwei Geraden im zweidimensionalen euklidischen Raum beliebig anordnen. Sind sie nicht parallel, so schneiden sie sich trotz der zufälligen Anordnung an einem bestimmten, sicher ermittelbaren Punkt. Obwohl die Positionierung der Geraden beliebig und insoweit subjektiv war, ist als Folge dieser Positionierung ihr Verhältnis im zweidimensionalen Raum nicht beliebig. Es gibt nur eine objektive Antwort auf die Frage nach dem Schnittpunkt beider Geraden.

(2) Man stelle sich die Züge zweier Spieler auf einem Schachbrett vor. Die Züge des jeweiligen Spielers sind für den jeweils anderen Spieler zwar in einem gewissen Maße kalkulierbar, aber nicht in einem strikten Sinne vorhersehbar. Trotzdem ergibt sich durch jeden Zug aufs Neue eine Stellung, bei der durch Analyse der noch vorhandenen Figuren und der Spielsituation eine relativ objektive Bewertung des Spielstands jedes Spielers ermittelt werden kann. Die relative Objektivität dieser Spielstandsanalyse wird von kaum einem Schachspieler in Zweifel gezogen.

(3) Man denke sich einen Werkzeugkasten, der Schrauben und Muttern verschiedener Stärken enthält. Verschiedene Schrauben und Muttern kön-

30 Vgl. zu ersten Ansätzen dieses metaethischen Vorschlags: Verf., *Ökologische Ethik*. Reinbek: Rowohlt 1996, pp. 204-211; Verf., „Rechtsethische Rechtfertigung – material oder prozedural?", in: Lorenz Schulz (Hg.), *Verantwortung zwischen materialer und prozeduraler Zurechnung*. Stuttgart: Steiner 2000, pp. 17-44; Verf., *Rechtsethik*. München: C. H. Beck 2001, pp. 25-31. Vgl. zu teilweise metaethischen Adäquatheitsbedingungen der normativen Ethik: Verf., „Die fünf Strukturmerkmale normativ-ethischer Theorien", in: Georg Meggle (Hg.), *Analyomen*. 2. Aufl. Berlin: de Gruyter 1997, pp. 306-315. Ausführlicher dargestellt wird diese metaethische Auffassung in: Verf., *Normative Ethik*, i. E., Kap. VI, und Verf., *Für eine Kohärenz normativer Überzeugungen ohne Fundierung in Konventionen*, i. E.

nen zufällig bzw. beliebig aus diesem Werkzeugkasten geholt werden. Hat man aber einmal eine Schraube entnommen, dann gibt es nur eine objektive Größe für eine zu der Schraube passende Mutter. Und es gibt nur eine Art und Weise, Schrauben und Muttern zu verbinden. Auch wenn die Auswahl der Schrauben und Muttern also subjektiv ist, ist doch ihre Passung und Zusammenfügung ohne Zweifel objektiv.

(4) Man denke sich den Organisator eines Skirennens, der die Tore am Abfahrtshang beliebig steckt. Trotz dieser beliebig platzierten Tore kann man danach unter Berücksichtigung ihrer Abstände, des Gefälles des Hangs, der Schneeverhältnisse etc. eine sogenannte „Ideallinie" der bestmöglichen Abfahrt bestimmen. Diese Ideallinie ist nicht mehr subjektiv und beliebig, sondern wird als relativ objektiv angesehen, auch wenn sie in Details unter den Experten vielleicht Anlass zu Meinungsverschiedenheiten geben mag.

Ähnliches gilt nun in der Meta- bzw. normativen Ethik: Es mag sein, dass die Belange bzw. Interessen der einzelnen, in einer Konfliktsituation betroffenen Personen relativ subjektiv und beliebig sind, auch wenn zumindest solche zentralen Interessen wie Menschenwürde, Leben, Leib, Gesundheit sehr einheitlich, d.h. überzeitlich und übergesellschaftlich aufgefasst werden. Geraten diese Belange aber in einen potentiellen oder aktuellen Konflikt zu anderen Belangen, dann gibt es wegen der Quasi-Beschränkung des ethischen Raums, wonach im Regelfall nur eine Handlung realisiert werden kann, nur eine richtige, das heißt ethisch beste Lösung. Das bedeutet nicht, dass diese beste Lösung keine Abwägung verlangt und damit nicht einen Unschärfebereich enthält. Es bedeutet auch nicht, dass im Alltag die Suche nach der besten Lösung nicht aus pragmatischen Gründen bei einer vorletzten Lösung abgebrochen wird, die dann eben unter einem pragmatischen Vorbehalt die beste Lösung darstellt, die derzeit verfügbar ist. Und es bedeutet schließlich auch nicht, dass diese beste Lösung nicht aus zwei oder mehreren gleichwertigen Lösungsalternativen bestehen kann. Soll man etwa einen Ertrinkenden retten, so mag die Rettung per Boot oder mit Hilfe eines Rettungsrings bei Abwägung aller Chancen und Risiken gleich erfolgversprechend sein und damit die Auswahl zwischen diesen Alternativen frei stehen. Aber es bleibt dabei, dass es eine oder mehrere relativ beste Lösungen für das Problem der Relationierung von im Konflikt stehenden Belangen bzw. Interessen gibt. Warum ist das so? Der Grund ist, dass zum einen zwei – bzw. bei mehreren Personen mehrere – Extreme bestehen, nämlich die vollständige Befriedigung der Belange des einen oder die vollständige Befriedigung der Belange des anderen, welche die Menge der möglichen Lösungen limitieren, nämlich auf diese beiden Extreme und alle dazwischenliegenden Lösungen. Und es gibt Maßstäbe für ein Finden der richtigen Lösung, von denen das Gebot der grundsätzlichen Gleichberücksichtigung der wichtigste ist. Welche Maßstäbe dies dann im Einzelnen genauer sind, ist nicht mehr eine Frage der Metaethik, sondern eine Frage der normativen Ethik, die hier nicht weiter erörtert werden kann.

Man kann fragen, ob es sich bei dieser besten Lösung des Problems der Relationierung widerstreitender Belange um eine bloß *erkannte* oder eine *konstruierte* Lösung handelt, ob man also im Hinblick auf die Gewinnung dieser Lösung eher von einem *Kognitivismus* oder einem *Konstruktivismus* sprechen sollte. Im Falle ethischer Lösungen erscheint keine dieser Möglichkeiten befriedigend. Die beste Lösung wird weder bloß erkannt, wie wir etwa eine empirische Tatsache erkennen, etwa den Stand der Sonne, noch wird die beste Lösung konstruiert, so wie wir eine neue Maschine ab ovo zu beliebigen Zwecken konstruieren. Die Lösung wird vielmehr in notwendiger Verfolgung des vorgegebenen Ziels, zwischen den jeweils zu berücksichtigenden Belangen zu vermitteln, nach bestimmten Regeln in die vorhandene Struktur der konkreten Situation und der konkret widerstreitenden Interessen *eingepasst*, so wie ein Zahnarzt einen künstlichen Zahn in die determinierende Reihe der vorhandenen Zähne einpasst oder wie der Bobfahrer seinen Bob zwischen den Banden der Bobbahn auf der Ideallinie zu halten sucht. Das Einpassen ist freier als das rezeptive Erkennen von etwas Gegebenem, aber weniger frei als ein kreativ-produktives Konstruieren. Es vereint kognitiv-rezeptive und konstruktiv-produktive Elemente zu einer Art *reproduktivem* Vorgang. Dieser unterliegt erstens begrenzenden Extremen in Form der bestehenden Belange der jeweils Betroffenen, zweitens einem vorgegebenen Ziel und drittens klaren materialen Regeln der Lösungsfindung. Wittgensteins tiefste Skepsis gegenüber einer immanenten normativen Ethik erscheint vor dem Hintergrund dieser Möglichkeit als sachlich zweifelhaft.

Sonja Kato-Mailáth-Pokorny

Die Ethische Gemeinde in Wien – Politik und Ethik während der Ersten Republik

1. Die Ethische Gesellschaft – später Ethische Gemeinde – in Wien

Im Jahr 1985 ging der Teilnachlass der Gesellschaft für Ethische Kultur in den Besitz der Wiener Stadt- und Landesbibliothek über.[1] Die vereinspolizeiliche Löschung des Vereins (Aktenzahl XV/257) erfolgte – laut telefonischer Auskunft vom 7. 9. 2007 – am 5. Mai 1988. In 14 großen Kartons und einer A4-Mappe lagern nun seither Statuten, Publikationen, Manuskripte, persönliche und geschäftliche Briefwechsel im Wiener Rathaus und geben in ihrer Summe das Bild einer beinahe hundert Jahre aktiven Gruppe wieder. 1894 wurde die Gesellschaft für Ethische Kultur als Verein mit dem Titel *Ethische Gesellschaft*[2] in Wien gegründet, zu ihren Gründungsmitgliedern gehörte Friedrich Jodl. „Das Ziel dieser Bewegung war es, die Erkenntnisse der Moralphilosophie zu popularisieren und den Schulkindern Moralunterricht zuteil werden zu lassen."[3]

Die ethische Bewegung an sich entstand im Jahre 1876[4] in den Vereinigten Staaten, als durch Felix Adler (1851–1933) die Gesellschaft für Ethische Kultur in New York gegründet wurde. Weitere ethische Gesellschaften gründeten sich vor allem im Laufe der 1890er Jahre sowohl in den USA als auch in England und Kontinentaleuropa.

---

1 Siehe Teilarchiv der Gesellschaft für Ethische Kultur in der Wienbibliothek im Rathaus/Handschriftensammlung, Aufstellungsnummer 176, ZPH 620.

2 Robert Frey, *Geschichte des Vereins, Gesellschaft für Ethische Kultur, Wien.* Wien 1962. Wienbibliothek im Rathaus/Handschriftensammlung, Teilarchiv der Gesellschaft für Ethische Kultur, Aufstellungsnummer 176, ZPH 620.

3 Franz Sertl, *Die Freidenkerbewegung in Österreich im Zwanzigsten Jahrhundert: Ein Beitrag zur Entwicklungsgeschichte freigeistiger Kulturorganisationen.* Wien: Facultas 1995, p. 46.

4 Lonnie R. Johnson, „Comeback der Aufklärung: Friedrich Jodl, Wilhelm Börner und die amerikanische ‚Ethical Culture' Bewegung", in: Georg Gimpl (Hg.), *Ego und Alterego: Wilhelm Bolin und Friedrich Jodl im Kampf um die Aufklärung; Festschrift für Juha Manninen.* Frankfurt am Main: Peter Lang 1996, pp. 337-352, hier p. 337.

> Der Vater der Ethischen Bewegung war Felix Adler, den man als einen atypischen Amerikaner bezeichnen kann. [...] Der wohl wichtigste Verbreiter der Ideen der Ethischen Bewegung im kontinentalen Europa war der Berliner Professor für Ethik, Georg Gizycki.[5]

Die amerikanisch geprägte Ethische Bewegung empfand sich von Beginn an als gemeindeähnliche Struktur, die auch bewusst die Arbeit der Seelsorge (in einem weltlichen, konfessionslosen Sinne) leisten wollte. Dies mag auch mit der Tatsache, dass Felix Adler aus einem Rabbinerhaushalt entstammte, zusammenhängen.

Bei Friedrich Jodl, dem Protagonisten der österreichischen Ethischen Bewegung traf dieser Zugang jedenfalls nicht auf Zustimmung, war ihm doch die Ablehnung alles Klerikalen „heilig".

> Dieses Evangelische, ja Schwärmerische an der Ethischen Bewegung uramerikanischer Prägung war Jodl fremd. Da sich die erste Fassung des Programms zur Gründung der Deutschen Gesellschaft für Ethische Kultur (DGEK), die Jodl von Gizycki 1892 bekam, offensichtlich an amerikanische Unterlagen bzw. Vorbilder hielt, wurde sie von Jodl [...] entsprechend kritisiert. [...] Für eine deutsche Gesellschaft für Ethische Kultur wollte Jodl, so seine Frau Margarete in der Biografie über ihren Mann, „[...] klarer umrissene Angaben über das, was man sich als Ziel und Aufgabe dachte, [...]".[6]

Weltliche Seelsorge, wie sie sein Nachfolger Börner so erfolgreich betreiben sollte, war also nicht die Sache Jodls.

Zu dem 1894 gegründeten Verein für Ethische Kultur, s.o., zählten folgende Gründungsmitglieder: Josef Bardorf, Philipp Brunner, Marianne Hainisch, Dr. Emanuel Hermann, Dr. Isidor Himmelbaur, Prof. Dr. Friedrich Jodl, Rosa Mayreder, Berta Mörz, Dr. Ignaz Neudörfer, Emil von Neumann, Dr. Franz Niedermayer, Dr. Julius Ofner, Artur Gundaccar Freiherr von Suttner, Eugen Troll. Obmann wurde Dr. Aristides Brezina, nachdem Jodl, der damals in Prag unterrichtete, auf Grund der örtlichen Distanz die Wahl abgelehnt hatte.[7]

---

5 *Ibid.*

6 *Ibid.*, p. 338.

7 Siehe Wilhelm Börner, *Die Ethische Gesellschaft in Österreich*. Wien 1910, p. 9, und Frey, *Geschichte des Vereins*, *op. cit.*, p. 1.

> Die Satzungen des Vereins enthielten bei seiner Gründung auch als Mittel zur Erreichung seiner Ziele: Unterstützung aller im ethischen Interesse gelegenen Reformen der gesellschaftlichen Zustände, insbesondere der auf die Hebung der Lebensverhältnisse der unteren Klassen gerichteten Bestrebungen.[8]

Unter §1 – Zweck der Gesellschaft – findet sich in den Satzungen der Ethischen Gesellschaft folgendes Bekenntnis:

> Die Ethische Gesellschaft bezweckt, den Sinn für die ethischen Forderungen, d.i. für die Förderung der Wahrhaftigkeit der Gerechtigkeit und der Menschenliebe zu wecken, zu schärfen und zu fruchtbarer Betätigung zu bringen und solchermaßen möglichst viele Menschen guten Willens im Bewusstsein gemeinsamer ethischer Ziele und in der Erfüllung bestimmter ethischer Aufgaben zu vereinigen. Politische Tätigkeit ist ausgeschlossen.[9]

Die ersten Jahre waren geprägt von diversen Enqueten, 1896 etwa wurde eine Enquete über die Entlohnung der Frauenarbeit, 1897 über die Zustände im Lehrlingswesen und 1906 über Schundliteratur veranstaltet.[10]

Wilhelm Börner, der – zunächst über den studentischen Kontakt zum Gründungsmitglied Jodl – schon früh seinen Weg zur Ethischen Gesellschaft gefunden hatte, war vor allem in der Zeit nach dem Ersten Weltkrieg prägend für diesen Verein, vor allem seine – dem uramerikanischen Vorbild entsprechende – Umwandlung der Gesellschaft in eine Gemeinde hat zu einer maßgeblichen Verbreiterung des Vereins geführt. In seinen *Erinnerungen an Felix Adler*[11] erinnert sich Wilhelm Börner auch an seine Anfänge in der Ethischen Gesellschaft: „Durch eine ausgezeichnete Rede von Friedrich Jodl über die ‚Aufgaben und Ziele der Ethischen Gesellschaft' wurde ich 1902, als junger Student, veranlasst, mich der Wiener Ethischen Gesellschaft anzuschliessen."[12] Die Gründungsversammlung vom 10. Dezember

---

8 Frey, *Geschichte des Vereins*, *op. cit.*, p. 1.

9 Siehe Börner, *Die Ethische Gesellschaft in Österreich*, *op. cit.* Auszug aus den Satzungen, Umschlag.

10 Frey, *Geschichte des Vereins*, *op. cit.*, p. 1.

11 Siehe Wienbibliothek im Rathaus/Handschriftensammlung, Teilarchiv der Gesellschaft für Ethische Kultur, Aufstellungsnummer 176, ZPH 620.

12 Wilhelm Börner, *Erinnerungen an Felix Adler*. Wienbibliothek im Rathaus/Handschriftensammlung, Teilarchiv der Gesellschaft für Ethische Kultur, Aufstellungsnummer

1894 kommt ebenso zur Sprache wie die Gründung eigener Untergruppen, etwa der von Dr. Ofner betreuten „sozialen Gruppe“,[13] die sich in zahlreichen Vorträgen und Veranstaltungen der sozialen Lage von Arbeitern und Dienstboten, aber auch der Entlohnung von Frauen (s.o.) widmete. Eine andere Gruppe, die „literarische Gruppe“[14] gründete sich 1895 – sie war auch für die Enquete zum Thema Schundliteratur verantwortlich (s.o.). Ebenfalls 1895 konstituierte sich die „Pädagogische Gruppe“[15] – die Vorträge und Aktivitäten widmeten sich vor allem Fragen der Kinderpflege und Kindererziehung; entsprechende Kurse erfreuten sich großen Zuspruchs, sie „[...] fanden einmal wöchentlich unentgeltlich statt und waren von ungefähr 100 Damen besucht.“[16] Der Erfolg dieser Veranstaltungen hielt an – zum letzten Mal wurden diese Kurse 1899/1900 veranstaltet, dann trennte sich die pädagogische Gruppe von der Ethischen Gesellschaft und veranstaltete hinkünftig selbstständig derartige Kurse.[17]

Allesamt waren diese Veranstaltungen und Gruppen Teil der Arbeit des Wiener Zweiges der Österreichischen Gesellschaft für Ethische Kultur, der 1895 gegründet wurde; weitere Zweige entstanden 1896 in Qualisch (Böhmen), 1906 in Krakau und ebenfalls 1906 in Güntersdorf (Böhmen). Für Troppau, Czernowitz, Radautz und Linz wurde die Gründung weiterer Zweige in Aussicht genommen, wenngleich Börner betont: „Die Hauptsache ist jedoch nicht so sehr die Schöpfung von Zweigvereinen als die Ausbreitung der Ideen der Ethischen Bewegung.“[18]

Das publizistische Organ der Ethischen Gesellschaft war bis 1906 die „in zwangloser Weise“[19] erscheinende Publikation *Mitteilungen der Ethischen Gesellschaft in Wien*; seit 1907 führte sie (jedenfalls bis 1910, dem Datum des Erscheinens von Börners Schrift über die Ethische Gesellschaft) den Namen *Mitteilungen der österreichischen Ethischen Gesellschaft.* Darüber hinaus wurden selbstständige Publikationen herausgegeben. Von Beginn an – ab 1896 – war die Ethische Gesellschaft auch Mitglied im 1896 gegründeten *Internationalen Ethischen Bund.*

176, ZPH 620, 5.

13 Börner, *Die Ethische Gesellschaft in Österreich*, *op. cit.*, p. 10.

14 *Ibid.*, pp. 12f.

15 *Ibid.*, pp. 14f.

16 *Ibid.*, p. 14.

17 *Ibid.*, p. 19.

18 *Ibid.*, p. 25.

19 *Ibid.*, p. 26.

Wilhelm Börner war ab 1909 Sekretär der Ethischen Gesellschaft, 10 Jahre später, 1919, war er deren Leiter.[20] Bis zum Jahr 1938 blieb Börner ohne Unterbrechung der Leiter der Ethischen Gemeinde, bei deren Neugründung 1948 wurde er noch in Abwesenheit neuerlich zum Leiter gewählt, der er bis zu seinem Tod 1951 bleiben sollte. Obmann der Ethischen Gemeinde wurde der Soziologe Dr. Walter Eckstein (1891–1973), der Börner auch im Exil eine wichtige Stütze werden sollte. „[…] 1919 unter Börners Führung änderte sie [Anm.: die Ethische Gesellschaft] sich essentiell und dies zum Teil deshalb, weil Börner von Adler und Elliot 1921 nach Amerika eingeladen wurde, um ethische Kultur in amerikanischer Reinkultur zu erleben – […].“[21] Börner hatte zwar bereits 1912 einen Versuch unternommen, Jodl von der Umwandlung der Ethischen Gesellschaft in eine Gemeinde nach amerikanischem Vorbild zu überzeugen[22] – der dazu letzte Impuls ist aber sicherlich von dieser (ersten) Reise Börners in die Vereinigten Staaten von Amerika ausgegangen. In einem Aufsatz „Was will die Ethische Gemeinde?“ skizziert Börner seine Vorstellungen sehr deutlich:

> Die „Ethische Gemeinde“ will aber auch eine humane Seelsorge-Gemeinschaft sein. Wir meinen dabei nicht die Seelsorge, die auf Jenseitsvorstellungen, Dogmen und alten Traditionen ruht, sondern eine solche, die nur mit den gegebenen seelischen Bedürfnissen der Menschheit rechnet. Sie ist nicht weltverneinend, sondern lebensbejahend eingestellt; nicht die Seele fesselnd, sondern befreiend; nicht asketisch, sondern aktivistisch. […] Als Einrichtungen der humanen Seelsorge sind anzusehen: „Sonntagsfeiern“ mit Ansprachen und Musik; gesellige zwanglose Zusammenkünfte der Mitglieder; Gelegenheit zur Beratung in ethischen Konfliktsfällen und bei erzieherischen Schwierigkeiten; Ansprachen bei konfessionslosen Trauungen und eventuellen Geburts- und Jugendfeiern, als Familienfeiern; alles ganz frei, je nach Wunsch und Bedürfnis.[23]

20 Wilhelm Fiala, „Austromarxismus, Spätaufklärung und Wiener Kreis in den Fachgruppen der zwanziger Jahre“, in: Wilhelm Fiala, *Wissenschaft für alle – ein Widerspruch?* Wien: Studienverlag 2001, p. 460.

21 Johnson, „Comeback der Aufklärung“, *op. cit.*, p. 349.

22 *Ibid.*

23 Wilhelm Börner, *Was will die Ethische Gemeinde?* Wienbibliothek im Rathaus/Handschriftensammlung, Teilarchiv der Gesellschaft für Ethische Kultur, Aufstellungsnummer 176, ZPH 620.

Die Ähnlichkeit zu konfessionellen Ritualen und Vorgängen ist nicht nur offensichtlich, sondern auch Teil des Konzepts. „Die ‚Ethische Gemeinde' will eine Gemeinschaft von Menschen in einem dreifachen Sinne sein: eine Gesinnungsgemeinschaft, eine Willensgemeinschaft und eine rein humane (d.h. weltliche) Seelsorge-Gemeinschaft."[24]

Die Feier zum 50-jährigen Bestehen der Gesellschaft für Ethische Kultur, jetzt Ethische Gemeinde, fand am 9. Mai 1926 im großen Saal des Konzerthauses statt, das Programm war vom Feinsten: Beethoven und Richard Wagner – gespielt vom Wiener Sinfonie-Orchester, eine Vorlesung vom Ehrenmitglied des Wiener Burgtheaters, Prof. Georg Reimers, und eine Festrede von Wilhelm Börner.[25] Das *Wiener Tagblatt* berichtete bereits im Vorfeld der Feierlichkeiten über eine andere Veranstaltung der Ethischen Gemeinde:

> Schönes und Interessantes erzählte Börner: von der „Seelsorgetätigkeit" und von den Absichten der „Ethischen Gemeinde", in ganz Österreich neue Gemeinden und in Wien Bezirkssektionen zu gründen und davon, daß nach 1918 Menschen aller Stände und Klassen der Bewegung in bedeutender Zahl zugeströmt seien. „Nur fehlen leider", so sagte Börner, die Mäzene. „Aber wir kämpfen uns dennoch durch, mit Erfolg und auch frei von aller Gebundenheit, in die uns öffentliche Subventionen von Staat oder Gemeinde bringen könnten und die wir stets nur ablehnen können."[26] [27]

---

24 *Ibid.*

25 Siehe: Ethische Gemeinde, *Programm anlässlich des 50jährigen Bestehens der ethischen Kultur.* Wienbibliothek im Rathaus/Handschriftensammlung, Teilarchiv der Gesellschaft für Ethische Kultur, Aufstellungsnummer 176, ZPH 620.

26 *Wiener Tagblatt*, 5. 5. 1926. Wienbibliothek im Rathaus/Tagblattarchiv, Sammlung Wilhelm Börner.

27 Anm: In den Anfängen der Ethischen Gesellschaft waren Subventionen durchaus üblich, wie Börner in seiner Schrift *Die Ethische Gesellschaft in Österreich* festhält. „Die österreichische ‚Ethische Gesellschaft' genießt vom Unterrichtsministerium seit dem Jahre 1904 eine jährliche Subvention von 100 Kr, die ihr vom ‚Zentralverband der deutsch-österreichischen Volksbildungsvereine', dessen Mitglied die Gesellschaft seit 1896 ist, zugeführt wird." (Börner, *Die Ethische Gesellschaft in Österreich*, *op. cit.*, p. 25) Es wirkt auch nicht so, als hätte Börner damals etwas dagegen gehabt. Die Ethische Gesellschaft und auch die Ethische Gemeinde finanzierten sich – so scheint es – vor allem durch Mitgliedsbeiträge, die etwa 1910 3 Kronen und 1927 6 Schilling im Jahr betrugen.

Aus dem Plan der Bezirkssektionen wurde nichts, der Hauptschwerpunkt der – praktischen – Arbeit der Ethischen Gemeinde in den 1920er Jahren war die Einrichtung und Betreibung der „Lebensmüdenberatungsstelle" (s.u.).

Die 1930er Jahre sollten 1938 das Ende der Ethischen Gemeinde in ihrer bisherigen Form bringen; durch Exil und Tod zahlreicher Mitglieder während der NS-Zeit konnte auch nach der Neugründung 1947 nie wieder an eine Bewegung, wie es die Ethische Gemeinde zweifellos in den 1920ern war, angeknüpft werden. Erstaunlich war, dass die Ethische Gemeinde nicht 1934 – wie die meisten anderen fortschrittlichen und konfessionslosen Vereine – geschlossen wurde. Bis zum Anschluss Österreichs an Hitler-Deutschland, im März 1938, konnte die Gemeinde weiter bestehen bleiben. Stephanie Börner erinnert sich:

> Während der Jahre 1933–1938 waren die Sonntagsfeiern der Ethischen Gemeinde für die freiheitlich gesinnte Bevölkerung Wiens eine wahre geistige Zufluchtstätte, und der Zulauf war so groß, daß eigene Vorkehrungen getroffen werden mußten, um den Mitgliedern der Ethischen Gemeinde eine Art Prioritätsrecht auf Sitzplätze zu sichern. Trotzdem Börner offen und mutig gegen die Übel der Zeit Stellung nahm, geschah ihm persönlich damals nichts.[28]

Nach der Machtergreifung durch die Nationalsozialisten ging es aber dann sehr rasch mit der Auflösung der Ethischen Gemeinde. Zunächst wurde Wilhelm Börner am 21. März 1938 verhaftet und blieb für 9 Wochen inhaftiert.

> Am 11. März 1938 überschritten die Nationalsozialisten die österreichische Grenze und am 13. März wurde Österreich zu einem Teil des Deutschen Reiches erklärt. Im Schubertsaale des Konzerthauses [Anm.: S. Börner schreibt hier „Konzertsaales", ich bin aber sicher, dass sie „Konzerthauses" meinte.] fand die programmgemäße Sonntagsfeier der Ethischen Gemeinde statt, und Börner nahm in tiefer Bewegung und unter starkem Mitempfinden seitens der Zuhörerschaft Abschied von Österreich. Er sprach offen die Befürchtung aus, daß er wahrscheinlich zum letzten Male vor den Freunden stehe und daß er nicht

28 Stephanie Börner, „Biographische Skizze", in: Ethische Gemeinde Wien (Hg.), *Zum Gedächtnis Wilhelm Börners*. Wien 1952, pp. 17-27, hier p. 23.

> wisse, ob er jemals wieder werde zu ihnen sprechen können. [...] Eine Woche später, am 21. März, wurde er von der Gestapo in einem großen Überfallsauto geholt und neun Wochen festgehalten. Sein Verbrechen war pazifistische und antinationalsozialistische Propaganda sowie internationale Verbundenheit.[29]

Mittels Bescheid vom 2. September 1938 des Ministeriums für innere und kulturelle Angelegenheiten, Abteilung III, Gruppe Sicherheitspolizei, wurde der Verein *Ethische Gemeinde* behördlich aufgelöst.[30] Gleiches gilt für die – von der Ethischen Gemeinde betriebene – Lebensmüdenberatungsstelle. Das Vermögen der Ethischen Gemeinde und der Lebensmüdenberatungsstelle in der Höhe von 507.82 Reichsmark wird – per Vermögensbilanz vom 30. 6. 1938 – durch das Einfordern einer „einmaligen Aufbauumlage von 98% des Reinvermögens" und „2% Verwaltungsgebühr", die exakt die Höhe des Vermögens der Ethischen Gemeinde bilden, aufgelöst.[31] Die Wiener Ethische Gemeinde hatte 1938 über 700 eingetragene Mitglieder. 1949 wurden 46 als abgemeldet und 166 als verstorben registriert; 256 Mitglieder wanderten nach dem Anschluss Österreichs an Deutschland aus, 107 Mitglieder wurden deportiert.[32]

2. 1920er Jahre in Wien – Spannungsfeld zwischen Theorie und Praxis

Aber vorerst noch einmal zurück in die 1920er Jahre, in denen Börner über sein eigentliches Agitationsfeld, die Ethische Gemeinde, hinaus 1920 bei den ersten Nationalratswahlen auch zum Mittel der (partei-)politischen Agitation griff, indem er sich mit einer Wahlempfehlung für die SDAPÖ (Sozialdemokratische Arbeiterpartei Österreichs) mittels Flugblatt an die Menschen wandte. Nicht das Werk des Philosophen, des Pädagogen oder des Friedenstheoretikers Börner, und damit der Ethischen Gemeinde, steht

29 *Ibid.*, p. 24.

30 Siehe: Bescheid zur Auflösung der Ethischen Gemeinde. Wienbibliothek im Rathaus/Handschriftensammlung, Teilarchiv der Gesellschaft für Ethische Kultur, Aufstellungsnummer 176, ZPH 1239.

31 Siehe: Vermögensbilanz Ethische Gemeinde. Wienbibliothek im Rathaus/Handschriftensammlung, Teilarchiv der Gesellschaft für Ethische Kultur, Aufstellungsnummer 176, ZPH 1239.

32 Johnson, „Comeback der Aufklärung", *op. cit.*, p. 352.

– wie bisher – im Vordergrund, sondern die Einmischung und Anmerkung, die Sichtbarmachung und Analyse des realen, tagespolitischen Geschehens. Sein „Werk“ ist in diesen Jahren daher eher sein „Schaffen“ – egal ob es sich um Aufrufe, Artikel oder eben sein aktives Handeln (etwa die Einrichtung einer Beratungsstelle für Suizidgefährdete – s.u. – oder auch die Zivilcourage, politisch Verfolgten privaten Unterschlupf zu gewähren) handelt. Börner rückt in dieser Zeit aus der Theorie noch mehr in die Praxis. Ein Schritt, mit dem er sich nicht nur von seinem Vorbild und Mentor Friedrich Jodl unterscheidet, sondern weit über dessen Verständnis und Postulat einer ethischen Lebensführung hinausgeht. Er überschreitet damit auch so manche – bis dato gültige – „Grenze“, die der „Überparteilichkeit“ der Ethischen Gemeinde etwa, und muss sich diesbezüglich auch Vorhaltungen[33] von der Witwe Jodls gefallen lassen.[34] Seine Antwort – in einem Brief vom 25. 6. 1932 – ist wie immer deutlich und auch nachvollziehbar argumentiert:

> […] alles Freiheitliche und Fortschrittliche im öffentlichen Leben, in der Politik, auf dem Gebiete der Schule, der Rechtspflege, der Fürsorge, der Volksbildung – wird ausschließlich von den Sozialdemokraten vertreten und verfochten. Will man also auf irgendeinem dieser Gebiete etwas Fortschrittliches, so bedeutet das, daß man dasselbe will wie die Sozialdemokratie. Lobt man irgendeine gute Einrichtung (Schulreform, Mieterschutz, Sozialversicherungen, Gesetzesreform, Fürsorge), so lobt man indirekt die Sozialdemokratie. Ja, noch mehr: tritt man mit Wärme für die Republik und Demokratie ein, so schließt man sich indirekt der Sozialdemokratie an. […] Soll man, um diesen Eindruck nicht zu erwecken, nicht für den Fortschritt sein, das Gute und Ausgezeichnete nicht loben und anerkennen, für Demokratie und Republik nicht mit Wärme eintreten?[35]

Börner meinte im selben Brief, dass er „glücklich“ wäre, hätte er auch Gelegenheit bei anderen Parteien etwas zu loben, aber er „finde nichts, hingegen

33 Siehe oben, Briefwechsel mit Margarete Jodl aus dem Jahre 1917.

34 Eckart Früh, „Börner: ‚niemals ein ‚Liberaler‘, sondern immer ein Sozialist, wenn auch nicht ‚Sozialdemokrat‘“, in: Gimpl, *Ego und Alterego: Wilhelm Bolin und Friedrich Jodl im Kampf um die Aufklärung, op. cit.*, pp. 353-389, hier p. 371.

35 Brief Wilhelm Börner an Margarete Jodl vom 25.6.1932. Wienbibliothek im Rathaus/ Handschriftensammlung, Teilarchiv der Gesellschaft für Ethische Kultur, Aufstellungsnummer 176, ZPH 620.

unendlich viel Reaktionäres, Undemokratisches, Ungerechtes, Unmenschliches".[36]

Eine wichtige, wenn nicht sogar die entscheidendste demokratische „Prüfung" für die Erste Republik erfolgte dann durch die erste Nationalratswahl am 17. Oktober 1920, bei der sich eine Richtungsentscheidung abzeichnete. Börner, der sich der Wichtigkeit dieses Urnenganges bewusst war, setzte daher unter dem Titel *An das freisinnige Bürgertum! Ein ernstes Wort zu den bevorstehenden Wahlen!* ein Flugblatt zur Nationalratswahl am 17. 10. 1920 auf.[37]

> Wie bei den letzten Wahlen steht auch diesmal wieder das freisinnige Bürgertum **vor einer sehr ernsten Entscheidung**. Nur zwei Parteien sind so groß und gut organisiert, daß sie von bestimmendem Einfluß auf die Geschicke unseres Landes sein werden: die christlichsoziale und die sozialdemokratische. So schwer auch das Bekenntnis fallen mag, muß doch jeder Einsichtsvolle, Wahrheitsliebende und durch Wünsche und Hoffnungen Unbestechliche zugeben, daß wir neben diesen beiden keine andere politische Gruppe haben, die bei der künftigen Gestaltung Österreichs ausschlaggebend sein könnte.[38]

Der Aufruf gipfelt in einer klaren Wahlempfehlung für die Sozialdemokraten:

> […] zahlreiche Fehler wurden von der Partei während der Koalitionsregierung begangen – das alles muß ohne Beschönigung gesagt werden, auch wenn man für vieles Rechtfertigungen, Entschuldigungen und Milderungsgründe wird anführen können. Aber heute bedeutet ja die Abgabe der Stimme von unserer Seite für die Sozialdemokratie noch **keineswegs** den unbedingten Sieg, also die **politische Herrschaft der Partei** als solcher. […] Heute und noch für unabsehbare lange Zeit ist die praktische politische Mission der Sozialdemokratie darin gelegen,

---

36 Früh, „Börner: ‚niemals ein ‚Liberaler', sondern immer ein Sozialist, wenn auch nicht ‚Sozialdemokrat'", *op. cit.*, p. 371.

37 Anm.: Da ich aus dem Originalflugblatt zitiere, habe ich auch die Hervorhebung mancher Textpassagen übernommen, da mir das im Zusammenhang mit der grafischen Gestaltung des Flugblattes als eine gute Möglichkeit erschien, die Passagen, auf welche Börner seinen Leser/seine Leserin besonders aufmerksam machen wollte, herauszuheben.

38 Wilhelm Börner, *An das freisinnige Bürgertum*. Wien 1919, p. 1.

> die **Republik zu schützen**, sie vor Putschversuchen von links und rechts zu bewahren und die **Wegbereiterin für eine freiheitliche, demokratische Kultur zu sein**, deren Grundlage soziale Gerechtigkeit ist. Wenn wir die Sozialdemokratie wählen, bringen wir nur zum Ausdruck, daß wir ein **großes Stück Weges mit ihr gemeinsam haben**, was doch unleugbar ist.[39]

Börner erkennt, dass mit dieser Schicksalswahl, der ersten Nationalratswahl der jungen Republik, die politische Landschaft in zwei Lager zerfallen wird, die – entgegen der besonderen Situation nach der Wahl 1919 und vor allem nach der Regierungskrise vom Juni 1920 – nicht mehr miteinander, sondern gegeneinander arbeiten werden; die Frage, welche Partei gewählt werden sollte, ist daher völlig alternativlos für einen Mann wie Börner, und er versucht durch seinen Wahlaufruf, so viele Menschen wie möglich von dieser Sichtweise zu überzeugen. Das Wahlergebnis brachte einen deutlichen Gewinner, die Christlichsoziale Partei, einen Verlierer, die Sozialdemokratische Arbeiterpartei, und einen lachenden Dritten, das deutschnationale Lager. Dieses Ergebnis schaffte schließlich die Grundlage für die weiteren immer dramatischeren Veränderungen im politischen System Österreichs. Die Wahl von 1920 kann getrost als Ausgangspunkt für den „Weg in den Austrofaschismus"[40] bezeichnet werden.

3. Die Beratungsstelle für Lebensmüde als Beispiel angewandter Arbeit der Ethischen Gemeinde Wien

„Für die Arbeiterbewegung war die anhaltend hohe strukturelle Arbeitslosigkeit die gravierendste Folge [...]. Die Arbeitslosenquote sank nach 1923 nicht mehr unter acht Prozent und schnellte 1933 bis auf 26 Prozent hoch."[41] Wie einer Statistik[42] zu entnehmen ist, lag die Arbeitslosigkeit in den 1920er Jahren (ab 1923) in absoluten Zahlen stets um die 200.000 betroffenen Menschen; die 1930er Jahre brachten dann eine unhaltbare

39 *Ibid.*, p. 4.

40 Karl Vocelka, *Österreichische Geschichte*. München: Beck 2005, p. 105.

41 Alfred Georg Frei, *Die Arbeiterbewegung und die „Graswurzeln" am Beispiel der Wiener Wohnungspolitik 1919–1934*. Wien: Braumüller 1991, p. 43. (Vergleichende Gesellschaftsgeschichte und politische Ideengeschichte der Neuzeit, Bd. 7)

42 Zitiert nach: „Schaubild 1. Gesamtzahl der Arbeitslosen", in: Sertl, *Die Freidenkerbewegung in Österreich im Zwanzigsten Jahrhundert*, *op. cit.*, p. 381.

Entwicklung, in nur zwei Jahren stieg die Arbeitslosigkeit von knapp unter 250.000 (1930) auf über 450.000 (1932), um bis zum Jahr 1937 nie mehr unter 450.000 Personen zu kommen. Es darf daher nicht verwundern, dass es auch in dieser Zeit zu einem eklatanten Anstieg von Selbstmorden kam. Stephanie Börner erinnert sich:

> Die ungeheure wirtschaftliche und seelische Not der Nachkriegszeit hatte schon lange die Selbsttötungsstatistik Wiens stark in die Höhe gebracht, und nach einer Sonntagsfeierrede Börners über dieses furchtbare Problem (im Jahre 1926) wurde von einem Mitgliede die Anregung gegeben, die Ethische Gemeinde möge doch einen praktischen Weg zur Vorbeugung durch Beratung und Hilfeleistung suchen. Nach längeren Beratungen und der Abhaltung eines Kurses zur Heranbildung der angemeldeten freiwilligen Mitarbeiter zu dem Zweck, sie mit den Möglichkeiten der Hilfeleistungen einigermaßen vertraut zu machen und ihnen wichtige psychologische Erkenntnisse zu vermitteln, wurde im Mai 1928 im Nebengebäude der Wiener Rettungsgesellschaft die „Beratungsstelle für Lebensmüde" unter der Leitung Wilhelm Börners eröffnet. Diese Beratungsstelle arbeitete genau zehn Jahre, bis sie Ende März 1938 nach der Machtübernahme seitens der Nationalsozialisten von der Gestapo geschlossen und ihres gesamten Eigentums und Aktenmateriales beraubt wurde.[43]

Standort dieser Beratungseinrichtung war die Obere Weißgärberstraße 2 im dritten Bezirk. Noch heute findet sich in jeder, noch so kurzen Biografie Börners[44] ein Hinweis auf diese – gemeinsam mit dem Arzt und Psychiater Dr. Viktor Frankl (1905–1997) gegründete und betriebene – Einrichtung. Viktor Frankl begründete in den 1920ern spezifische Beratungsstellen und Initiativen, die – vor allem rund um die Zeugnisausgabe – verhindern sollten, dass Jugendliche sich das Leben nahmen. Frankl schreibt in einem Brief an den Wissenschaftshistoriker Georg Gimpl über die enge Zusammenarbeit zwischen ihm und Wilhelm Börner in dieser Zeit.[45] „Wilhelm wurde

43 Stephanie Börner, „Biographische Skizze", *op. cit.*, p. 23.

44 Etwa unter: http://www.adulteducation.at/de/historiografie/personen/30/, 26. August 2007, 17:03.

45 Anm.: Aus dieser Zusammenarbeit wurde – vor allem in der unmittelbaren Nachkriegszeit des 2. Weltkrieges – eine intensive, fast schon familiäre Beziehung; wie ein Briefwechsel zwischen Frankl und Börner aus den Jahren 1945 bis 1949 dokumentiert. Dieser Briefwechsel wurde dankenswerterweise von Georg Gimpl auszugsweise in sei-

von mir […] zu der von mir organisierten Jugendberatung herangezogen, wie ich von ihm zu der von ihm geschaffenen Lebensmüdenberatung."[46]

Diese praktische Intervention eines Philosophen und eines Arztes war nicht ohne Folgen. Mit Stolz – trotz der vielen Jahre, die bis zur Niederschrift ihrer „Biographischen Skizze" im Jahre 1952 vergangen sind – fasst Stephanie Börner die Arbeit der *Beratungsstelle für Lebensmüde* zusammen:

> Es wurden im Laufe dieser zehn Jahre 7134 Personen beraten und eventuell befürsorgt. Die Beratungen erfolgten immer nur unter vier Augen, und jeder Mitarbeiter war zu strengster Diskretion verpflichtet. Nur eine Beamtin war vom zweiten Jahre an halbtägig angestellt, alle übrigen Mitarbeiter waren ehrenamtlich tätig. Außer den 27 Beratern und Fürsorgern arbeiteten 8 Ärzte und 26 Rechtsanwälte fallweise mit, ebenfalls vollständig unentgeltlich. Manche Hilfesuchenden zogen es vor, den Beratern gegenüber anonym zu bleiben: in diesem Falle wurde mit ihnen ein Kennwort ausgemacht. Viele kamen jahrelang immer wie-

---

nem Werk *Ego und Alterego. Wilhelm Bolin und Friedrich Jodl im Kampf um die Aufklärung, op. cit.*, pp. 391-415, abgedruckt und stellt ein ganz besonderes Zeitdokument dieser Jahre dar. Die erste Nachricht (vom 3. Mai 1945) an Börner, der sich ja bereits seit 1938 im New Yorker Exil befindet, ist die Bekanntgabe des schlichten Überlebens: „Aus dem Konzentrationslager befreit, Gott sei Dank gesund, Mutter und Gattin verschleppt, ohne Nachricht." (p. 391). Im weiteren Verlauf des regen Briefwechsels werden die Börners in New York für Frankl einerseits eine wichtige Möglichkeit mit seiner einzigen Verwandten – wie sich erst im September 1945 herausstellt, sind Mutter und Gattin auch im KZ verstorben –, der Schwester Stella, in Kontakt zu bleiben, andererseits aber sorgen die Börners mit überlebensnotwendigen Nahrungspaketen für das physische Gedeihen des durch die KZ-Zeit schwer abgemagerten Frankl. Man tauscht sich natürlich auch intellektuell aus – die jeweiligen Publikationen werden durchaus kritisch besprochen, was aber der Freundschaft nachweislich keinen Abbruch tut. Die privaten Verbindungen werden durch die Tatsache, dass Frankl dem Bruder Börners, Dr. Emil Börner, medizinisch bis zu dessen Tod im Dezember 1945 beistand und auch durch die Rolle Börners als „Übermittler" der – meist traurigen – Nachrichten aus der Familie Frankl eindrucksvoll belegt. Den Abschluss dieses Briefwechsels bildet die, von Frankl freudigst erwartete, Aussicht auf Börners baldige Rückkehr nach Wien und die Geburt der Tochter Frankls, Gabriele, aus seiner zweiten (1947 geschlossenen) Ehe mit (der damals 21-jährigen) Elly. Georg Gimpl schreibt in seinem Nachwort (p. 415), dass er eigentlich auf der Suche nach dem Jodl-Nachlass an Prof. Frankl herangetreten sei – da er wusste, dass dieser „dessen Lieblingsschüler Börner" (*ibid.*) kannte. Der persönliche Briefwechsel und die von Frankl bezeichnete und empfundene „Verwandtschaft" waren aber für Gimpl eine wunderbare Neuigkeit und Bereicherung seiner Publikation.

46 Georg Gimpl, „Nachwort", in: Gimpl, *Ego und Alterego. Wilhelm Bolin und Friedrich Jodl im Kampf um die Aufklärung, op. cit.*, pp. 415-418, hier p. 416.

> der und holten sich in verschiedenen Lebenslagen Rat und Hilfe. Oft genügte eine kürzere oder längere Aussprache mit dem Berater oder der Beraterin, um den Hilfesuchenden wieder mit Lebensmut zu erfüllen. Die Beratungsstelle war vorbeugend gedacht, und es ist ganz gewiß gelungen, manche von der Selbsttötung abzuhalten und dem Leben wiederzugeben. Börner war der einzige Nichtarzt, der in den Ausschuß der „Gesellschaft für psychische Hygiene" aufgenommen wurde – ein Beweis für die hohe Einschätzung seiner Arbeit. [Anm.: Diese Tatsache erklärt vielleicht die irrtümliche Annahme, Börner selbst sei Arzt gewesen, s.o.] Die von ihm geschaffene und geleitete Beratungsstelle fand auch großes Interesse im Ausland, und der damalige Präsident der Tschechoslowakischen Republik Dr. Thomas G. Masaryk veranlasste den Generalkonsul in Wien, die Stelle zu besuchen, und ließ sich über sie berichten. – Auch als Berater der Jugend betätigte sich Börner voll Hingabe und Liebe an der seinerzeit von Prim. Doz. Dr. V. Frankl geschaffenen „Jugendberatung".[47]

Die Lebensmüdenberatungsstelle war eine Initiative und ein „Projekt" der Ethischen Gemeinde. Im März 1928 richtet sich der Ausschuss der Ethischen Gemeinde daher an seine Mitglieder, um sie über die Gründung dieser Einrichtung zu informieren:

> Immer beängstigender wird die Zahl unserer Mitbürger, die ihr Leben nicht weiter ertragen zu können glauben und ihm ein gewaltsames Ende bereiten. […] [Daher] will die Ethische Gemeinde in nächster Zeit eine Lebensrettungsstelle gründen, die für lebensmüde Menschen bestimmt ist. Die Stelle wird jedem ohne Unterschied der Staatszugehörigkeit, des Alters und der Weltanschauung (Konfession) unentgeltlich zur Verfügung stehen.[48]

In weiterer Folge werden die Mitglieder der Ethischen Gemeinde aufgefordert, sich zur freiwilligen Mitarbeit zu melden, ein „Vortragskurs" unter der

---

47 Stephanie Börner, „Biographische Skizze", *op. cit.*, pp. 23f. Anm.: Angesichts der von der Gestapo vernichteten Akten habe ich mich entschlossen, diese Passage der Erinnerungen von Stephanie Börner in fast der gesamten Länge wieder zu geben, da sie mir auch als Quelle gedient haben.

48 Aussendung der Ethischen Gemeinde, März 1928, „Wertes Mitglied". Wienbibliothek im Rathaus/Handschriftensammlung, Teilarchiv der Gesellschaft für ethische Kultur, Aufstellungsnummer 176, ZPH 620.

Leitung von Wilhelm Börner, Dr. Dreikurs, Obermagistratsrat Dr. Franz Karner und Dr. Erwin Wexberg wird in Aussicht gestellt. In einem undatierten, von Börner verfassten Aufruf, der – so vermute ich – öffentlich aufgelegen ist und/oder plakatiert war, wird zudem für erhoffte Spenden das Postsparkassenkonto der „Lebensrettungsstelle“ mit der Nummer 166.235 bekannt gegeben.[49] Die Einrichtung ist „im Gebäude der Wiener Freiwilligen Rettungsgesellschaft“[50] untergebracht. Die Tätigkeit der Lebensmüdenstelle wurde auch im jeweils jährlichen *Tätigkeitsbericht der Ethischen Gemeinde* zusammengefasst. Angesichts der Aktenvernichtung durch die Gestapo ist dieses Datenmaterial, das im Teilarchiv der Gesellschaft für Ethische Kultur verwahrt wird, ein „Schatz“ von bedeutendem Ausmaß. Die Tätigkeit der Lebensmüdenstelle wurde am 18. 3. 1938 durch die nationalsozialistischen Behörden eingestellt.

4. Exkurs: Ethische Gemeinde und Antisemitismus-Reden Börners zwischen 1922 und 1936[51]

> Was sich in den letzten Jahren diesbezüglich in Deutschland zugetragen hat, muß jeden Kulturmenschen mit Scham, mit Entsetzen und Grauen erfüllen. Wir sahen etwas aufleben und in die Erscheinung treten, das wir in unserem Kulturkreis, in Mitteleuropa, und im zwanzigsten Jahrhundert längst nicht mehr für möglich gehalten hätten. Wir sind Zeugen regelrechter, legalisierter Judenverfolgungen. […] Was da geschehen, ist nicht weniger als dies: eine ideelle Ausstoßung von 600.000 Menschen aus dem Staat, dem sie angehören, eine offizielle Entrechtung von 600.000 Menschen und eine planmäßige Entwürdigung von 600.000 Menschen – im Herzen Europas.[52]

49 Lebensmüdenstelle – Aufruf!, März 1928. Wienbibliothek im Rathaus/Handschriftensammlung, Teilarchiv der Gesellschaft für Ethische Kultur, Aufstellungsnummer 176, ZPH 620.

50 *Ibid.*

51 Anm. Das vorliegende Werk ist eine inhaltliche Zusammenfassung der in diesen 14 Jahren gehaltenen Reden, KEIN wortwörtlicher Abdruck. Börner selbst bezeichnet es in dem Vorwort als die Wiedergabe des „Wesentlichen aus mehreren Reden“ (siehe Vorwort zu Wilhelm Börner, *Antisemitismus, Rassenhass, Menschlichkeit.* Flugschrift der Ethischen Gemeinde. Wien 1936, p. 2).

52 Börner, *Antisemitismus, Rassenhass, Menschlichkeit*, *op. cit.*, p. 4.

Börners Reden aus zwei Jahrzehnten zu den Themen Antisemitismus und „Rassenfrage" sind ein in vielfacher Hinsicht wertvolles Zeitdokument. Im Wien der 1920er und 1930er war Antisemitismus längst Realität, wenngleich die Nürnberger Rassengesetze erst nach dem Anschluss an Deutschland in Österreich Gültigkeit bekommen sollten. Antisemitismus als „politische Waffe" war seit dem christlichsozialen Politiker Karl Lueger (1844–1910) eine eigene Kategorie. In seiner Wahlwerbung – er war von 1897–1910 Wiener Bürgermeister – wandte er sich „aggressiv gegen die ‚Juden', die ‚jüdischen Liberalen', die ‚jüdische Plutokratie'".[53] Der Wiener Historiker Karl Vocelka macht deutlich:

> Die in Österreich häufig vertretene These, dieser christliche Antisemitismus sei harmlos, muß entschieden zurückgewiesen werden. Erstens gibt es keinen „guten" Antisemitismus, und zweitens ist die Trennung zwischen dem christlichsozialen, religiös motivierten und dem deutschnationalen, rassistischen Antisemitismus bei genauem Hinsehen nicht aufrechtzuerhalten, da sich beide Formen stets mischen.[54]

Dieser Lueger'sche, christliche Antisemitismus und sein kalkulierter politischer Einsatz haben auch als Vorlage für jenen Mann gegolten, der seine Prägung im Wien der Jahrhundertwende zum 20. Jahrhundert erfahren hat, Adolf Hitler: „Wien: das ist die Stadt des Georg von Schönerer und des von diesem bitter gehassten Dr. Karl Lueger. Hitlers Sympathie gehört von Linz her Schönerer, wendet er sich in Wien Lueger zu."[55]

In Wien bekannten sich im Jahr 1900 148.741 Menschen zum mosaischen Glauben,[56] waren also Juden. Das entsprach einem Anteil von 8,4 Prozent der gesamten Bevölkerung. Im Jahr 1910 ist die Anzahl der Juden auf 175.847 angewachsen, am prozentuellen Anteil an der Wiener Bevölkerung hat sich nichts geändert, da die Stadt von 1.769.028 Einwohner(inne)n im Jahr 1900 auf 2.083.497 Einwohner(innen) im Jahr 1910 angewachsen ist. Im Jahr 1934 kann man eine weitere Steigerung des jüdischen Teils

---

53 Friedrich Heer, *Der Kampf um die Österreichische Identität.* 2. Auflage. Wien: Böhlau 1996, p. 305.

54 Vocelka, *Österreichische Geschichte*, *op. cit.*, p. 89.

55 Heer, *Der Kampf um die Österreichische Identität*, *op. cit.*, p. 413.

56 *Statistische Nachrichten*, 29. Jahrgang 1974, Heft 5: *Die Bevölkerung nach dem Religionsbekenntnis und Bundesländern 1900 bis 1971*, p. 273. Diese wie alle Zahlenangaben in diesem Absatz zitiert nach Sertl, *Die Freidenkerbewegung in Österreich im Zwanzigsten Jahrhundert*, *op. cit.*, p. 389.

der Bevölkerung auf 176.726 Menschen beobachten, dies entspricht – bei sinkender Zahl der Gesamtbevölkerung auf 1.935.610 Einwohner(innen) Wiens – einem Prozentanteil von 9,1 Prozent. Das Bild aus dem Jahr 1951 (der nächsten verfügbaren Zahl in dieser Statistik) ist geprägt durch die Ermordung der meisten europäischen und damit auch Wiener Juden während der Nazi-Herrschaft: Nur noch 9000 Juden lebten in Wien, das entspricht weniger als 1 Prozent an der Stadtbevölkerung, die auf 1.616.125 Menschen geschrumpft ist.

Wilhelm Börner ist in seinen Reden deutlich bemüht, mit rechtlichen, wissenschaftlichen und auch moralischen Argumenten die Argumente der Antisemiten zu bekämpfen und diese vor allem zu entkräften. Dass er dies über 14 Jahre immer wieder im Rahmen von Sonntagsfeiern der Ethischen Gemeinde tat, zeigt auf, dass Antisemitismus ein Thema der täglichen argumentativen Auseinandersetzung war, aber andererseits auch – scheinbar – immer wieder bei den Mitgliedern der Ethischen Gemeinde auf Interesse stieß. Dies ist sicherlich auch mit dem relativ hohen Anteil von jüdischen Mitgliedern in der Ethischen Gemeinde und deren erhöhter Sensibilität gegenüber antisemitischen Äußerungen in der Politik und im Alltag erklärbar. Wie oben erwähnt, wanderten von den über 700 eingetragenen Mitgliedern der Wiener Ethischen Gemeinde im Jahr 1938 256 nach dem Anschluss Österreichs an Deutschland aus, 107 Mitglieder wurden deportiert.[57] Dass sich die Ethische Gemeinde entschloss, diese Reden als eigene Broschüre im Jahr 1936 herauszugeben, darf sicherlich als politisches Signal verstanden werden. Als ein furchtloses und – im Sinne der Menschlichkeit und Ethik – kompromissloses Signal.

5. Vorläufiges Ende der Ethischen Gemeinde 1938

Der Historiker Friedrich Heer widmet Schuschnigg und Hitler unter dem Titel „Zwei Österreicher – Adolf Hitler und Kurt von Schuschnigg" ein fast 30-seitiges Kapitel in seinem Werk *Der Kampf um die Österreichische Identität*.[58]

> Am 12. Februar [Anm.: 1938] stehen sie [Anm.: Hitler und Schuschnigg] sich am Berghof gegenüber, diese beiden österreichischen Katho-

57 Johnson, „Comeback der Aufklärung", *op. cit.*, p. 352.

58 Heer, *Der Kampf um die Österreichische Identität*, *op. cit.*, pp. 406-432.

> liken, die so unvergleichbar waren […] Schuschnigg hatte längst zuvor bereits innerlich kapituliert, […] er wollte nicht kämpfen, er wollte ja seinen „deutschen" Weg gehen.[59]

Dieses Treffen in Berchtesgaden kann gesichert als „point of no return" für die weitere Existenz Österreichs als eigenständiger Staat bezeichnet werden. Hitler drohte Schuschnigg „massiv mit einer militärischen Intervention".[60] Der Anschluss Österreichs an Hitler-Deutschland knapp ein Monat nach dem Treffen in den Bayerischen Bergen bedeutete das Ende Österreichs als souveränem Staat. „Am Sonntag, dem 13. März 1938, zwei Tage nach der Annexion Österreichs, versammelten sich im Wiener Konzerthaus rund 250 Personen, um allen widrigen Umständen zum Trotz, an der Sonntagsfeier der Ethischen Gemeinde teilzunehmen."[61] Börner ahnte, dass es die letzte Versammlung, die letzte Sonntagsfeier der Ethischen Gemeinde für eine lange Zeit sein sollte. Laut der Erinnerungen von Stephanie Börner bat Börner die Mitglieder der Gemeinde „auszuharren in ihrer Gesinnung, treu zu bleiben den Idealen der Humanität, was immer auch geschehen möge."[62]

Im Oktober 1938, Börner und seine Frau Stephanie waren bereits in den Vereinigten Staaten von Amerika (s.u.), schrieb Börner einen Artikel über „The Tragedy of Austria" in einer gleichlautenden Spezialausgabe des Zentralorgans *The Standard* der American Ethical Union.[63] In diesem Artikel bekräftigt Börner, dass Hitlers Einmarsch eine Überraschung gewesen sei: „The incorporation of Austria into the German Reich came as a surprise to most of the people living in either of the two countries, although the ground had been prepared over a long period of time."[64] Die „Schuld" dafür, dass es überhaupt zum Anschluss kommen konnte, sieht Börner klar bei Dollfuß und Schuschnigg, die er als „wavering, insincere, unintelligent

59 *Ibid.*, p. 428.

60 Vocelka, *Österreichische Geschichte*, *op. cit.*, p. 109.

61 Eckart Früh, „Wilhelm Börner oder: Wien–New York–retour", in: Johann Holzner / Sigurd Paul Scheichl / Wolfgang Wiesmüller (Hg.), *Eine schwierige Heimkehr. Österreichische Literatur im Exil 1938–1945*. Innsbrucker Beiträge zur Kulturwissenschaft, Germanistische Reihe, Bd. 40. Innsbruck 1991, pp. 221-240.

62 Stephanie Börner, „Biographische Skizze", *op. cit.*, p. 24.

63 Wilhelm Börner, „The Tragedy of Austria", in: *The Standard* XXV, 1, New York 1938, pp. 10-14. Wienbibliothek im Rathaus/Handschriftensammlung, Teilarchiv der Gesellschaft für Ethische Kultur, Aufstellungsnummer 176, ZPH 620.

64 *Ibid.*, p. 10.

rulers of Austria" bezeichnet.[65] „Dr. Dollfuss and Dr. Schuschnigg became the gravediggers of Austria."[66] Österreichs Rolle hätte die eines Brückenbauers und Mediators sein können, lebten doch „all sorts of cultures" innerhalb der Grenzen und verliehen damit Österreich auch „its international significance."[67] Natürlich erwähnt Börner auch das Vorgehen der Nationalsozialisten gegen die Ethische Gemeinde, die Lebensmüdenberatungsstelle und gegen ihn als Person.

Eine knappe Woche (sechs Tage um genau zu sein) nach dem Anschluss, setzte das nationalsozialistische System „its attack on the Ethical Society by dissolving the Lebensmueden Stelle in Vienna on March 17. It then proceeded without any legal right, without any formal cause or justification, to liquidate the Society itself on March 21, to confiscate its property and to take its two Leaders into 'protective custody'. [...] As soon as Austria became a part of the Third Reich our Society, which harbored a democratic, pacific, cosmopolitan spirit, had to disappear."[68] Eilig erlassene „Gesetze" und geschaffene „Behörden" „legitimierten" die Handlungen der Nationalsozialisten. So wurde die Ethische Gemeinde auf Grund „§3 des Gesetzes über die Überleitung und Eingliederung von Vereinen, Organisationen und Verbänden, G.Bl. für das Land Österreich 136/1938"[69] aufgelöst.

Das Vermögen der Ethischen Gemeinde belief sich auf insgesamt 507.82 Reichsmark. Börner und der Obmann der Ethischen Gemeinde, Dr. Walter Eckstein, wurden von der Gestapo, der Geheimen Staatspolizei, die 1933 von Hermann Göring (1893–1946) in Deutschland gegründet und bereits im März 1938 in Wien tätig wurde, verhaftet. Börners Bücher wurden verboten, deren Verbreitung untersagt. John L. Elliot, der Direktor der, mit der Wiener Ethischen Gemeinde eng verbundenen, Ethical Society in New York,[70] konnte die Freilassung von Wilhelm Börner und – dem drei Wochen nach Börner verhafteten[71] – Walter Eckstein unter Einschaltung

65 *Ibid.*

66 *Ibid.*, p. 12.

67 *Ibid.*

68 *Ibid*, p. 13.

69 Siehe: Auflösungsbescheid der Ethischen Gemeinde. Wienbibliothek im Rathaus/ Handschriftensammlung, Teilarchiv der Gesellschaft für ethische Kultur, Aufstellungsnummer 176, ZPH 620.

70 Siehe Früh, „Börner: ‚niemals ein ‚Liberaler', sondern immer ein Sozialist, wenn auch nicht ‚Sozialdemokrat'", *op. cit.*, p. 379.

71 Stephanie Börner, „Biographische Skizze", *op. cit.*, p. 24.

amerikanischer Behörden und durch sein persönliches Erscheinen in Berlin und Wien erwirken.[72]

> Unter der Bedingung, daß beide Männer nach USA für immer auswandern und ihre Frauen mitnehmen, wurden sie am 23. Mai 1938 aus der Haft entlassen. Dr. Elliot erzählte später mit Heiterkeit von seiner Unterredung mit einem Oberbonzen der Berliner Gestapo, in der sich dieser über die Zwecke und Ziele der Ethischen Bewegung berichten ließ. Mit Herzklopfen bemühte sich Dr. Elliot, der recht gut deutsch sprach, das Wesentliche der Bewegung verständlich zu machen, und war nicht wenig verblüfft, als schließlich der Gestapobonze ganz im Ernste ausrief: „Aber das ist doch das Gleiche, was auch wir wollen!"[73]

Am 7. Juli 1938 kamen Wilhelm und Stefanie Börner in den USA an. New York sollte für die nächsten 11 Jahre ihr Zuhause sein, zu ihrer Heimat wurde Amerika nie. Die Ethische Gemeinde sollte in den Jahren nach dem NS-Regime und dem 2. Weltkrieg nie wieder zu der vor allem in den 1920ern existierenden Rolle als Gemeinde mit gesellschaftlichem und politischem Anspruch finden.

72 *Ibid.*

73 *Ibid.*, p. 25.

Thomas Mormann

Wertphilosophische Abschweifungen eines Logischen Empiristen: Der Fall Carnap[1]

1. Einleitung

Ein strikter Nonkognitivismus in ethischen Fragen gilt als Markenzeichen des Logischen Empirismus. Zwar würde niemand behaupten, jeder Nonkognitivist wäre ein Logischer Empirist, gleichwohl aber – so die verbreitete Meinung – waren alle Logischen Empiristen Nonkognitivisten. Diese Behauptung möchte ich für Rudolf Carnap in Frage stellen.[2] Carnaps werttheoretische Auffassungen umfassten ein weitaus größeres Spektrum, seine philosophischen Einstellungen zur „Wertphilosophie" waren nicht so einfältig, wie meist angenommen wird. Was Werturteile angeht, war Carnap nicht immer der radikale Nonkognitivist, für den er heute meist gehalten wird. Es gab eine Zeit, in der er in der Wertphilosophie dezidiert neukantianische Auffassungen vertrat. Man mag versucht sein, dies als eine Episode abzutun, die für seine spätere Entwicklung keine Bedeutung gehabt hätte. Ich möchte in dieser Arbeit zeigen, dass man es sich nicht so einfach machen sollte. Auch nach seiner Bekehrung zu einem radikalen Nonkognitivismus blieb für Carnap der Exkurs in die neukantianische Wertphilosophie eine Erfahrung, die noch seine Auseinandersetzungen mit dem Kognitivismus des amerikanischen Pragmatismus in den sechziger Jahren des vorigen Jahrhunderts beeinflusste.

Carnaps ethischer Nonkognitivismus war Symptom einer grundsätzlich dualistischen Weltsicht, die strikt zwischen *Theorie* und *Praxis* unterschied.[3]

---

1 Ich danke Thomas Uebel für zahlreiche nützliche Diskussionen zum Thema.

2 Bei näherem Besehen dürfte diese Behauptung auch für andere Logische Empiristen zweifelhaft sein. Überhaupt waren die Logischen Empiristen des Wiener Kreises an Problemen der Ethik keineswegs so desinteressiert, wie heute meist angenommen wird: Von den zehn bis 1937 erschienenen *Schriften zur wissenschaftlichen Weltauffassung* befassten sich drei mit Ethik und Wertlehre (vgl. Friedrich Stadler, *Studien zum Wiener Kreis. Ursprung, Entwicklung und Wirkung des Logischen Empirismus im Kontext.* Frankfurt am Main: Suhrkamp 1997, pp. 656/657).

3 Neuerdings hat Andrew Carus diesen „cartesischen" Charakter von Carnaps Denken vehement in Frage gestellt und behauptet, Carnaps Denkstil sei wesentlich durch Kon-

Dieser „cartesische" Dualismus hatte seinen Ursprung in der Unterscheidung zwischen „Geist" und „Leben", die in den ersten Jahrzehnten des 20. Jahrhunderts in Deutschland von der „Lebensphilosophie" propagiert wurde. Die Lebensphilosophie, die eine immense Anziehungskraft auf Carnaps Generation ausübte, ging nicht selten einher mit einem offensiv propagierten Irrationalismus, der Wissenschaft und Rationalität pauschal ablehnte. Das war natürlich bei Carnap nicht der Fall. Er plädierte vielmehr für eine strikte Trennung der zwei Bereiche, um beide zu ihrem Recht kommen zu lassen.[4]

Der Neukantianismus, insbesondere Rickerts südwestdeutsche Spielart, versuchte, die von der Lebensphilosophie propagierte Trennung von „Geist und Leben" zu überwinden,[5] also insbesondere auch die Ethik als einen Bereich zu erweisen, der rationalen Erörterungen zugänglich war. Der *Aufbau* kann als ein Versuch gelesen werden, Rickerts logisch, formal und wissenschaftlich obsoletes *System der Philosophie*[6] auf den aktuellen Stand der Wissenschaft zu bringen.[7] In Wien kam Carnap zu der Überzeugung, dass der neukantianische Versuch einer rationalen Behandlung aller Lebensbereiche im Rahmen einer umfassenden wissenschaftlichen Kultur nicht das hielt, was er versprach, sondern als ein metaphysischer „Pseudorationalismus" zu charakterisieren war. Carnap zog daraus die Konsequenz, den Bereich des

---

zilianz und Vermittlung gekennzeichnet (cf. Andrew Carus, *Carnap and Twentieth-Century Thought. Explication as Enlightenment.* Cambridge: Cambridge University Press 2007). Dazu ist zu sagen, dass Carnap im Formalen vielleicht ausnehmend „tolerant", „pluralistisch" und „flexibel" war, dass er aber zugleich an ihm wichtigen Unterscheidungen, etwa der zwischen Theorie und Praxis, kompromisslos festhielt.

4 Vgl. Rudolf Carnap, *Der logische Aufbau der Welt.* Hamburg: Meiner Verlag 1928 (1961), §181, §183.

5 Vgl. Heinrich Rickert, *Die Philosophie des Lebens. Darstellung und Kritik der philosophischen Modeströmungen unserer Zeit.* Tübingen: J.C.B Mohr (Paul Siebeck) 1920. Sehr pointiert beschreibt Fritz Ringer in *The Decline of the German Mandarins* die Intentionen des akademischen Establishments (d.h. der „mandarins", T. M.) um die vorige Jahrhundertwende so: „The mandarins wanted to re-create a condition in which wissenschaft could be said to affect the whole person, the whole nation, and all the concerns of ‚life'." (Fritz Ringer, *The Decline of the German Mandarins. The German Academic Community, 1890–1933.* London–Hanover: The University Press of New England 1990 (1968), p. 336). Die Anhänger der Lebensphilosophie sträubten sich vehement gegen diese Vereinnahmungsversuche der Mandarinphilosophie.

6 Vgl. Heinrich Rickert, *Das System der Philosophie.* Tübingen: J.C.B Mohr (Paul Siebeck) 1921.

7 Damit behaupte ich nicht, diese neukantianische Lesart des *Aufbaus* sei die einzig mögliche oder die beste: Carnaps *opus magnum* lässt viele Interpretationen zu.

rational Diskutierbaren radikal einzuschränken, und insbesondere die Diskussion grundlegender ethischer Überzeugungen vom rationalen Diskurs auszuschließen. Daran hielt er zeitlebens fest. Nach seiner Meinung war über Handlungsziele nicht rational zu diskutieren, höchstens über die Mittel, diese Ziele zu erreichen. Als plakatives Beispiel etwa führte er 1929 an, eine rationale Entscheidung zwischen Sozialismus und einem „entschiedenen Kapitalismus" sei nicht möglich, hingegen sei das Ziel der Errichtung einer parlamentarischen Demokratie, die sowohl sozialistische wie kapitalistische Komponenten enthalte, in sich widersprüchlich und könne deshalb „theoretisch erledigt werden".[8]

In Amerika brachte ihn dieser dezisionistische Nonkognitivismus in Gegensatz zum Pragmatismus. Philosophen wie Dewey, Morris oder Lewis waren überzeugt, die Angelegenheiten des „Lebens" seien einer rationalen Diskussion sehr wohl zugänglich. Als Pragmatisten vertraten sie alle eine Spielart des ethischen Kognitivismus und setzten sich von Beginn der dreißiger bis in die sechziger Jahre kritisch mit Carnaps Nonkognitivismus auseinander.[9] Auf Carnaps Reaktion auf diese Kritik werden wir später genauer eingehen.

Explizit hat sich Carnap zu seiner „nonkognitivistischen Wende" nie geäußert. Man kann sie aber leicht aus seinen Schriften erschließen: Im *Aufbau* gehörten Werte noch zum Inventar der „Welt", die es zu konstituieren galt,[10] während 1932 in „Überwindung der Metaphysik durch logische

8 RC 110-07-49:2. Carnaps Argument hat eine formale Ähnlichkeit mit der These Carl Schmitts, wonach der Begriff der parlamentarischen Demokratie inkonsistent sei, weil diese Staatsform zwei einander widersprechende Legitimitätsaxiome habe, einmal das Prinzip, legitime politische Macht gehe vom allgemeinen Volkswillen aus, und zum Anderen, es gebe gewisse objektiv gültige Herrschaftsprinzipien, die durch öffentliche Diskussion aufgefunden werden könnten, und das Parlament sei die geeignete Institution, eine solche öffentliche Diskussion zu führen.

9 Cf. John Dewey, *A Theory of Valuation*. Chicago: Chicago University Press 1944; Clarence I. Lewis, „Experience and Meaning", in: Clarence I. Lewis, *Collected Papers of Clarence Irvine Lewis*. Edited by J. D. Goheen and John L. Mothershead. Stanford: Standford University Press 1970, pp. 258-276 (Original 1934); Clarence I. Lewis, „Judgments of Value and Judgments of Fact", in: Clarence I. Lewis, *Collected Papers of Clarence Irvine Lewis*. Edited by J. D. Goheen and John L. Mothershead. Stanford: Standford University Press 1970, pp. 151-161 (Original 1936); Abraham Kaplan, „Logical Empiricism and Value Judgments", in: Paul A. Schilpp (Hg.), *The Philosophy of Rudolf Carnap*. Chicago–La Salle, Ill.: Open Court 1963, pp. 827-856; Charles Morris, „Pragmatism and Logical Empiricism", in: Schilpp, *The Philosophy of Rudolf Carnap*, *op. cit.*, pp. 87-98.

10 Cf. Carnap, *Aufbau*, *op. cit.*, §152.

Analyse der Sprache"[11] festgestellt wurde, jede Art von Wertphilosophie sei sinnlose Metaphysik. Irgendwann zwischen 1928 und 1932 muss also eine grundsätzliche Wende in Carnaps Einstellung zum „Wertproblem" stattgefunden haben. Zeitlich genauer lässt sich diese Wende eingrenzen, wenn man Carnaps Veröffentlichungen und andere, nichtpublizierte Äußerungen zwischen 1928 und 1932 zu Rate zieht. Man kann dann feststellen, dass ab 1928 Carnaps neukantianische Position bezüglich der Wertproblematik zu erodieren beginnt. So findet sich im sogenannten *Manifest des Wiener Kreises*[12] von 1929, das Neurath, Hahn und Carnap gemeinsam verfassten,[13] zwar noch die allgemeine These, die Konstitutionstheorie des *Aufbau* bilde den begrifflichen Rahmen für das Projekt der Einheitswissenschaft, von zu konstituierenden Werten ist aber nicht mehr die Rede. Aus Carnaps Notizen für Vorträge am Dessauer Bauhaus im Oktober 1929[14] lässt sich entnehmen, dass er bereits zu dieser Zeit Werte als biologisch oder psychologisch determinierte Impulse oder Triebe auffasste, für oder gegen die man nicht mehr rational argumentieren, sondern die man nur noch therapeutisch oder erzieherisch beeinflussen konnte, die aber jedenfalls kein legitimes Thema einer genuin philosophischen Werttheorie mehr darstellten. Gleichwohl scheint Carnap damals aber noch nicht explizit polemisch gegen die Wertphilosophie Stellung bezogen zu haben.

Unabhängig vom Problem einer genauen Datierung von Carnaps Sinneswandel hinsichtlich der Wertproblematik stellt sich die Frage, welche Faktoren für seine in den späten 20er Jahren sich radikalisierende Ablehnung der Metaphysik verantwortlich waren. Dazu sind in letzter Zeit verschiedene Vorschläge gemacht worden. Gottfried Gabriel hat die These vorgebracht, die metaphysikkritische Einstellung der Lebensphilosophie sei ein entscheidender Faktor gewesen:

---

11 Rudolf Carnap, „Überwindung der Metaphysik durch logische Analyse der Sprache", in: *Erkenntnis* 2, 1932, pp. 219-241.

12 Otto Neurath, „Wissenschaftliche Weltauffassung. Der Wiener Kreis", in: Sahotra Sarkar (Hg.), *Basic Works of Logical Empiricism, Vol. 1, The Emergences of Logical Empiricism. From 1900 to the Vienna Circle.* New York: Garland Publishers 1996, pp. 321-340.

13 Zur Entstehungs- und Rezeptionsgeschichte dieses Textes siehe Thomas Uebel, „Writing a Revolution: On the Production and Early Reception of the Vienna Circle's Manifesto", in: *Perspectives on Philosophy* 16, 2008, pp. 70-102.

14 Rudolf Carnap, *Wissenschaft und Leben.* Unveröffentlichte Notizen für einen Vortrag in Dessau. RC-110-07-49, 1–4, Archives for Scientific Philosophy, University of Pittsburgh, Hillman Library.

> Carnap's early philosophy, especially as it comes across in the *Aufbau* (Carnap 1928a), *Pseudoproblems in Philosophy* (Carnap 1928b), and *Overcoming Metaphysics through Logical Analysis of Language* (Carnap 1931), can be regarded as a configuration of influences – a cross-fertilization of modern logic, neo-Kantian constitution theory, and the critique of metaphysics stemming from *Lebensphilosophie* (Hervorhebung T. Mormann) […] – highly specific to a particular time and place: Jena in the first two decades of the twentieth century, […].[15]

In *BLUBO-Metaphysik* (in diesem Band) vertritt Thomas Uebel hingegen die These, die Lebensphilosophie habe für Carnaps Antimetaphysik, insbesondere für seine Ablehnung der südwestdeutschen Wertphilosophie, höchstens eine marginale („autobiographische") Rolle gespielt. Genauer gesagt skizziert er zwei Strategien, die Carnaps Wechsel vom Kognitivismus südwestdeutscher Provenienz zu einem radikalen dezisionistischen Nonkognitivismus ohne Rekurs auf die Lebensphilosophie einsichtig machen sollen:

> Die erste Strategie besteht darin, diese Wende mittels der prinzipiellen Änderung zu rechtfertigen, die Carnaps eigenes Verständnis der Rolle erfährt, die das Konstitutionssystem des *Aufbaus* innerhalb der angestrebten Einheitswissenschaft spielt. […] Die zweite Strategie bietet eine Begründung der nonkognitivistischen Wende, die Carnaps eigenem Verständnis seiner Philosophie als Wissenschaftslogik gegenüber „extern" oder „externalistisch" erscheinen würde.[16]

Gabriels und Uebels Thesen scheinen auf den ersten Blick schwer miteinander vereinbar zu sein. Ich möchte im Folgenden zeigen, dass dieser Eindruck täuscht – in gewissem Sinne ergänzen sie einander. Dazu ist zunächst zu bemerken, dass Gabriel die Philosophie des frühen Carnap *en bloc* betrachtet, also nicht zwischen *Aufbau* und „Überwindung" unterscheidet. Das ist insofern gerechtfertigt, als sich ja auch schon im *Aufbau* zahlreiche antimetaphysische Thesen finden, auch wenn sie nicht so aggressiv vorgetragen werden wie in „Überwindung" und die Wertphilosophie nicht explizit

15 Gottfried Gabriel, „Introduction: Carnap Brought Home", in: Steve Awodey / Carsten Klein (Hg.), *Carnap Brought Home. The View from Jena.* Chicago–La Salle, Ill.: Open Court 2004, pp. 3-23, hier p. 6.

16 Thomas Uebel, „‚BLUBO-Metaphysik': Die Verwerfung der Werttheorie des Südwestdeutschen Neukantianismus durch Carnap und Neurath", in diesem Band, pp. 104f.

kritisiert wird. Wollte man die harsche Kritik der Wertphilosophie in „Überwindung“ ausschließlich durch den antimetaphysischen Jenaer Kontext erklären, müsste man plausibel machen, warum diese in erster Linie lebensphilosophisch motivierte Antimetaphysik eine so lange Inkubationszeit brauchte, um gegen die Wertphilosophie wirksam zu werden. Zunächst war es ja offenbar so, dass Carnap den lebensphilosophischen Einwänden gegen neukantianische Werttheorien vom Rickertschen Typ keine Beachtung schenkte, sondern sich der Konstitutionstheorie des *Aufbaus* verschrieb, um erst in Wien die Wertphilosophie und damit implizit auch die Werttheorie des *Aufbaus* als metaphysisch anzugreifen. Gabriels Ausführungen liefern für diese zeitliche Verschiebung keine Begründung.

Um eine Antwort auf diese Frage zu finden, ist es notwendig, genauer darauf einzugehen, worin überhaupt die Metaphysikkritik der Lebensphilosophie bestand. Das ist nicht ganz einfach, war die Lebensphilosophie doch eine philosophische Strömung, deren Thesen sich nicht gerade durch besondere Klarheit und Kohärenz auszeichneten. Für Carnap scheint der Kern der lebensphilosophischen Metaphysikkritik in der These bestanden zu haben, dass die lebensweltliche Praxis (das „Leben“) nicht auf wissenschaftliche Theorie reduzierbar war. Die Metaphysik, als fehlgeleiteter Versuch einer übertriebenen Rationalisierung, hingegen versuchte, auch den Bereich der lebensweltlichen Praxis theoretisch „klügelnd“ zu ursupieren und so die Autonomie des Lebens in Frage zu stellen.[17] Die Bemühungen der Metaphysik um rationales Begreifen gingen zu weit, wenn sie versuchte, sich der praktischen Fragen des „Lebens“ zu bemächtigen. In Neurathscher Terminologie könnte man diese Art von Metaphysik als Pseudorationalismus bezeichnen. In Wien scheint Carnap diese Metaphysik als „Mandarinphilosophie“ durchschaut zu haben, wohl auch, weil der Wiener Kreis nicht zum philosophischen Establishment gehörte.

Die grundsätzliche Trennung der Bereiche von Theorie und Praxis, die die Autonomie des Lebens sicherte, war eine Konstante, die sich in allen Phasen von Carnaps Denken erhält und die insbesondere eine wichtige Rolle in der Formulierung seines Nonkognitivismus spielte.

Auch wenn man wie Carnap „Geist“ und „Leben“ trennt und insbesondere die Autonomie des „Lebens“ betont, ist damit noch nicht alles über das Verhältnis dieser beiden Bereiche gesagt. Es bleibt die Frage, *wo* nun genau die Grenze zwischen „praktischen Lebensproblemen“ und „theoretischen Geistesproblemen“ zu ziehen ist. Darüber konnte man verschiedener Auf-

17 Vgl. Ringer, *The Decline of the German Mandarins*, *op. cit.*

fassung sein. Meine These lautet, dass sich für Carnap diese Grenze zwischen 1928 und 1932 erheblich verschob. Genauer gesagt, radikalisierten sich seine bereits vorhandenen antimetaphysischen Überzeugungen im Kontext seiner neuen Wiener Umgebung und schränkten den Bereich des Rationalen, der für ihn wohl mit dem Bereich des Wissenschaftlichen zusammenfiel, beträchtlich ein. Also nicht nur die Jenaer Lebensphilosophie, sondern auch die genuin Wiener antimetaphysische Atmosphäre, bestimmt durch Wittgenstein, Empirismus und Wiener Spätaufklärung (Mach), trugen dazu bei, Werte aus dem Bereich einer wissenschaftlichen Konstitutionstheorie auszuschließen. Carnap sah sich veranlasst, die ursprüngliche „Mandarininterpretation"[18] des *Aufbaus* zugunsten einer bescheideneren Lesart zurückzunehmen. Außerdem, und hier liegt ein Ansatzpunkt für die von Uebel vorgetragene zweite Strategie der Vertreibung der Werte aus dem konstitutionstheoretischen Paradies, kam Carnap in Wien zu der Überzeugung, dass die Projekte der traditionellen Metaphysik nicht nur einfach philosophischer Unsinn waren, sondern Unsinn mit politischen Implikationen. Metaphysische Meinungen hatten politische Konsequenzen, wie die politischen „Verstrickungen" Bauchs, Rickerts, Nohls, Freyers und anderer führender Köpfe der Jenaer Konstellation nach 1933 drastisch bestätigten.

Gegen Uebel möchte ich gleichwohl daran festhalten, dass die Lebensphilosophie keineswegs nur eine sachlich irrelevante private Grille Carnaps war, auch wenn es möglich sein mag, seine Verabschiedung der neukantianischen Werttheorie ohne expliziten Bezug auf sie einsichtig zu machen.[19] Die ursprünglich lebensphilosophisch motivierte, Carnaps gesamtes philosophisches Denken prägende strikte Unterscheidung zwischen Theorie und Praxis („Geist und Leben") blieb auch in Wien wirksam und wurde durch spezifisch Wiener Einflüsse sogar noch verstärkt. Die nach 1928 sich allmählich entwickelnde, genuin Carnapianische Konzeption von (reiner) Wissenschaftstheorie als Theorie („Syntax") der Wissenschaftssprache baute auf der ursprünglich lebensphilosophisch motivierten Trennung

18 Vgl. Anmerkung 5.

19 Ob die These, ein solipsistisches System sei nicht imstande, die Intersubjektivität wissenschaftlicher Erkenntnis zu gewährleisten, tatsächlich stichhaltig ist, soll hier nicht weiter untersucht werden. Einige interessante Bemerkungen, die dies in Zweifel ziehen könnten, finden sich in Michael Heidelberger, „Zerspaltung und Einheit", in: Hans-Joachim Dahms (Hg.), *Philosophie, Wissenschaft, Aufklärung. Beiträge zur Geschichte und Wirkung des Wiener Kreises.* Berlin: de Gruyter 1985, pp. 144-189, insbesondere in der langen Fußnote 101 auf Seite 183.

von Theorie und Praxis auf. Insofern sind die zunächst ganz gegensätzlich scheinenden Erklärungsansätze von Gabriel und Uebel durchaus miteinander verträglich. Carnaps „cartesische" Trennung von Theorie und Praxis erweist sich als das Moment, das in verschiedener Weise eine Schlüsselrolle in sämtlichen Phasen von Carnaps wertphilosophischem Denken spielte, sowohl in seiner neukantianischen wie in seiner logisch-empiristischen Phase bis hin zu seiner Auseinandersetzung mit dem Kognitivismus des amerikanischen Pragmatismus.

2. Carnaps weites werttheoretisches Spektrum

In Carnaps Auseinandersetzung mit dem „Wertproblem" lassen sich drei Phasen unterscheiden:

(C1) *Die neukantianische Phase.* Im *Aufbau* findet man einen expliziten, wenn auch knappen Versuch, die Wertphilosophie des südwestdeutschen Neukantianismus in den Rahmen der Konstitutionstheorie einzufügen.[20] Das heißt, Carnap unternimmt im *Aufbau* analog zur Konstitution der empirischen Welt den Versuch, so etwas wie die Welt der Werte auf der Grundlage von Werterlebnissen zu konstituieren. Fast alle Interpretationen des *Aufbaus* haben diese Phase vollständig ignoriert.

(C2) *Die logisch-empiristische Phase.* Das ist die am deutlichsten sichtbare Phase von Carnaps Wertphilosophie. Sie bestimmt bis heute das Bild Carnaps und allgemeiner das der Logischen Empiristen. Gemäß dieser „offiziellen Doktrin", wie Morris sie nannte und wie sie Carnap zum ersten Mal in „Überwindung" (1932) formulierte, waren alle Werturteile „völlig sinnlos".

(C3) *Die amerikanische Phase.* Diese Phase betrifft Carnaps Auseinandersetzung mit der Wertphilosophie des amerikanischen Pragmatismus, in der er sich insbesondere mit der pragmatischen Werttheorie von Charles Morris und Abraham Kaplan auseinandersetzte. Die Pragmatisten, insbesondere Morris und Kaplan, versuchten, ihm goldene Brücken zu bauen und ihn davon zu überzeugen, dass ein kognitivistischer Ansatz in der Ethik nicht notwendig mit der Logik und Carnaps empiristischen

20 Die Konstitution von Werten ist nicht das einzige Thema, das neukantianische Einflüsse im *Aufbau* bezeugt (cf. Thomas Mormann, „Werte bei Carnap", in: *Zeitschrift für philosophische Forschung* 60, 2, 2006, pp. 169-189; Thomas Mormann, „Carnap's Logical Empiricism, Values, and American Pragmatism", in: *Journal of General Philosophy of Science* 38, 2007, pp. 127-146.

Grundüberzeugungen kollidieren müsse. Von Seiten Carnaps gab es gewisse zögerliche Kompromissvorschläge, aber letztlich beharrte er auf einem Nonkognitivismus, der sich mit einem echten Pragmatismus als unverträglich erwies. Dieses Beharren ist meiner Meinung nach am besten durch das Festhalten an tiefverwurzelten Überzeugungen zu erklären, die aus der Lebensphilosophie stammen, eben der strikten Separierung von theoretischer Erkenntnis und praktischem Handeln.

Im Folgenden werde ich auf (C2) nur am Rande eingehen und mich auf die Erörterung von (C1) und (C3) beschränken, da diese Bereiche von Carnaps werttheoretischem Spektrum von der „offiziellen" Carnapexegese bis heute kaum zur Kenntnis genommen worden sind. Mein Punkt ist, wie gesagt, dass die neukantianische Phase (C1) und ihr ziemlich abruptes Ende mehr waren als eine folgenlose Episode seiner Jugendphilosophie, sondern auch eine Erklärung für Carnaps eher unglückliche Rolle in seiner Auseinandersetzung mit der kognitivistischen Ethik des amerikanischen Pragmatismus in der Phase (C3) liefern.

Die neukantianische Phase in Carnaps Wertphilosophie wird bis heute meist ignoriert. Trotzdem ist es nicht schwer, ihre Existenz nachzuweisen. Man braucht nur schlicht auf die Tatsache zu verweisen, dass „Werte" im *Aufbau* zur Klasse der im Rahmen der Konstitutionstheorie zu konstituierenden Gegenstände gehörten.[21] Dazu sei kurz an die Architektonik des Konstitutionssystems erinnert, das im *Aufbau* hauptsächlich behandelt wurde. Dieses Konstitutionssystem hatte vier Hauptschichten:

(1) Die eigenpsychischen Gegenstände
(2) Die physischen Gegenstände
(3) Die fremdpsychischen Gegenstände
(4) Die geistigen Gegenstände

Werte gehören zur Schicht der geistigen Gegenstände. Für die Konstitution der geistigen Gegenstände wird vorausgesetzt, dass die eigenpsychischen, die physischen und die fremdpsychischen Gegenstände bereits konstituiert sind. Die Konstitution der geistigen Gegenstände wird geleistet – wie alle Konstitutionen – durch die allgemeine Konstitutionsmethode der *Quasianalyse*, die aber für den Fall der geistigen Gegenstände in einer besonderen Form auftritt, nämlich als *Manifestation und Dokumentation*.[22]

21 Cf. Mormann, „Werte bei Carnap", *op. cit.*

22 Carnap, *Aufbau*, *op. cit.*, §§54ff.

Carnaps Position, was Werte anging, war im *Aufbau* strikt antipsychologistisch: Auch wenn Werte durch psychische oder physische Gegenstände konstituiert wurden, gehörten sie einer anderen Seinssphäre an als diese. Sie bildeten einen eigenen Gegenstandsbereich, der von den Sphären der psychischen und physischen Gegenstände zu unterscheiden war. Diese Vielfalt möglicher Gegenstandssphären war ein Aspekt seiner Philosophie, der sich über die *Aufbau*-Phase hinaus durchhielt und gut mit seinem ontologischen Pluralismus zusammenpasste, den er später etwa in „Empiricism, Semantics, and Ontology"[23] ganz explizit vertrat.

Geistige Gegenstände waren danach zwar subjektgebunden, aber nicht aus psychischen oder physischen Gegenständen zusammengesetzt. Geistige Gegenstände manifestierten und dokumentierten sich in ihnen. Eine Sitte oder ein Brauch – als Gegenstand der Ethnologie oder Anthropologie – manifestierten sich durch gewisse Handlungen. Kulturelle Gegenstände wie Theorien oder Kunstwerke werden durch dauerhafte physische Gegenstände wie Bücher, Dokumente oder Bilder dokumentiert. Alle geistigen Gegenstände werden damit entweder direkt oder indirekt auf ihre Manifestationen und Dokumentationen zurückgeführt und somit aus diesen konstituiert.[24]

Werte als besondere geistige Gegenstände konstituierten sich durch spezifische Manifestationen und Dokumentationen, deren Untersuchung Aufgabe einer „Wertwissenschaft" sein sollte. Die Besonderheit von Werten als geistigen Gegenständen bestand für Carnap genauer gesagt darin, dass sie sich in „Werterlebnissen" manifestierten, in denen man ein Erlebnis oder eine Handlung bewertete, d.h. sie etwa als angenehm, abstoßend, feige oder mutig charakterisierte. Analog der Konstitution physischer Gegenstände aus psychischen (Wahrnehmungs)erlebnissen wurden also Werte aus sogenannten Werterlebnissen konstituiert. Ähnlich wie seine Lehrer Rickert und Bauch oder sein Freund Hans Freyer in *Theorie des objektiven Geistes*[25] behauptete Carnap, ein solches Werterlebnis sei zwar ein eigenpsychisches Erlebnis, aber daraus folge nicht, dass der Wert etwas Psychisches sei:

23 Rudolf Carnap, „Empiricism, Semantics, and Ontology", in: *Revue Internationale de Philosophie* 4, 1950, pp. 20-40.

24 Cf. Carnap, *Aufbau*, *op. cit.*, §42.

25 Das im *Aufbau* diskutierte Beispiel der Konstitution der Sitte des Grüßens durch das Abnehmen des Hutes findet sich auch in: Hans Freyer, *Theorie des objektiven Geistes. Eine Einführung in die Kulturphilosophie.* Leipzig, Berlin: Teubner 1923.

> [D]er Wert ist nicht selbst erlebnishaft oder psychisch, sondern besteht unabhängig vom Erlebtwerden und wird in dem Erlebnis (genauer: in dem Wertgefühl, dessen intentionales Objekt er bildet) nur erkannt, ebenso, wie das physische Ding nicht psychisch ist, sondern unabhängig von der Wahrnehmung besteht und in der Wahrnehmung nur erkannt wird.[26]

Wie wichtig Carnap damals die Konstitution von Werten nahm, erhellt sich daraus, dass er auch noch eine *physikalistische* Konstitution von Werten skizzierte.[27] Dafür bezog er sich auf Ostwalds *Die Philosophie der Werte* (1913), in der dieser eine physikalistische, genauer gesagt „energetische" Konstitution von Werten ins Auge gefasst hatte. Werte waren Carnap offenbar so wichtig, dass er ihre Konstituierbarkeit auch für physikalistisch basierte Konstitutionssysteme gesichert wissen wollte. Ich werde auf diese energetische Konstitution von Werten jedoch nicht weiter eingehen, da sie für die weitere Entwicklung von Carnaps Werttheorie keine Bedeutung hat und von Ostwald selbst auch nur höchst rudimentär skizziert worden ist. Ähnlich wie Rickert führte Carnap aus, dass es verschiedene Arten von Werten gebe:

> Es sind verschiedene Arten von Werten zu unterscheiden, z.B. die ethischen, die ästhetischen, die religiösen, die biologischen (im weitesten Sinne, einschließlich der technischen, wirtschaftlichen, individual- und rassehygienischen) u.a.[28]

Das Bemerkenswerteste an dieser Aufzählung sind sicher die „rassehygienischen Werte", die man im *Aufbau* kaum vermuten würde. Auch wenn man den Begriff der „Rassehygiene" nicht umstandslos als Begriff einer „nationalsozialistischen Weltanschauung" ansehen kann, werfen sie ein Licht auf den aus heutiger Sicht sehr eigenartigen politisch-philosophisch-wissenschaftlichen Jenaer Kontext, in dem der *Aufbau* entstanden ist, auf den hier aber nicht näher eingegangen werden soll.[29] In jedem Fall belegt die Konstitutionsskizze der Werte, dass das Programm des *Aufbaus* weit über die empirischen Wissenschaften hinausreichte. Ursprünglich war es

---

26 Carnap, *Aufbau*, *op. cit.*, §152.

27 *Ibid.*, §59.

28 *Ibid.*, §152.

29 Vgl. dazu Mormann, „Werte bei Carnap", *op. cit.*

auf die „Welt“ im emphatischen neukantianischen Sinne einer Einheit von „Wert und Wirklichkeit“ gerichtet. Diese grandiose Konzeption wird schon kurz nach der Veröffentlichung des *Aufbaus* aufgegeben.

In der logisch-empiristischen Phase finden wir Carnap den klassischen Nonkognitivisten. Das bekannteste Zeugnis dieser Phase ist „Überwindung“, wo er das „klassische“ Verdikt über die neukantianische Wertphilosophie so formulierte:

> Auf dem Gebiet der *Metaphysik* (einschließlich aller Wertphilosophie und Normwissenschaft) führt die logische Analyse zu dem negativen Ergebnis, daß *die vorgeblichen Sätze* dieses Gebietes gänzlich sinnlos sind. Damit ist eine radikale Überwindung der Metaphysik erreicht [...].[30]

Dieses Verdikt lässt an Klarheit nichts zu wünschen übrig, allerdings vergisst Carnap hinzuzufügen, dass er selbst noch 1928 im *Aufbau* eine ganz andere Auffassung vertreten hatte. Als Begründung für die Verwerfung von Werturteilen findet sich in „Überwindung“ nur das knappe verifikationistische Argument, solche Sätze seien eben sinnlos, weil sie nicht zu verifizieren sind:

> Weiter gilt das Urteil [der Sinnlosigkeit] auch für alle Wert- oder Normphilosophie, für jede Ethik oder Ästhetik als normative Disziplin. Denn die objektive Gültigkeit eines Wertes oder einer Norm kann ja nicht empirisch verifiziert oder aus empirischen Sätzen deduziert werden; sie kann daher überhaupt nicht (durch einen sinnvollen Satz) ausgesprochen werden.[31]

Es ist ein interessantes philosophiehistorisches Problem, genauer in Erfahrung zu bringen, wann genau es zu Carnaps radikalem Kurswechsel in der Wertfrage gekommen ist. Selbst im *Manifest des Wiener Kreises* von 1929 findet sich, wie oben erwähnt, ja noch keine explizite Verdammung der Wertwissenschaften. Die Konstitutionstheorie des *Aufbaus* wird vielmehr noch fraglos als Basistheorie für die Enzyklopädie der Einheitswissenschaft in Anspruch genommen. Uebel datiert den Zeitpunkt, an dem Carnap das physikalistische Argument gegen ein Konstitutionssystem auf solipsistischer Basis akzeptierte und sich damit veranlasst sah, auf die Konstituierbarkeit

30 Carnap, „Überwindung“, *op. cit.*, pp. 219/220.

31 *Ibid.*, p. 237.

von Werten zu verzichten, auf ein Treffen mit Heinrich Neider am 16. Dezember 1929 im Café Reichsrat in Wien. Das mag stimmen. Gleichwohl findet sich in „Überwindung" kein Hinweis darauf, dass die Preisgabe solipsistischer Konstitutionssysteme für die Vertreibung der Werte aus dem konstitutionstheoretischen Paradies verantwortlich gewesen wäre.[32] Offen angegriffen werden stattdessen Heidegger und seine logisch defiziente, und deshalb metaphysische, „Philosophie des Nichts".

Soviel zu Carnaps ersten beiden wertphilosophischen Phasen (C1) und (C2). Man sollte vielleicht noch hinzufügen, dass mit der Eliminierung der Werte aus dem Bereich konstituierbarer Objekte auch sämtliche anderen „geistigen Gegenstände" aus dem Wahrnehmungshorizont von Carnaps Wissenschaftsphilosophie verschwanden, auch wenn sie nicht von einer Konstitution auf solipsistischer Basis abhingen, sondern physikalistisch konstituiert wurden.

Im Rest meines Beitrages möchte ich nun auf die dritte Phase (C3) eingehen, eben Carnaps Auseinandersetzungen mit der Wertphilosophie des amerikanischen Pragmatismus, die natürlich wesentlich durch (C2), aber eben auch „über die Bande" durch Carnaps radikale Abkehr von (C1), bestimmt wurde.

3. Carnaps werttheoretische Auseinandersetzungen mit dem amerikanischen Pragmatismus

Nach seiner Übersiedlung in die USA mag Carnap gehofft haben, seine neukantianische Vergangenheit werde in Amerika der Vergessenheit anheim fallen. Diese Hoffnung erwies sich als irrig. Bereits 1934 hatte Lewis in „Experience and Meaning"[33] recht ausführlich Carnaps solipsistisches Konstitutionssystem erörtert und war zu dem Schluss gekommen, es sei nicht möglich, in einem solchen System einen vernünftigen Begriff von Erfahrung und Erkenntnis zu formulieren. Grob gesagt, warf er Carnap vor, bei seinen Überlegungen einen zu primitiven Verifikationsbegriff zugrunde zu legen. Das verifikationistische Argument gegen die Konstituierbarkeit

32 Überhaupt scheint Carnap die Bedeutung des Unterschiedes zwischen solipsistischen und nichtsolipsistischen Konstitutionssystemen im Lauf der Jahrzehnte recht unterschiedlich eingeschätzt zu haben (vgl. Heidelberger, „Zerspaltung und Einheit", *op. cit.*).

33 Lewis, „Experience and Meaning", *op. cit.*

von Werten hatte deshalb für ihn keine Überzeugungskraft, obwohl auch er ein solipsistisches Konstitutionssystem ablehnte.

Zwei Jahre später in „Judgments of Value and Judgments of Fact“[34] legte Lewis nach und befasste sich ausführlich mit der neukantianischen Werttheorie des *Aufbaus*. Er zitierte ausführlich aus dem ominösen §152 dieses Werkes, in dem Carnap die Konstitution von Werten durch Werterlebnisse analog der Konstitution physischer Gegenstände durch Sinneserlebnisse skizziert. Lewis kommentierte Carnaps Ausführungen mit der trockenen Bemerkung, er sehe sich außerstande, diese Passagen mit der offiziellen nichtkognitivistischen Position des Wiener Kreises in Einklang zu bringen.[35] Im Übrigen stimme er mit Carnaps Ausführungen überein:

> The analogy which Carnap suggests to judgments of perception indicates an analysis of the meaning of value-judgments which seems to me obvious, and which gives to them as definite an empirical content as the judgments of other qualities.[36]

Soweit ich weiß, hat Carnap nie auf Lewis' Ausführungen geantwortet. Stattdessen versuchte er, sie zu ignorieren. Letzten Endes erwies sich diese Strategie als wenig erfolgreich: Carnaps neukantianischer Konstitutionsversuch blieb im Gedächtnis der pragmatistischen Community haften. Noch 1963 versuchte Charles Morris in „Pragmatism and Logical Empiricism“[37] ähnlich wie Lewis eine Verbindung zwischen Carnaps neukantianischer Werttheorie des *Aufbau* und pragmatistischen Konstitutionstheorien herzustellen:

> In the *Logische Aufbau* Carnap indicates how he would at that time deal with values: they would be constituted on the basis of certain terms already in the terminological system plus certain ‚value experiences‘ such as the sense of duty and esthetic satisfaction. It is interesting that Lewis adopted a similar point in *An Analysis of Knowledge and Valuation*, starting from value experiences as the primary data for a theory of value. But Lewis goes on to interpret value judgments as assertions about such

34 Lewis, „Judments of Value and Judgments of Fact“, *op. cit.*

35 *Ibid.*, p. 152.

36 *Ibid.*, p. 153.

37 Morris, „Pragmatism and Logical Empiricism“, *op. cit.*

> value experiences, and hence as empirical and controllable by evidence as are scientific statements.[38]

Auch gegenüber Morris konnte sich Carnap nicht zu einer Antwort aufraffen. Insgesamt scheint er sich grundsätzlich geweigert zu haben, auf die neukantianische Phase seiner Werttheorie noch einmal einzugehen. In seiner Replik auf Morris erwähnte er jedenfalls mit keinem Wort Morris' Vorschlag einer möglichen Ähnlichkeit zwischen logisch-empiristischer und pragmatischer Werttheorie. Immerhin rang er sich zu der vagen Bemerkung durch „I am inclined to agree with Morris that the difference between my view and that of the pragmatists is not as large as it might appear at first glance."[39]

Lewis und Morris waren jedoch keineswegs die einzigen Pragmatisten, die sich in Amerika mit Carnaps Werttheorie auseinandersetzten. Es war John Dewey, der Nestor des amerikanischen Pragmatismus, der vielleicht als einziger den dualistischen Kern von Carnaps Nonkognitivismus deutlich erkannt hat. In *A Theory of Valuation*[40] findet sich die folgende Bemerkung, die ziemlich direkt auf Carnaps strikten Dualismus zwischen „Geist" und „Leben" gemünzt gewesen zu sein scheint:

> The hard-and-fast impassible line which is supposed by some to exist between "emotive" and "scientific" language is a reflex of the gap that exists between the intellectual and the emotional in human relations and activities. [...] The *practical* problem that has to be faced is the establishment of cultural conditions that will support the kinds of behavior in which emotions and ideas, desires and appraisals, are integrated.[41]

Wie George Reisch berichtet,[42] kam es zwischen Dewey und Carnap, Morris und Neurath (als den Herausgebern der *Encyclopedia of Unified Science,* wo Deweys *Theory of Valuations* erscheinen sollte) zu einer Diskussion insbesondere über Deweys Darstellung des Logischen Empirismus als einer ra-

38 *Ibid.*, pp. 94-95.

39 Rudolf Carnap, „Charles Morris on Pragmatism and Logical Empiricism", in: Paul A. Schilpp (Hg.), *The Philosophy of Rudolf Carnap*. Chicago–La Salle, Ill.: Open Court 1963, pp. 860-863, hier p. 862.

40 Dewey, *A Theory of Valuation*, *op. cit.*

41 *Ibid.*, pp. 444-445.

42 George Reisch, *How the Cold War Transformed Philosophy of Science in America. To the Icy Slopes of Logic.* Cambridge: Cambridge University Press 2005.

dikal nonkognitivistischen Doktrin.[43] Diese Debatte betraf aber hauptsächlich taktische Finessen der Darstellung und intendierten Außenwirkung. Tatsächlich hatte Dewey sich schon vor dem ersten Weltkrieg mit dem Problem der spezifischen Eigenart deutscher Kultur, Wissenschaft und Staatlichkeit befasst und war zu dem Schluss gekommen, dass sie – im Unterschied zur westlichen (angelsächsischen und französischen) – durch einen fundamentalen Gegensatz „zweier Welten" gekennzeichnet sei, der in Kant seinen exemplarischen Ausdruck gefunden habe:

> I find that Kant's decisive contribution is the idea of a dual legislation of reason by which are marked off two distinct realms – that of science and that of morals. Each of these two realms has its own final and authoritative constitution: On one hand, there is the world of sense, the world of phenomena in space and time in which science is at home; on the other hand, is the supersensible, the noumenal world, the world of moral duty and moral freedom.[44]

Dewey spricht wörtlich von „zwei Welten der deutschen Philosophie".[45] Während jedoch für Kant beide Welten noch unter der Herrschaft der einen Vernunft standen, die sich in theoretische und praktische Vernunft gliederte, fiel in der nachkantischen Philosophie im Gefolge der deutschen Romantik der Bereich der „Moral" der irrationalistischen Lebensphilosophie anheim. Soweit ich weiß, hat Carnap nie auf die oben erwähnte Anspielung Deweys, die seine „deutschen" philosophischen Ursprünge aufs Korn nimmt, reagiert.

Die ausführlichste und interessanteste Diskussion über seine Wertphilosophie führte Carnap aber nicht mit den „klassischen" Pragmatisten Dewey, Lewis oder Morris, sondern mit dem weniger bekannten Abraham Kaplan[46], einem Pragmatisten der jüngeren Generation. Sie fand auf den

43 Cf. *ibid.*, pp. 90ff.

44 John Dewey, *German Philosophy and Politics*. New York: Henry Holt 1915, p. 20.

45 *Ibid.*

46 Abraham Kaplan (1918–1993) promovierte bei Hans Reichenbach mit der Dissertation *The Language of Value. A Study in Pragmatics*. Sein wichtigstes philosophisches Buch ist *The Conduct of Inquiry. Methodology for Behavioral Science* (1964). Sein Hauptinteresse galt der Ausarbeitung einer Wissenschaftsphilosophie, die Naturwissenschaften und Sozialwissenschaften in gleichberechtigter Weise berücksichtigte. In *Conduct of Inquiry* kritisierte er in überzeugender Weise die sogenannte „Fact-Value-Dichotomy", lange bevor diese Thematik in den 80er und 90er Jahren Mode wurde.

Seiten des Carnap gewidmeten Schilpp-Bandes statt. Für diese Debatte geht es in erster Linie um den einschlägigen Abschnitt aus Carnaps „Intellectual Autobiography“[47] („Values and Practical Decisions“), Kaplans „Logical Empiricism and Value Judgments“[48] und Carnaps Replik[49]. Außerdem ist Kaplans Hauptwerk[50] *The Conduct of Inquiry*[51] relevant. In diesem Werk konfrontierte Kaplan die logisch-empiristische Wissenschaftstheorie mit einer Wissenschaftsauffassung, die nicht nur die Sprache von Mathematik und Physik berücksichtigte, sondern ein breiteres Spektrum von Wissenschaften in die Betrachtung einbezog, insbesondere die Sozial- und Humanwissenschaften. Diese Perspektive führte ihn zu der grundlegenden Unterscheidung von „rekonstruierter Logik“ (reconstructed logic) und „Gebrauchslogik“ (logic in use). „Rekonstruierte Logik“ war für ihn die formale Logik, während die Gebrauchslogik auf die wirklichkeitsfremden Idealisierungen der mathematischen Logik verzichtete und eher den informellen Argumentationen in den real existierenden Wissenschaften gerecht wurde. Was den kognitiven Status von Werturteilen anging, kam er zu dem Schluss, der Emotivismus der Logischen Empiristen verdanke sich einem Dualismus zwischen Tatsachen und Werten (fact-value-dualism), den er als Artefakt einer Überschätzung der Rolle der formalen Logik diagnostizierte. Ein „aufgeklärter“ Logischer Empirismus würde einsehen, dass eine nonkognitivistische Interpretation von Werturteilen weder aus logischen noch aus empiristischen Gründen erforderlich war. Genauer gesagt, lautete Kaplans fundamentaler Einwand gegen den „nicht aufgeklärten“ logisch-empiristischen Nonkognitivismus, dass diese Einstellung auf einem implausiblen und logisch fehlerhaften Dualismus basierte, den er als „Tatsache/Wert-Dualismus“ bezeichnete:

> The basic error in fact-value dualism lies in the supposition that sooner or later every value judgment must come to rest upon an absolute end,

---

47 Rudolf Carnap, „Intellectual Autobiography“, in: Paul A. Schilpp (Hg.), *The Philosophy of Rudolf Carnap*. Chicago–La Salle, Ill.: Open Court 1963, pp. 3-84.

48 Kaplan, „Logical Empiricism and Value Judgments“, *op. cit.*

49 Rudolf Carnap, „Abraham Kaplan on Value Judgments“, in: Schilpp, *The Philosophy of Rudolf Carnap*, *op. cit.*, pp. 999-1013.

50 Eine ausführliche und recht positive Besprechung dieses Buches findet sich in: Jürgen Habermas, *Zur Logik der Sozialwissenschaften. Materialien.* Frankfurt am Main: Suhrkamp 1970. Gleichwohl scheint Kaplan im deutschen Sprachraum ziemlich unbekannt geblieben zu sein.

51 Kaplan, *The Conduct of Inquiry*, *op. cit.*

> one which is valued unconditionally, without ifs, and, or buts. Factual considerations relate only to such conditions, and when these have been let go, we are left afloat in a sea of subjectivity. That absolute values are groundless does indeed imply that rationality precludes them; but the conclusion that they underlie all value judgments, which therefore cannot be objective, only begs the question.[52]

Carnap hingegen insistierte darauf, es gäbe so etwas wie „reine Optative", also Wunschsätze wie „Ich mag Coca-Cola lieber als Pepsi-Cola", aus denen deduktiv nichts folge, die deshalb kognitiv sinnlos seien. Das hieß, Carnap hielt es für möglich, dass zwei Personen zu einer gegebenen Zeit genau dieselben faktischen Überzeugungen hatten, die Argumentationen beider in völliger Überstimmung mit den Standards der deduktiven und induktiven Logik standen und die beide gleichwohl verschiedene Optative vertraten. 1932 hatte Carnap diese Möglichkeit durch das Beispiel der Wahl zwischen Sozialismus und Kapitalismus illustriert, 1963 verfiel er auf das Beispiel der Wahl zwischen „Demokratie und Aristokratie". Es ist nicht nötig, dieses reichlich konstruierte Beispiel hier in allen Einzelheiten wiederzugeben, es mag genügen, Carnaps Resümee zu zitieren, um zu zeigen, dass er immer noch demselben Dualismus zwischen theoretischer „Ratio" und praktischem „Lebensgefühl" anhing wie in seiner Jugend:

> The difference between A and B in their decisions [A ist für Demokratie und B ist für Aristokratie, T. Mormann] is based [...] not on a difference in their theoretical thinking but rather [...], finally, on a difference in character.[53]

Den Begriff des „Charakters" hat Carnap nie genauer expliziert. Er gehörte für ihn offenbar zum Repertoire eines vortheoretischen Begriffsinstrumentariums, das er verwendete, um Aspekte der lebensweltlichen Praxis ohne Anspruch auf wissenschaftliche Gültigkeit zu beschreiben. Ihm zufolge bestimmte letztlich der „Charakter" eines Menschen seine praktischen Entscheidungen, während seine theoretischen Überzeugungen, insbesondere die ethischen Doktrinen, denen er anhing, von höchstens zweitrangiger Bedeutung waren. Folgerichtig maß er auch der kognitivistischen oder

52 *Ibid.*, p. 394.

53 Carnap, „Abraham Kaplan on Value Judgments", *op. cit.*, p. 1009.

nonkognitivistischen Einstellung eines Empiristen nur geringe praktische Bedeutung bei:

> It seems to me that the divergence in this point between the two groups of empiricists [d.h. Logischen Empiristen und Pragmatisten, T.M.] is theoretically interesting [...] but is relatively unimportant in its influence on practical life. In my personal experience I do not know of any case in which the difference in attitude between an empiricist of the first group and one of the second group with respect to a moral problem ever arose from the difference in their philosophical positions concerning the nature of value statements.[54]

Kaplan sah im Wesentlichen zwei Gründe dafür, warum Carnap letztlich an einer anti-kognitivistischen Interpretation von Werturteilen festhielt. Beide passen recht gut mit der These zusammen, dass Carnap wesentlich durch die Lebensphilosophie geprägt wurde. Kaplans erstes Argument macht Wittgensteins Einfluss auf den frühen Logischen Empirismus des Wiener Kreises verantwortlich, genauer gesagt Wittgensteins Dekret, Themen wie Sprache oder Ethik gehörten zum Bereich des Unaussprechbaren, den man höchstens zeigen könne. Während aber der Logische Empirismus Wittgensteins Verbot „über die Sprache zu sprechen" überwunden habe, sei Carnap in Bezug auf die Ethik in einer Wittgensteinschen Position steckengeblieben:

> Since the impetus of Wittgenstein's *Tractatus* logical empiricism has undergone a considerable development. Much of this development has consisted in the transformation of what Wittgenstein held to be ‚inexpressible' into clear and explicit statement in logic, foundations of mathematics, semantics, and philosophy of science. But the doctrine that ‚there can be no ethical propositions', that ‚ethics cannot be expressed' seem still to have been reserved [...] in the emotivist commitment of logical empiricism.[55]

Zum anderen mochten Kaplan zufolge die Mitglieder des Wiener Kreises noch einen anderen Grund gehabt haben, an einem strikten Nonkognitivismus festzuhalten:

54 Carnap, „Intellectual Autobiography", *op. cit.*, p. 82.

55 *Ibid.*, p. 855.

> At bottom, logical empiricism may have been drawn to emotivism – rather than, like such empiricists as Dewey and Lewis, to cognitivism – because of its fear that a cognitivist theory of value judgments would require the introduction of 'unique and peculiar' value properties, a notion repugnant to empiricism of all varieties. But cognitivism is wholly compatible with the insistence that value predicates can be completely explicated in terms of the predicates of science. [...] [This is] achieved by the position that something is judged to be of value because of certain properties it has, while being of value is not an additional property over and above these. That an object has value is analyzable in terms of empirical characters of man and the world which are not in themselves – without regard to their status and function in behavior – valuational.[56]

Kaplans Diagnose scheint mir in die richtige Richtung zu weisen, obwohl sie insofern unvollständig ist, als sie nichts darüber sagt, warum denn Lewis und Dewey offenbar weniger Angst vor „ontologisch suspekten Werteigenschaften" hatten als Carnap oder Reichenbach. Die Ursache für diesen Unterschied ist wohl in den unterschiedlichen kulturellen und politischen Kontexten zu suchen, in denen diese Denker aufwuchsen.

4. Zusammenfassung

Ein strikter Nonkognitivismus à la Carnap schränkt den Bereich der Probleme und Fragen, über die man rational und mit Aussicht auf Einigung diskutieren kann, erheblich ein. Für Carnap fiel der Bereich des Rationalen mit dem Bereich des Theoretischen zusammen, das Praktische blieb außen vor. Sowohl für den Neukantianismus wie auch für den Pragmatismus umfasste der Bereich des rational Diskutierbaren sehr viel mehr als für Carnaps restriktive Version des Logischen Empirismus, der nach der Preisgabe des ursprünglichen *Aufbau*-Programms übrig geblieben war, strikt zwischen Theorie („Geist") und Praxis („Leben") unterschied und das Ethische dem irrationalen Leben zuordnete.

Der Neukantianismus, als Versuch einer Domestizierung[57] der irrationalistischen Lebensphilosophie, ebenso wie der amerikanische Pragma-

56 *Ibid.*, pp. 852/853.

57 Ob dieser Versuch gelungen ist, darf man füglich bezweifeln (vgl. Uebel in diesem Band).

tismus, plädierten für die Möglichkeit einer rationalen Behandlung des gesamten Bereichs menschlicher Praxis. Carnap insistierte gegenüber beiden Strömungen auf einem restriktiven Empirizismus. Dafür war möglicherweise auch seine Sozialisierung in einem pietistischen Milieu verantwortlich, das eine grundsätzliche Abneigung gegen die Vermengung theoretischer und praktischer Aspekte hatte und auf die Autonomie des Lebensgefühls jedes Einzelnen pochte.[58] Was für Carnap in praktischen Angelegenheiten letztlich zählte, waren nicht spitzfindige „theologische" Rechtfertigungen für die Handlungen, die man vollzog, sondern „Charakter". Carnaps lebensphilosophisch begründete Ablehnung substantieller ethischer Theoriebildung bedeutete jedoch keineswegs Gleichgültigkeit gegenüber jeder ethischen Problematik. Im Gegenteil, auch seine kognitivistischen Gegner bescheinigten ihm hohe persönliche Moralität.[59] Dieser hohe moralische Anspruch an sich selbst ging aber einher mit einer tiefen Skepsis gegenüber jeder normativen Ethik – um eine Formulierung Dietmar von der Pfordtens aufzunehmen (in diesem Band).

Ob Carnaps Auseinandersetzungen mit der Wertproblematik für die heutige Debatte noch relevant sind, mag man bezweifeln. Schon der Pragmatismus in seinen verschiedenen Strömungen zeigte ja, dass die Alternative „physikalistischer Empirizismus oder metaphysische neukantianische Wertphilosophie" nicht alle Möglichkeiten ausschöpfte – nicht einmal zu Lebzeiten Carnaps und heute natürlich erst recht nicht. Es gibt empiristisch diskutable Kognitivismen. Dies wollte Carnaps kompromissloser Nonkognitivismus nicht zur Kenntnis nehmen.

Eine Welt ohne Werte – oder weniger ontologisch ausgedrückt: eine Welt ohne Wertungen – ist eine sehr reduzierte Welt. Die Welt der wissenschaftlichen Kultur, in der wir leben, ist sicher nicht von dieser Art. In dieser Welt muss über Werte und Werturteile rational diskutiert werden können. Ein Begriff von Rationalität, der das ausschließt, ist inakzeptabel. Ich glaube deshalb, dass Peter Machamer und Gereon Wolters mit der folgenden These Recht haben:

> [I]n a world that needs to strive for a modicum of reason, […] values must be critically examined. Values […] belong to the social world of

58 Cf. Gabriel, „Introduction: Carnap Brought Home", *op. cit.*

59 Cf. Kaplan, „Logical Empiricism and Value Judgments", *op. cit.*, p. 853.

> people acting, so they must be able to be articulated and fit into the space of reasons; […].[60]

Die physikalistisch oder sonst wie begründete Verwerfung der Sinnhaftigkeit von Werturteilen ist in vielerlei Hinsicht kostspieliger, als sich Carnap wohl vorgestellt haben mag. Sie führte nicht nur zu einem Bruch mit der neukantianischen Tradition, der gewiss zu verschmerzen war, sondern aus ihr ergab sich auch eine latente Unverträglichkeit mit dem amerikanischen Pragmatismus als der anderen wichtigen Strömung einer „wissenschaftlichen", aufgeklärten Philosophie.

Um an der Möglichkeit von objektiven Werturteilen festhalten zu können, braucht es keine „objektiven Werte" im Sinne eines naiven neukantianischen Wertrealismus. Eine kognitivistische Ethik ist also durchaus nicht auf eine aufgeblähte Ontologie angewiesen, die die Welt mit ontologisch „merkwürdigen" („queer") Entitäten bevölkert. „Ethics without ontology"[61] ist eine Option. Aus der Sicht Carnaps hätte eine solche Ethik viel für sich, ontologischen Fragen maß er immer nur wenig Bedeutung bei. Schon im *Aufbau* plädierte er für einen ontologischen Pluralismus, „der der Welt unbegrenzt viele Seiten oder Substanzen zuerkennt".[62] Diese pluralistische Einstellung behielt er auch später bei, nachdem er die Redeweise von Konstitutionssystemen aufgegeben hatte und lieber von sprachlichen oder ontologischen Rahmen sprach.[63] Ob ein Gegenstand „wirklich" war oder nicht, hielt er immer schon für eine metaphysische Scheinfrage par excellence. Ihm kam es darauf an, dass man über einen Gegenstand in geregelter Weise, also „objektiv" sprechen konnte.[64] Dass er trotzdem darauf insistierte, über fundamentale „Werte" oder „Werturteile" könne man letztlich nicht sinnvoll sprechen, ist wohl das Ergebnis des einzigartigen kulturellen und historischen Kontextes („Weimar"), in dem er aufwuchs, dessen Kontingenzen aber für uns heute sicher nicht mehr verbindlich sind.

---

60 Peter Machamer / Gereon Wolters, *Science, Values and Objectivity*. Pittsburgh: Pittsburgh University Press 2004, p. 7.

61 Cf. Hilary Putnam, *Ethics without Ontology*. Cambridge, Mass.: Harvard University Press 2004.

62 Carnap, *Aufbau*, *op. cit.*, §162.

63 Vgl. Carnap, „Empiricism, Semantics, and Ontology", *op. cit.*

64 Cf. *ibid.*

Thomas Uebel

„BLUBO-Metaphysik": Die Verwerfung der Werttheorie des Südwestdeutschen Neukantianismus durch Carnap und Neurath

1. Einleitung

Thomas Mormann hat vor kurzem unsere Aufmerksamkeit auf die lange übersehene Tatsache gerichtet, dass tief in Rudolf Carnaps *Der logische Aufbau der Welt*[1] ein Vorschlag zur Konstitution von Werten verborgen liegt – ein Vorschlag, den Carnap selbst allerdings nicht weiter verfolgte.[2] Da nun die *Aufbau*-Strategie der Konstitution der physikalischen Welt aus Eigenerlebnissen immer noch umstritten ist, kann auch eine parallel laufende Konstitution von Werten bestenfalls umstritten sein. Was aber klar und bedeutsam erscheint, ist, dass Carnap hier nicht leugnete, dass Werten eine Art von Objektivität zukommt, die der der physikalischen Dingwelt ähnelt. Damit ergibt sich ein scheinbar krasser Gegensatz zur Position des Nonkognitivismus, die er nur ein paar Jahre später bezog und bis zum Ende seines Lebens beibehielt.[3]

Mormann führt gute Argumente dafür an, in Carnaps Vorschlag den Einfluss von Heinrich Rickert zu sehen – eines Neokantianers, der bis-

1 Rudolf Carnap, *Der logische Aufbau der Welt.* Berlin: Weltkreisverlag 1928. Neudruck Hamburg: Meiner 1998.

2 Siehe Thomas Mormann, „Werte bei Carnap", in: *Zeitschrift für philosophische Forschung* 60, 2006, pp. 169-189; und Thomas Mormann, „Carnap's logical empiricism, values, and American pragmatism", in: *Journal for General Philosophy of Science* 38, 2007, pp. 127-146 zu Carnap, *Aufbau*, *op. cit.*, §152.

3 Vergleiche Carnap, *Aufbau*, *op. cit.*, §152, mit Rudolf Carnap, „Überwindung der Metaphysik durch logische Analyse der Sprache", in: *Erkenntnis* 2, 1932, pp. 219-241, abgedruckt in: Rudolf Carnap, *Scheinprobleme in der Philosophie und andere metaphysikkritische Schriften.* Hg. v. Thomas Mormann. Hamburg: Meiner 2004, pp. 81-110; Rudolf Carnap, „Theoretische Fragen und praktische Entscheidungen", in: *Natur und Geist* 2, 1934, pp. 257-260, abgedruckt in: Hubert Schleichert (Hg.), *Logischer Empirismus – der Wiener Kreis.* München: Fink 1975, pp. 173-177; Rudolf Carnap, *Philosophy and Logical Syntax.* London: Kegan Paul, Trench, Trubner & Co. 1935; Rudolf Carnap, „Abraham Kaplan on Value Judgements", in: Paul Arthur Schilpp (Hg.), *The Philosophy of Rudolf Carnap.* Chicago–LaSalle, Ill.: Open Court 1963, pp. 999-1013.

her nur am Rande der Diskussionen um die Ursprünge des Logischen Empirismus beachtet wurde. So z.B. empfahl Carnap seine konstitionstheoretische Methode auch zur Entwicklung einer „Logik der Individualität", die sowohl von Rickert als auch vor ihm von Wilhelm Dilthey und Wilhelm Windelband für die Kulturwissenschaften gefordert wurde.[4] Mormann fügt diesem Vermerk den Hinweis auf eine Anzahl von auffallenden strukturellen Parallelen zwischen dem *Aufbau* und dem Rickertschen System der Philosophie hinzu. (Carnap selbst wies auf den Unterschied in ihrer Konzeption der Basis ihrer Konstitutionssysteme hin, doch merkte er an, seine Konstitution der intersubjektiven Welt negiere diesen effektiv.)[5]

Was folgt daraus? Carnap selbst äußerte sich nicht explizit zu seiner „nonkognitivistischen Wende", der Entscheidung, Rickertsche und ähnliche Werttheorien fallen zu lassen. Mormann zufolge ist diese am besten als ein Ausdruck von Carnaps wachsender Akkulturation im Milieu des militant antimetaphysischen Wiener Kreises zu verstehen. In dieser Wende sieht er einen Rückfall in die Romantik des ethischen Voluntarismus, der die Lebensphilosophie charakterisierte, der Carnaps früheres Selbst in der Jugendbewegung anhing.

Während ich Mormanns anfangs verblüffender Diagnose des nicht unbedeutenden Einflusses von Rickert auf Carnap noch im *Aufbau* inzwischen zustimme und ihren Wert für die Gesamtinterpretation des frühen Carnap unterstreichen würde, möchte ich hier jedoch Carnaps Meinungsänderung aus einer anderen Perspektive betrachten. Was auch immer die autobiographischen Resonanzen gewesen sein mögen, die der Nonkognitivismus besaß, zu dem er wechseln sollte, Carnaps Abschied von der Werttheorie des Transzendentalen Idealismus ist auch ohne diese einsichtig. Ich schlage vor, dass zwei sich ergänzende Strategien eine solche Wende einsichtig machen können.

Überblicksmäßig kann dies wie folgt illustriert werden. Die erste Strategie besteht darin, diese Wende mittels der prinzipiellen Änderung zu rechtfertigen, die Carnaps eigenes Verständnis der Rolle erfährt, die das Konstitutionssystem des *Aufbaus* innerhalb der Sprache der angestrebten Einheitswissenschaft spielt. Die erste Strategie bietet somit eine der Entwicklung der Carnapschen Philosophie rein „interne" oder „internalistische" Rekonstruktion. Vorbehalte, diese Rekonstruktion auch als kausale Erklärung Carnaps nonkognitivistischer Wende zu verstehen, sind aber an-

4 Siehe Carnap, *Aufbau*, *op. cit.*, §12, und Mormann, „Werte bei Carnap", *op. cit.*

5 Siehe Carnap, *Aufbau*, *op. cit.*, §64.

zuerkennen und verlangen eine gewisse Supplementierung des prinzipiellen Arguments. Die zweite Strategie bietet eine Begründung der nonkognitivistischen Wende, die Carnaps eigenem Verständnis seiner Philosophie als Wissenschaftslogik gegenüber „extern" oder „externalistisch" erscheinen würde.

Die beiden Strategien ergänzen sich wie folgt. Man kann es bei der internalistischen Begründung Carnaps nonkognitivistischer Wende nur dann belassen, wenn das Forschungsprogramm, dem sich Carnap verpflichtet fühlte, vorausgesetzt werden kann. Wird seine Entscheidung für dieses Forschungsprogramm bei der Frage nach der Begründung seiner nonkognitivistischen Wende aber mit eingeschlossen – oder soll das kausale Manko der internalistischen Rekonstruktion behoben werden –, dann muss auch auf die seinem Philosophieverständnis nach externen Gründe Bezug genommen werden. Das macht sie aber, wie wir sehen werden, auch für Carnap noch keineswegs illegitim.

Im ersten Teil dieses Aufsatzes untersuche ich allein Carnaps nonkognitivistische Wende. Im zweiten Teil wende ich mich Neuraths lang etablierten Kritik der Rickertschen Werttheorie zu. Für ihn kann man ebenso wie für Carnap eine zweiteilige Begründung rekonstruieren, wenngleich sein Philosophieverständnis nicht so scharf wie Carnap zwischen internalistischen und externalistischen Gründen unterschied.[6] Seine Mitte der dreißiger Jahre noch einmal verschärfte Opposition wirft ein bezeichnendes Licht auf Carnaps externalistische Beweggründe.

2. Carnap und Rickert

Die erste Strategie, Carnaps nonkognitivistische Wende zu begründen, besteht darin, die prinzipielle Inkompatibilität einer Konzeption objektiver Werte einerseits und einer Konzeption kognitiver Bedeutung als Verifizierbarkeit andererseits aufzuweisen. In erster Annäherung mag man meinen, Carnap die allmähliche Bewusstwerdung eines Widerspruches im *Aufbau* selbst zuschreiben zu können. Obwohl dieser Gedankengang in die richtige Richtung weist, führt er fehl, so wie er steht. Die Sachlage war nicht so unkompliziert.

---

6 Zur Beziehung zwischen Wissenschaftslogik und Wissenschaftspragmatik siehe Thomas Uebel, *Empiricism at the Crossroads. The Vienna Circle's Protocol Sentence Debate.* Chicago–La Salle, Ill.: Open Court 2007, Kapitel 12.

2.1 Die Verwerfung der werttheoretischen Dimension des Aufbaus

Das Problem ist, dass, so wie Carnap noch im Jahre 1928 über Nachprüfbarkeit dachte, sich keine prinzipielle Inkompatibilität ergab.[7] Der *Aufbau* behauptete ja, objektive Eigenschaften und Gegenstände als intersubjektiv validierbar aus subjektiven Erlebnissen erinnerter Ähnlichkeit konstituieren zu können. Dem *Aufbau* zufolge also stand die Objektivität der Werte in keinem Gegensatz zu der allein subjektiven Basis für Nachprüfungen, die der methodologische Solipsismus erlaubte, wie stark auch immer „Nachprüfbarkeit" verstanden wurde. Es war vielmehr Carnaps Verwerfung der methodologisch solipsistischen Basis für die zu entwickelnde Sprache der Einheitswissenschaft, die die konstitutionstheoretische Skizze für objektive Werte im *Aufbau* problematisch machte.[8]

Um dies zu sehen, erinnere man sich zuerst, wie Carnap in seinem Aufsatz „Die alte und neue Logik" aus dem Jahre 1930 bestimmte, zwei Konstitutionssysteme von Begriffen bestünden „zu Recht" und wären „unentbehrlich":

> Das positivistische System entspricht dem erkenntnistheoretischen Gesichtspunkt, da sich in ihm die Gültigkeit einer Erkenntnis durch

7 Selbst dieser Verifikationismus war noch nicht gleichbedeutend mit der Forderung nach der vollständigen Verifikation einer Aussage als Bedingung ihrer empirischen Bedeutsamkeit, die Schlick auf Anregung Wittgensteins übernahm; vergleiche Rudolf Carnap, *Scheinprobleme in der Philosophie.* Berlin: Weltkreisverlag 1928, §7, abgedruckt in: Carnap *Scheinprobleme in der Philosophie und andere metaphysikkritische Schriften, op. cit.*, pp. 3-48, mit Moritz Schlick, „Die Wende der Philosophie", in: *Erkenntnis* 1, 1930, pp. 4-11, abgedruckt in: Michael Stöltzner / Thomas Uebel (Hg.), *Wiener Kreis. Texte zur wissenschaftlichen Weltauffassung.* Hamburg: Meiner 2006, pp. 30-40. Da Carnap Schlicks Wittgensteinscher Forderung nach vollständiger Verifizierbarkeit nur für eine kurze Zeit von 1930 bis 1931 folgte – siehe Rudolf Carnap, „Testability and Meaning", in: *Philosophy of Science* 3, 1936–37, pp. 419-471; hier 37n –, kann diese Verschärfung hier vernachlässigt werden.

8 Hier ist Vorsicht angesagt: Man beachte die Spezifizierung dieser ersten Verwerfung des methodologischen Solipsismus – auf die es hier allein ankommt –, denn daneben behielt Carnap ihn weiter zum Zweck der erkenntnistheoretischen Deutung der physikalischen Sprache bis Herbst 1932 bei; siehe Uebel, *Empiricism at the Crossroads, op. cit.*, Kapitel 6–8. Es ist auch zu bemerken, dass selbst diese zweite Verwerfung des methodologischen Solipsismus im Herbst des Jahres 1932 nur als dessen Ablehnung als notwendig für die erkenntnistheoretische Rekonstruktion der Wissenschaftssprache verstanden wurde; Carnap behielt die methodologisch solipsistisch konzipierte Sprache immer bei als theoretische Möglichkeit in der Wissenschaftslogik (siehe *ibid.*, Kapitel 12).

> Rückführung auf das Gegebene erweist. Das materialistische System entspricht dem Gesichtspunkt der Realwissenschaft, da in ihm alle Begriffe auf das Physische zurückgeführt werden, auf das einzige Gebiet, das durchgängige Gesetzmäßigkeit aufweist und intersubjektive Erkenntnis ermöglicht.[9]

Das positivistische System fügt der physikalistischen Reduktion aller Aussagen auf Aussagen über beobachtbare Eigenschaften beobachtbarer Gegenstände eine phänomenalistische Reduktion hinzu; das materialistische System fügt der Konstitution eigenpsychischer Gebilde die von physikalischen, intersubjektiv erfassbaren hinzu. Beide Reduktionsansätze aber waren sich einig, dass Fremdpsychisches und soziale Gebilde aus Begriffen zu bilden waren, die der physikalischen Sprache angehörten. Insofern bildete die physikalische Reduktion den Angelpunkt, um den sich alles drehte, während die phänomenalistische Reduktion dazu einen Urgrund im Eigenpsychischen zu eröffnen trachtete.

Bemerkenswerterweise wurden Werte von Carnap nicht mehr erwähnt, als er hier 1930 den „Stammbaum der Begriffe" des *Aufbaus* besprach.[10] Stattdessen scheint Rickerts Werttheorie unter Theorien auf, die er als „metaphysisch" zurückwies – wenngleich noch recht diskret. Als er dies zum Beispiel Philosophien verwarf, die sich „auf das ‚Ding an sich' hinter den Erfahrungsdingen, auf das ‚Unbedingte', ‚Absolute' hinter allem Bedingten, auf ‚Wesen' und ‚Sinn' der Vorgänge hinter diesen Vorgängen selbst" beziehen, dann stand Rickert bereits im Schussfeld.[11] Es war mittels der Verwerfung des „‚Wesen[s]' und ‚Sinn[s]' der Vorgänge hinter diesen Vorgängen selbst", dass Carnap den objektiven Werten – die nach Rickert den Bereich der „kulturellen Bedeutung" bestimmten, der wiederum die Kultur- bzw. Sozialwissenschaften definierte – seine bisherige Gefolgschaft verwehrte.

Für Carnap war die Forderung, alle wissenschaftlichen Begriffe müssen auf solche der physikalischen Sprache reduzierbar sein (die Forderung nach materialistischer Reduzierbarkeit), hinreichend für die Verwerfung „bloße[r] Scheinbegriffe" – „mögen sie auch noch so sehr durch Tradition geheiligt

---

9 Rudolf Carnap, „Die alte und die Neue Logik", in: *Erkenntnis* 1, 1930, pp. 12-26, abgedruckt in: Carnap, *Scheinprobleme in der Philosophie und andere metaphysikkritische Schriften, op. cit.*, pp. 6-80, hier Nachdruck p. 79.

10 *Ibid.*

11 *Ibid.*, Nachdruck p. 80.

und mit Gefühlen behangen sein" – als „sinnlose Worte".[12] Carnaps weit schärfere Verwerfung der Metaphysik zwei Jahre später in „Überwindung der Metaphysik durch logische Analyse der Sprache" erfolgte aus gleichem Grund. Diesmal jedoch war er auch bedeutend expliziter, dass dieses Urteil „für alle Wert- oder Normphilosophie, für jede Ethik oder Ästhetik als normative Disziplin" gilt, da „die objektive Gültigkeit eines Wertes oder einer Norm (auch nach Auffassung der Wertphilosophen) nicht empirisch verifiziert oder aus empirischen Sätzen deduziert werden kann".[13]

Aber wie begründete Carnap im Jahre 1930 seine Meinung, dass beide, sowohl das positivistische wie auch das materialistische Konstitutionssystem, für das Verständnis der Wissenschaft notwendig waren (und nicht nur eines davon auch theoretisch möglich, wie schon im *Aufbau*)? Und warum schloss die Forderung nach materialistischer Reduktion die Konstitution objektiver Werte im Sinne des *Aufbaus* aus? Nehmen wir die zweite Frage zuerst.

Dem *Aufbau* zufolge waren Werte nicht wie die „geistigen Gegenstände" aus fremdpsychischen oder gar behavioristischen Begriffen konstituierbar, sondern direkt aus „gewissen Erlebnissen, den ‚Werterlebnissen'", in „Analogie zur Konstitution der physischen Dinge aus den ‚Wahrnehmungserlebnissen' (genauer: aus den Sinnesqualitäten)".[14] Dem *Aufbau* zufolge stellt die Konstitution der Werte also ein zusätzliches Konstitutionssystem dar, separat vom materialistischen System, das fremdpsychische Objekte konstituiert, und separat vom positivistischen System, das physische Objekte konstituiert. Diese scharfe Separierbarkeit des Wertsystems von den physischen und psychologischen Systemen gibt uns den Schlüssel zu unserer Antwort. Wird erst einmal verlangt, dass alle Begriffe auch eine materialistische Konstitution besitzen müssen, wollen sie in die Wissenschaft eingehen, dann ist die Möglichkeit eines solchen dritten Systems, das das materialistische umgeht, ausgeschlossen. Das bedeutet, dass das Konstitutionssystem für objektive Werte, das Carnap im *Aufbau* vorschlug, hinfällig wird.

Carnaps Verwerfung objektiver Werte folgte also der Einsicht, dass sein früher entworfener Ansatz zur Konstitution von Werten diese nicht mehr als objektive Werte konstituieren konnte, war Objektivität erst einmal als durchgängige Intersubjektivität verstanden und diese auf Kommunikation mittels der physikalischen Sprache gegründet. Um zu erfahren, weshalb

12 *Ibid.*

13 Carnap, „Überwindung", *op. cit.*, Nachdruck p. 103. Dieser Aufsatz geht ebenso noch der Verwerfung des methodologischen Solipsismus auch für erkenntnistheoretische Zwecke voran.

14 Carnap, *Aufbau*, *op. cit.*, §152.

Carnap zu diesem Begriff der Objektivität kam, müssen wir uns seiner Interaktion mit Otto Neurath zuwenden.

2.2 Der Aufbau *und der Anfang des Physikalismus*

Bezeichnen wir mit „Physikalismus" die zweiteilige These, dass physikalistische Sprache grundlegend für die Wissenschaft sowohl in theoretischer als auch in praktischer Hinsicht sei – sie allein erlaubt die Formulierung von universellen Gesetzen und nur sie erlaubt intersubjektive Verständigung –, dann fällt die Anerkennung des Physikalismus durch Carnap in zwei Phasen. Der theoretische Teil wurde in der ersten Phase anerkannt und, teilweise auf Anregung Neuraths, bereits in den *Aufbau* aufgenommen. Carnaps Anerkennung des praktischen Teils der These des Physikalismus brauchte bedeutend länger. Für geraume Zeit gab Neurath seinen Zweifeln an den Idealisierungen des *Aufbaus* Ausdruck, ohne Carnap jedoch davon überzeugen zu können, dass objektives empirisches Wissen nicht auf der Grundlage des phänomenalen Gegebenen eines einzelnen, isoliert betrachteten erkennenden Subjektes rekonstruiert werden kann.[15]

Das gemeinschaftlich produzierte Manifest *Wissenschaftliche Weltauffassung. Der Wiener Kreis*,[16] das bei der Ersten Tagung für Erkenntnislehre der exakten Wissenschaften in Prag im September 1929 vorgestellt wurde, bekannte sich noch ohne Einschränkungen zum methodologischen Solipsismus.[17] Die 1930 veröffentlichte Fassung von Neuraths Vortrag auf dieser Tagung dagegen beruft sich mehrmals auf die „materialistische Basis" der Einheitswissenschaft.[18] Das legt nahe, dass in seiner Perspektive in der Zwischenzeit ein Argument gefunden wurde, das die Notwendigkeit der Perspektive des methodologischen Solipsismus bestritt.[19]

Alles deutet darauf hin, dass Neurath ein Argument übernahm, das Heinrich Neider, ein studentisches Mitglied des Wiener Kreises, vortrug, um die Irrelevanz der phänomenalistischen Rekonstruktion empirischen

15 Siehe Uebel, *Empiricism at the Crossroads*, *op. cit.*, Kapitel 4.

16 Rudolf Carnap / Hans Hahn / Otto Neurath, *Wissenschaftliche Weltauffassung. Der Wiener Kreis*. Wien: Wolf 1929, abgedruckt in: Stöltzner/Uebel, *Wiener Kreis*, *op. cit.*, pp. 3-29.

17 Siehe Carnap/Hahn/Neurath, *Wissenschaftliche Weltauffassung*, *op. cit.*, Nachdruck p. 15.

18 Siehe Otto Neurath, „Wege der wissenschaftlichen Weltauffassung", in: *Erkenntnis* 1, 1930, pp. 106-125, abgedruckt in: Otto Neurath, *Gesammelte philosophische und methodologische Schriften*. Hg. v. Rudolf Haller u. Heiner Rutte. Wien: Hölder-Pichler-Tempsky 1981, pp. 371-385, hier Nachdruck pp. 382, 384.

19 Nach seinen Tagebucheintragungen korrigierte Carnap Neuraths Vortragstext am 16. Februar 1930.

Wissens im *Aufbau* aufzuzeigen: In der methodologisch solipsistischen Form, in die sie dort gebracht wurden, konnten wissenschaftliche Aussagen nicht intersubjektiv geprüft werden. Wissenschaft, wie sie tatsächlich bestand, verlangte ein anderes Konstitutionssystem.[20] Neiders Diskussion mit Carnap, während derer dieses Argument vorgebracht wurde, lässt sich (mit indirekter Evidenz) auf ein Treffen im Café Reichsrat am 16. Dezember 1929 datieren.[21] (Neurath wurde davon am nächsten Tag berichtet.) Diese Datierung des Anfangs des Physikalismus (wie oben zweiteilig definiert) stimmt in etwa mit der von Philipp Frank überein, der „the beginnings of physicalism" auf „ca. 1930" legte, und mit Carnap selbst, der einst die zweite Phase des Wiener Kreises (diejenige jenseits der Wittgensteinrezipierung) auf zwei Neuerungen zurückführte: „Syntax hauptsächlich seit 1931" und „(hauptsächlich seit 1929?) Physikalismus, Einheitswissenschaft)".[22] Diese Datierung passt natürlich auch zu Neuraths explizit „materialistischem" Gesichtspunkt im veröffentlichten Text seines Prager Vortrags und zu Carnaps Änderung seiner Stellung zum methodologischen Solipsismus in „Die alte und die neue Logik".

Von besonderem Interesse für uns hier ist, dass nur drei Tage nach der Diskussion im Café Reichsrat Carnap in seinem Tagebuch notierte: „Mit Feigl zu Neurath: Neurath schimpft über meine Darstellung der Geisteswissenschaften im Aufbau. Ist ihm zu idealistisch."[23] Dies legt nahe, dass Neurath, angeregt durch Neiders Argument, den *Aufbau* noch einmal durchsah und nun seine lang gehegten Befürchtungen bestätigt sah. Auf jeden Fall sah er jetzt, was er anscheinend bisher übersehen hatte: Nicht nur, dass in den §§23, 150 und 174 den sogenannten Geisteswissenschaften ein distinguierter Platz in der Einheitswissenschaft zugestanden wurde, sondern auch, dass §§12 and 75 Hoffnung auf eine konstitutionstheoretische

---

20 Siehe Heinrich Neider, „Gespräch mit Heinrich Neider", in: *Conceptus* 28–30, 1977, pp. 21-42.

21 Carnaps Tagebuch für den 16. Dezember 1929: „Abends 8–11h im Cafe Reichsrat. Feigl, Neider, Rand, Hempel, […] Über Gomperz Buch vom ‚Sinn'. Über Behaviorismus, den Neider radical vertritt." (RC 025-73-03, Archives for Scientific Philosophy, University of Pittsburgh, Hillman Library (=ASP)). Zur Diskussion dieser Datierung siehe Uebel, *Empiricism at the Crossroads*, *op. cit.*, pp. 134-137.

22 Philipp Frank, „Historical Introduction", in: Philipp Frank, *Modern Science and its Philosophy.* Cambridge, Mass.: Harvard University Press 1949, pp. 1-51, hier p. 36, und Carnap an Neurath, 23. Dezember 1933 (RC 029-03-06 ASP).

23 Carnaps Tagebuch, 19. Dezember 1930 (RC 025-73-03 ASP).

Behandlung der Werttheorien des transzendentalen Idealismus machten, die dann in §152 skizziert wurde.

Da Neiders Argument auch von Carnap zur Begründung seiner im Jahre 1930 neuen These übernommen wurde, dass die Wissenschaft zwei verschiedene Konstitutionssysteme verlangte, und da diese neue Position eine objektive Werttheorie nicht mehr zuließ, kann man schließen, dass sich Carnap in Reaktion auf Neurath und Neider die Rechnung machte und objektive Werte aus den bereits genannten Gründen fallen ließ. Für Carnap entschied sich die Frage auf Grund der Inkompatibilität des Konstitutionssystems für objektive Werte mit der physikalistischen Forderung nach Reduktion aller wissenschaftlichen Aussagen auf beobachtbare Kriterien. Dies stimmt zwar für Carnap im Jahre 1930, doch die volle Erklärung seiner nonkognitivistischen Wende ist damit noch nicht geleistet.

2.3 Zu Rechtfertigung, Erklärung und Datierung von Carnaps nonkognitivistischer Wende

Gegen die obige Zusammenfassung mag man einwenden, dass sie die Bedeutung des Neiderschen Arguments überbewertet. Carnap vertrat bereits im Oktober 1929 in einem seiner Vorträge am Bauhaus in Dessau einen Nonkognitivismus, nach dem sogenannte „Grundwerte" beliebig wählbar waren: „Wertung ist nicht Erfassung einer Tatsache, sondern persönliche Einstellung."[24] Mormann spricht hier von einem „dezionistischen Wertpluralismus": Von objektiv gültigen Werten ist keine Rede mehr.[25] Ist Berufung auf Neiders Argument also hinfällig und so die These gestärkt, dass Carnaps nonkognitivistische Wende einen mehr oder minder unreflektierten Rückfall in lebensphilosophische Dualismen darstellt? Es stimmt zwar, dass das Neidersche Argument, das sich um die intersubjektive Einsichtigkeit wissenschaftlicher Beweisführung drehte, in seinem Bauhausvortrag noch nicht im Spiel war, aber ähnliche Überlegungen dürften Carnap trotzdem bereits bewegt haben. Diese Überlegungen wurden dann in Carnaps Verarbeitung von Neiders Argument gewissermaßen systematisiert.

---

24 Carnap, *Wissenschaft und Leben* (RC 110-07-49 ASP), zitiert in: Mormann, „Werte bei Carnap", *op. cit.*, p. 184.

25 Mormann, „Werte bei Carnap", *op. cit.*, verwendet die beiden Termini zwar getrennt, doch passen sie auch nach seiner Darstellung sinngemäß zusammen: „Eine begründete Rangfolge von Grundwerten ließ sich nach Carnap nicht aufstellen." (*Ibid.* pp. 184-185)

Carnaps nonkognitivistische Wende dürfte mit der Reflexion der Strategie des *Aufbaus* begonnen haben, die Objektivität aller konstituierten Gegenstände mittels eines Prozesses der „Intersubjektivierung" sicherzustellen.[26] Objektivität im Sinne von allgemeiner Intersubjektivität (der einzigen im *Aufbau* verwendeten Form von Objektivität neben der vorausgesetzten Allgemeingültigkeit der Mathematik und Physik) wurde Eigenschaften und Objekten zugesprochen, die eine eineindeutige, sogenannte „intersubjektive Zuordnung" aufweisen. Eigenschaften und Objekte weisen eine solche Zuordnung auf, wenn ihrer Konstitution seitens eines Erkenntnissubjekts auch die Konstitution entspricht, die einem anderen Erkenntnissubjekt auf Grund dessen sprachlichen und verhaltensmäßigen Äußerungen zugeschrieben werden kann. So wird z.B. verlangt, dass die raum-zeitlichen Beziehungen, die für ein Objekt in meiner konstituierten Welt gelten, auch für das entsprechende Objekt in der von mir für dieses andere Subjekt nachkonstruierten Welt gelten. Um diese Entsprechung innerhalb des Konstitutionssystems eines einzelnen Subjektes nun als tatsächliche intersubjektive Übereinstimmung verstehen zu können – und Objektivität daraus zu erhalten –, ist es natürlich unabdinglich, dass die Äußerungen des anderen richtig verstanden wurden. Noch mehr: Nur solche Objekte besitzen Objektivität, für die wir eine solche durchgängige intersubjektive Zuordnung behaupten können.

Fragen wir nun, ob solche intersubjektive Zuordnungen auch in Wertfragen behauptet werden können. Die Antwort ist offensichtlich: manchmal ja und manchmal nicht – es kommt darauf an, ob zwei Subjekte ähnlich werten. Selbst wenn die Konstitution von Werten nach §152 vorausgesetzt ist, ist es also noch lange nicht erwiesen, dass diese objektiv im Sinne von allgemeingültig sind. Noch bevor Carnaps Erkenntnis des Primats der physikalistischen Sprache gegen Anfang 1930 diese Art der Wertkonstitution zu einer außerwissenschaftlichen machte, musste Carnap zugeben, dass die im *Aufbau* konstituierten Werte subjektiv im Sinne von nicht-allgemeingültig sind – entgegen der Rickertschen Vorgabe.

Da es sich auch hier um die Möglichkeit intersubjektiver Gültigkeit drehte, kann das Neidersche Argument, das sich um die Möglichkeit dreht, als Verallgemeinerung der Bedingung verstanden werden, die Carnap schon im Herbst 1929 zum Nonkognitivismus führen konnte – und, wie

26 Carnap, *Aufbau*, *op. cit.*, §§146-148; vgl. Alan Richardson, *Carnap's Construction of the World*. Cambridge: Cambridge University Press 1997, hier pp. 76-86, und Uebel, *Empiricism at the Crossroads*, *op. cit.*, pp. 131-133.

mir scheint, auch führte. Die Bedingung der Intersubjektivierbarkeit der Gegenstände der Erkenntnis wurde 1930 zur Bedingung der intersubjektiven Nachprüfbarkeit der Wissenschaftssprache als solcher. Während Carnaps Verarbeitung des Neiderschen Arguments die prinzipielle Unvereinbarkeit von objektiven Werten und jeglicher Form von Verifikationismus aufzeigt, konstatiert bereits das Problem der Intersubjektivierbarkeit von Werten im *Aufbau* den tatsächlichen Widerspruch zwischen Wertpluralismus und Objektivität. Neiders Argument spielt für Carnaps nonkognitivistische Wende zwar keine auslösende Rolle, wohl aber eine systematisierend begründende. Was demnach eine auslösende Rolle gespielt zu haben scheint, war Carnaps Erkenntnis der Tatsächlichkeit des Wertpluralismus.

Nun ist es natürlich fraglich, ob dies ca. 1929 wirklich eine neue Erkenntnis Carnaps darstellte. Genau der Wertpluralismus der Moderne war es ja, der Max Weber – seinem Selbstverständnis nach keinesfalls ein Positivist! – bereits zur vorigen Jahrhundertwende dazu geführt hatte, objektive Werte (in der Form unbedingter Werturteile) aus der Wissenschaft auszuschließen (unter dem Titel *Wertfreiheit*).[27] So ist zu erwägen, was für Carnap diese Erkenntnis zu einem Argument gegen die Rickertsche Werttheorie werden ließ, die ja ebenso keineswegs das Faktum des Wertpluralismus leugnete, sondern diesem die Idealität des Geltensollens entgegensetzte. (Mehr zu Rickerts Werttheorie in Abschnitt 3.2 unten.) War es das Verblassen dieser Idealität bzw. die wachsende Einsicht in die Unhaltbarkeit der Behauptung, hinter allen Scheinwerten die wirklich wahren erkennen zu können, die das auslösende Moment für die nonkognitivistische Wende Carnaps darstellte? Mir scheint es so – vorausgesetzt, dass Carnap tatsächlich die Rickertsche Werttheorie im *Aufbau* subskribierte.

Aber wie steht es mit dieser Voraussetzung? Die Frage erhebt sich auch, ob Carnap im *Aufbau* wirklich die Rickertsche Werttheorie in ihrem idealistischen Glanz rekonstruieren wollte. Selbst wenn man den von Mormann stark gemachten Einfluss Rickerts auf Carnap zugibt, ist immer noch zu fragen, ob Carnap intendierte, Werte als bindende normative Aufgaben jedes rationalen Subjektes zu rekonstruieren, wie es Rickert tat, oder sie einfach als (wie alle anderen „Objekte") konstituierbar und nur potentiell inter-

27 Siehe Max Weber, „Die Objektivität sozialwissenschaftlicher und sozialpolitischer Erkenntnis", in: *Archiv für Sozialwissenschaft und Sozialpolitik* 19, 1904, abgedruckt in: Max Weber, *Gesammelte Aufsätze zur Wissenschaftslehre*. Hg. v. J. Winckelmann. Tübingen: Mohr 1988, pp. 146-214. Dass sich Weber bei anderen Überlegungen auf Rickert stützt, tut hier nichts zur Sache; siehe die Bemerkungen zu Neurath und Weber in Abschnitt 2.1 unten.

subjektivierbar zu verstehen (d.h., anders als im Fall physikalischer Objekte es offen zu lassen, ob eine intersubjektive Zuordnung zu allen anderen Erkenntnissubjekten behauptet werden kann). Der Text des *Aufbaus* scheint mir offen zu lassen, ob dessen „allgemeines Synthetisierungsprogamm" nicht von Anfang an eine „lebensphilosophische" Reinterpretation Rickerts im Auge hatte, der Carnap dann später eine radikale anti-metaphysische Wendung gab, als er Lebensanschauungen jedweden rein kognitiven Wert absprach.[28] Von zentralem Interesse für diese Frage erscheint, dass §152 des *Aufbaus* zwar die Unabhängigkeit der Werte vom wertenden Bewusstsein aufzeigt, ohne sich aber auf eine „Rangfolge" dieser festzulegen. Demnach waren sie keineswegs objektiv in dem von Rickert geforderten Sinn.

Hier jedoch ist zu bedenken, dass das Phänomen des Wertpluralismus auch die Naturalisierung objektiver Werte in Frage stellt. (Um eine Erfahrung objektiver Werte zu sein, muss dem intentionalen Objekt der betreffenden Werterfahrung etwas entsprechen, und wie die physikalischen Objekte müssen diese Werte in ihrer Existenz intersubjektiv überprüfbar sein – genau, was die Erfahrung des Wertpluralismus verneint.) Im Gegensatz dazu hatte aber Carnap selbst noch im *Aufbau* behauptet, Werte ebenso mittels eines Konstitutionssytems auf physikalischer Basis konstituieren zu können. So verwies er auf „die von Ostwald (*Werte*) gegebene Ableitung der Werte verschiedener Arten auf energetischer Grundlage (im Anschluss an den zweiten Hauptsatz der Energetik, mit Hilfe des Dissipationsbegriffes)."[29] Diese Haltung Carnaps legt nahe, dass er sich bei der Abfassung des *Aufbaus* der vollen Implikationen des Wertpluralismus noch nicht bewusst war. (Dass sich noch andere gute Gründe dafür angeben lassen, dass Carnap auch diese Möglichkeit der Wertkonstitution fallen ließ, tut diesem Schluss keinen Abbruch.)[30] Es scheint also, als hätte sich Carnap noch nicht bereits im

28 Vgl. Mormann, „Werte bei Carnap", *op. cit.*, p. 173, pp. 185-186, und Gottfried Gabriel, „Introduction: Carnap Brought Home", in: Steve Awodey / Carsten Klein (Hg.), *Carnap Brought Home. The View from Jena.* Chicago–La Salle, Ill.: Open Court 2004, pp. 3-24, hier pp. 6, 9-13. Gerade diese letzte anti-metaphysische Wendung macht es auch fraglich, ob Carnaps späterem Nonkognitivismus die Bezeichnung „Lebensphilosophie" noch gemäß ist.

29 Carnap, *Aufbau*, *op. cit.*, §59.

30 Dazu merkte Mormann bereits an: „[...] characterising Ostwald's sketchy story as a 'derivation' of values, as Carnap did, amounted to a very flattering description of what he had achieved" (Mormann, „Carnap's logical empiricism, values, and American pragmatism", *op. cit.*, 133n). Dem ist hinzuzufügen, dass Ostwalds energetisches Physikprogramm, das seiner Werttheorie als Basis diente, unter Carnaps Wiener Kreis-Kollegen keine wissenschaftliche Respektabilität besaß. So widersprach Ostwalds Dissi-

Aufbau von der Rickertschen Werttheorie distanziert. Weiterhin aber bleibt die Frage aktuell, weshalb Carnap letztlich eine dem Wertidealimus entgegengesetzte Position bezog.

2.4 Internalistische und externalistische Begründungen bei Carnap

Dies also ist die langzeitliche, „internalistische" Rechtfertigung des Carnapschen Nonkognitivismus: Carnap schloss aus Neiders Argument, dass (wie Neurath weniger stichhaltig schon länger gedrängt hatte) die Einheitswissenschaft ein materialistisches Konstitutionssystem benötigt, um ihre intersubjektive Gültigkeit zu fundieren, und er antwortete auf Neuraths neue Klagen über die unangemessene Toleranz des *Aufbaus* der Geisteswissenschaft gegenüber damit, dass er jetzt jede Form der Geisteswissenschaft, die auf einer objektiven Werttheorie beruhte, aus der Einheitswissenschaft verbannte. (Dieser langzeitlichen Rechtfertigung ging offenbar die Einsicht voraus, dass empirisch erfahrener Wertpluralismus sowohl die Wertobjektivität Rickerts als auch Ostwaldsche Naturalisierungen unterminiert.)

Wenn wir dem zustimmen, dass – abgesehen von der Frage einer restlosen Reduktion – das Argument für die Notwendigkeit einer physikalistischen Grundlage der Sprache der Einheitswissenschaft triftig und die Erfassung des Widerspruchs zwischen tatsächlichem Wertpluralismus und idealistischer Wertobjektivität korrekt ist, dann war Carnap aus philosophischen Gründen voll gerechtfertigt, Rickerts objektive Werte als unwissenschaftlich zu verwerfen. Natürlich kann man sich logisch vorstellen, dass Carnap die Beschäftigung mit der Entwicklung der Einheitswissenschaft hätte fallen lassen können, um sich die Möglichkeit zu wahren, die Rickertsche Werttheorie zu akkommodieren. Es ist jedoch klar, dass Carnap weit mehr daran interessiert war, die Idee der Einheitswissenschaft zu entwickeln, als dem Transzendentalen Idealismus anzuhängen.

---

pationsgesetz der Boltzmannschen wahrscheinlichkeitstheoretischen Interpretation des zweiten thermodynamischen Gesetzes (Wilhelm Ostwald, *Philosophie der Werte*. Leipzig: Kroener 1913, pp. 103, 106), und Philipp Frank kritisierte Ostwalds „Hinaufschraubung des Energiebegriffs von einer Rechengröße zu einem mystischen Fluidum" und den „oft verschwommene[n] Charakter der Ostwaldschen Energetik" (Philipp Frank, *Das Kausalgesetz und seine Grenzen*. Wien: Springer 1932. Nachdruck Frankfurt am Main: Suhrkamp 1988, hier Nachdruck pp. 87, 89). Gegen 1929 war Carnaps jugendlicher Enthusiasmus für die Theorien eines der Hauptfiguren des deutschen Monistenbundes sicherlich erloschen.

Diese Präferenz wurde von Carnap ebenso wenig explizit begründet. Genau auf dieser metaphilosophischen Ebene lässt sich fragen, ob Carnap nicht auch selbst auf außerphilosophische Gründe zurückgreifen musste. Zuerst bemerke man hier, dass der Vorzug, den er dem Forschungsprogramm der Einheitswissenschaft gegenüber dem des transzendentalen Idealismus gab, keineswegs einen illegitimen Einbruch von subjektiven Werten in die Wissenschaft ausmacht. Nämlich gerade bei der Wahl von Forschungsprogrammen erlaubte schon Max Weber den Einfluss von Werten (unter der Bezeichnung „Wertrelevanz"). Und noch wichtiger ist, dass es sich hier, wo Carnap die Operation nicht-internalistischer – oder extra-theoretischer – Gründe zugeben muss, nicht um die Anerkennung wahrheitsfähiger Aussagen dreht, sondern um pragmatische Überlegungen bezüglich der Zweckmäßigkeit verschiedene Forschungsprogramme zu verfolgen. Mit anderen Worten: Carnaps metaphilosophische Entscheidung ist mit einem positivistischen Verständnis der Wissenschaftstheorie Webers – nämlich ohne dessen Bezug auf Rickertsche Werte – sowie seinem eigenen Verständnis des Unterschieds theoretischer Fragen und praktischer Entscheidungen völlig konform.

Natürlich können wir auch fragen, was Carnap zu dieser metaphilosophischen Entscheidung bewegte, ebenso, warum Carnap seine Opposition zu Rickerts Werttheorie im Jahre 1930 noch so verhalten vorbrachte. Mag seine grundsätzliche Entscheidung sowie seine Radikalisierung in dem Aufsatz „Überwindung der Metaphysik" des Jahres 1932 darin ihren Grund haben, dass er immer klarer sah, dass mehr als nur Philosophie im Spiele war? Das ist tatsächlich mein Verdacht. Obwohl Carnap schon 10 Jahre, bevor er nach Wien kam, kein politisch Unschuldiger war, muss seine Erfahrung dort als weitere Politisierung gelten. Unter dem Einfluss Neuraths schloss er sich der Sozialdemokratischen Partei an und nahm an sozialistischen Initiativen teil.[31] Gleichzeitig wurde ihm die politische Rolle, die gewisse philosophische Lehrmeinungen im öffentlichen Leben spielten, immer mehr bewusst. So mag dahingestellt bleiben, ob Carnap die Tatsache, dass sich Rickert mit der extremen Rechten in der deutschen Politik assoziierte, bereits bekannt war, als er „Überwindung" verfasste; dagegen muss er aber von den völkischen Tendenzen seines ehemaligen Doktorvaters Bruno Bauch gewusst haben, der selber ein ehemaliger Student Rickerts war und im Jahre 1917 als Alternative zur Kantgesellschaft, die als zu „internationalistisch" eingestellt eingeschätzt wurde, die Deutsche Philosophische

31 Siehe Uebel, *Empiricism at the Crossroads*, *op. cit.*, 135n. und 416n.

Gesellschaft gründete – die sich dann im Jahre 1933 schnellstens als dem Nationalsozialismus verpflichtet erklären sollte.[32]

Sicherlich, Carnap selbst gestand politisch-pragmatischen Überlegungen nicht zu, die Thesen seiner philosophischen Arbeit zu beeinflussen, die er als ethisch und politisch „neutral" bezeichnete.[33] Aber selbst diese akademische Redlichkeit schließt nicht aus, dass er Lehrmeinungen, die er auf rein theoretischer Grundlage als verfehlt betrachtete, mit besonderer Schärfe kritisierte, wenn sie politisch besonders schädliche Wirkungen hatten. (Auch schließt es seine akademische Redlichkeit nicht aus, Forschungsprogramme aus teilweise politisch-pragmatischen Gründen zu wählen.) Eine solche Reaktion würde die Verschärfung des Tons seiner Metaphysikkritik im Wien der frühen dreißiger Jahre ebenso erklären wie dessen Abklingen in der Zeit seines amerikanischen Exils.[34]

3. Neurath und Rickert

Mormann bemerkte einmal: „Dem Wiener Kreis galten die ‚Anti-Einheitswissenschaftler' des Südwestdeutschen Neukantianismus als ein Hort reaktionärer Metaphysik."[35] Das war natürlich Neuraths Gesichtspunkt. Um Neuraths Verwerfung der Rickertschen Werttheorie entlang entsprechender Überlegungen zu zeigen, muss erstens gezeigt werden, worin ihre Metaphysik bestand, und zweitens, was daran so reaktionär war. (Den Kernpunkt haben wir allerdings schon bei der Begründung von Carnaps

32 Siehe dazu Thomas Laugstien, *Philosophieverhältnisse im deutschen Faschismus*. Hamburg: Argumentverlag 1990; George Leaman, *Heidegger im Kontext. Gesamtüberblick zum NS-Engagement der Universitätsphilosophen*. Hamburg: Argumentverlag 1993; und Hans Sluga, *Heidegger's Crisis. Philosophy and Politics in Nazi Germany*. Cambridge, Mass.: Harvard University Press 1993. Mormann gesteht dieser politischen Dimension in Carnaps nonkognitivistischer Wende ebenso eine untergeordnete Rolle zu.

33 Rudolf Carnap, „Intellectual Autobiography", in: Schilpp, *The Philosophy of Rudolf Carnap*, *op. cit.*, pp. 3-85, hier p. 23.

34 Man beachte hier, dass Aussagen über das „Das Nichts das nichtet" schon ein Jahr vor Carnap von Neurath in einem Aufsatz in *Der Kampf*, dem theoretischen Organ der österreichischen Sozialdemokraten, explizit als „Scheinsätze" bezeichnet wurden (Otto Neurath, „Weltanschauung und Marxismus", in: *Der Kampf* 24, 1931, abgedruckt in: Neurath, *Gesammelte philosophische und methodologische Schriften*, *op. cit.*, pp. 407-412, hier Nachdruck p. 409; vgl. auch Otto Neurath, *Empirische Soziologie*. Wien: Springer 1931, abgedruckt in: Neurath, *Gesammelte philosophische und methodologische Schriften*, *op. cit.*, pp. 423-527, hier Nachdruck p. 467).

35 Thomas Mormann, *Rudolf Carnap*. München: Beck 2000, pp. 117-118.

nonkognitivistischer Wende kennen gelernt: Objektive Werte waren nicht intersubjektiv validierbar.) Zuallererst jedoch gilt es zu zeigen, dass Neurath tatsächlich so eine kritische Stellung Rickert gegenüber einnahm.

3.1 Neuraths Verwerfung der Rickertschen Philosophie

Windelband, Rickert und die südwestdeutschen Neukantianer – in seinem Briefwechsel bezeichnete Neurath sie manchmal kollektiv als „Windelbanditen" – nahmen die wissenschaftliche Begreifung der geschichtlichen Welt als ihre Aufgabe. Ihr zentraler Lehrpunkt, die radikale Trennung der Sozialwissenschaften – die Rickert selbst bewusst nicht „Geistes-", sondern „Kulturwissenschaften" nannte – von den Naturwissenschaften, stand in schärfstem Widerspruch zur Idee einer „Einheitswissenschaft", deren Entwicklung sich Neurath wie Carnap verschrieben hatten. Aus Neuraths Perspektive bestand für eine besondere „Logik der Individualität" kein Bedarf. Ebenso wenig erschien es ihm gewinnversprechend, zeigen zu wollen, wie Rickerts Wertbegriffe in einem Carnapschen Konstitutionssystem ausgedrückt werden konnten. Genau diese Werte nämlich spielten eine zentrale Rolle in Rickerts Philosophie, da sie die gesamten Kulturwissenschaften fundierten und als solche von den Naturwissenschaften trennten.

Man beachte, was Neurath einmal in einem Brief an C.G. Hempel zur Unterstützung seiner methodologischen Behauptung schrieb, dass man auch immer den weiteren Zusammenhang, in dem Theorien stehen, beachten muss und nicht nur ihren rein theoretischen Inhalt.

> Wenn man mit den empirischen Wissenschaften in Kontakte treten will, nämlich mit allen, muss man diese pragmatistisch-historisierende Art bei sich pflegen [...] Die rein logisierende Haltung [...] kann auch missbraucht werden. [...] Es gibt dann BLUBO mit Frege und Rickert mit Relationskalkül. Passen Sie auf! Das ist die Gefahr der Scholastik gewesen. Man hat dann die Logik mit dem metaphysischen Bade ausgeschüttet [...].[36]

„BLUBO" ist als eine Verkürzung des Schlüsselausdrucks „Blut und Boden" zu verstehen, der die letzte Instanz jedweder völkischen, insbesondere nazistischen Überlegungen bezeichnete und diese letzte Instanz in unkritischem Erahnen von fundamentalen Rassenunterschieden, ethnischer

---

36 Neurath an Hempel, 8. Februar 1935, Wiener Kreis Archiv, Noord Hollands Archief, Haarlem.

Suprematie und dergleichen festmachte. Dieselbe frappante Bezeichnung findet man auch in einem Brief an Carnap, in dem Neurath seiner Entrüstung Luft machte, zu der ihn die Lektüre von Schlicks „Philosophie und Naturwissenschaft" veranlasste, eines Vortrags aus dem Jahre 1929, der im Jahre 1934 in *Erkenntnis* veröffentlicht wurde.[37]

> Hast Du genauer gelesen, was Schlick über Windelband, Rickert und die Geschichtsschreibung sagt, die nichts lernen kann? Mit vollen Segeln kehrt er in den Mutterboden der BLUBO-Metaphysik zurück, natürlich nur partiell. Aber immerhin. Es ist erschütternd.[38]

Lässt das erste Zitat noch offen, ob Rickert selbst als „BLUBO-Metaphysiker" anzusehen ist, das zweite macht es klar.[39]

Was war es genau, das Neurath dazu veranlasste, Schlick der partiellen Rückkehr in den „Mutterboden der BLUBO-Metaphysik" zu zeihen? Anzumerken sind hier erstens Schlicks Erklärung, dass sich Windelband und Rickert „um die Abgrenzung der naturwissenschaftlichen Disziplinen von denen der kulturwissenschaftlichen gewisse Verdienste erworben haben", und seine Zustimmung zu der Ansicht, „dass es dem Historiker stets um die Feststellung *einmaliger* Tatsachen zu tun sei", die „*Kultur*bedeutung" besitzen.[40] Und zweitens, dass Schlick daraus die folgende Moral zog:

> Mit anderen Worten: dem letzten Sinne nach sind die Geisteswissenschaften gar nicht rein theoretisch, d.h. auf reine Erkenntnis eingestellt, sondern sie dienen in letzter Linie dem Erleben. [...] Denn es ist ja gerade ihre Schönheit und Macht und ihr unwiderstehlicher Reiz, daß sie sich nur mit dem Menschlichen im Dienste des Menschlichen beschäftigen.[41]

---

37 Wie Neurath wohl hinzugefügt hätte: an Stelle einer von ihm erwarteten Replik auf seine Antwort auf Schlicks „Über das Fundament der Erkenntnis". Siehe dazu Uebel, *Empiricism at the Crossroads*, *op. cit.*, Kapitel 9.

38 Neurath an Carnap, 2. Februar 1935 (RC 029-09-87 ASP).

39 Im ersten Zitat liegt natürlich auch eine kleine Spitze, die er gegenüber dem Adressaten des zweiten Briefzitates fallen ließ: „Rickert mit Relationskalkül" gab es ja schon einmal – nämlich im *Aufbau*!

40 Moritz Schlick, „Philosophie und Naturwissenschaft", in: *Erkenntnis* 4, 1934, pp. 378-396, hier pp. 393-394.

41 *Ibid.*

Was Neurath wohl besonders skandalös erschien, war Schlicks Bereitschaft, das Ziel sozialwissenschaftlicher Erklärungen auf dem Altar angeblich allgemeiner menschlicher Werte zu opfern (wenngleich auch Schlick, wie Neurath wusste, Werte anders begriff als Rickert).

Neurath dürfte mit Rickerts Theorie seit seiner Studienzeit bekannt gewesen sein. Sein früher Mentor Ferdinand Tönnies führte im Jahre 1902 eine heftige Kontroverse mit Rickert im *Archiv für systematische Philosophie.*[42] Thema waren Inhalt und Ton des ersten Teils von Rickerts *Die Grenzen der naturwissenschaftlichen Begriffsbildung*[43] sowie seiner Schrift *Kulturwissenschaft und Naturwissenschaft*[44]. Darin wandte sich Tönnies u.a. sowohl gegen die strenge Scheidung von Erklären und Verstehen wie auch gegen methodologische Missverständnisse der Abstammungslehre und letztlich gegen Rickerts Darstellung der materialistischen Geschichtsauffassung.[45] Neuraths

---

42 Ferdinand Tönnies, „Zur Theorie der Geschichte (Exkurs)", in: *Archiv für systematische Philosophie* 8, 1902, pp. 1-38. Heinrich Rickert, „Über die Aufgaben einer Logik der Geschichte", in: *Archiv für systematische Philosophie* 8, 1902, pp. 137-163. Ferdinand Tönnies, „Jahresbericht über Erscheinungen der Sociologie aus den Jahren 1897 und 1898. Zweiter Artikel", in: *Archiv für systematische Philosophie* 8, 1902, pp. 397-408, hier 408fn.

43 Heinrich Rickert, *Die Grenzen der naturwissenschaftlichen Begriffsbildung.* Freiburg: Mohr 1896–1902. ²1913, ³⁻⁴1921, ⁵1929. Die ersten drei Kapitel von *Grenzen* erschienen 1896, der vollständige Band, fünf Kapitel umfassend, erschien in erster Auflage 1902.

44 Heinrich Rickert, *Kulturwissenschaft und Naturwissenschaft.* Freiburg: Mohr 1899. ²1910, ³1915, ⁴⁻⁵1921, ⁶⁻⁷1926. Neudruck hg. v. F. Vollhardt, Stuttgart: Reclam 1986.

45 Siehe Tönnies, „Zur Theorie der Geschichte", *op. cit.*, pp. 11, 27-28, 38. Dass Rickerts „Quellen über die materialistische Geschichtsauffassung wirklich zum guten Teil in Sümpfen verlaufen", wie schon dort behauptet, ist emphatisch wiederholt in Tönnies, „Jahresbericht", *op. cit.*, 408fn. Rickert schrieb: „[...] die sogenannte materialistische Geschichtsauffassung [...] hängt zum großen Teil von spezifisch sozialdemokratischen Wünschen ab. Weil das leitende Kulturideal demokratisch ist, besteht die Neigung, auch in der Vergangenheit die großen Persönlichkeiten als ‚unwesentlich' anzusehen und nur das etwas gelten zu lassen, was von der Menge kommt. Daher wird die Geschichtsschreibung ‚kollektivistisch'. Vom Standpunkte des Proletariats oder von dem Standpunkt, den die Theoretiker für den der Masse halten, kommen ferner hauptsächlich die mehr animalischen Werte in Frage, folglich ist das allein ‚wesentlich', was zu ihnen in direkter Beziehung steht, nämlich das wirtschaftliche Leben. [...] Es entsteht also dadurch eine durchaus *metaphysische* Auffassung, die in formaler Hinsicht die Struktur des Platonischen Idealismus oder *Begriffsidealismus* zeigt. Die Werte werden zum wahrhaft und allein *Wirklichen* gemacht. Nur der Unterschied besteht, dass an die Stelle der Ideale des Kopfes und Herzens die Ideale des Magens getreten sind. [...] Man darf sich nicht darüber wundern, wenn von diesem Standpunkt aus die ganze menschliche Entwicklung schließlich als ein ‚Kampf um den Futterplatz' angesehen wird." (Rickert, *Kulturwissenschaft und Naturwissenschaft*, Nachdruck p. 141) Rickerts Versuch, auf Tönnies' Kritik mittels eines Verweises auf eine die sozialistische Wahlstrategie betreffende

kritische Bemerkung bereits aus dem Jahre 1910 zu Webers bekanntem Aufsatz „Die Objektivität sozialwissenschaftlicher und sozialpolitischer Erkenntnis"[46] – „wo sich viel Förderndes zu dieser Frage neben manchem Irrigen findet", nämlich der Frage des Verhältnisses von Erfahrungsurteil zu Werturteil[47] – bezieht sich wohl gerade auf die Rickertschen Einflüsse, zu denen sich Weber ausdrücklich bekannte.[48] Für Neurath machten Rickerts Überlegungen zur fundamentalen Wertbeziehung der Kulturwissenschaften das Projekt einer empirischen Sozialwissenschaft zu einer Unmöglichkeit: nicht nur stellten sie etwas typisch Menschliches – Wertungen nämlich – als der Wissenschaft unzugänglich dar, sondern sie versagten damit auch jedweden sozialen Problemen ihre wissenschaftliche Behandlung (von einer marxistischen ganz zu schweigen).

3.2 Rickerts Werttheorie

Für Rickert war die Welt, von der die Kulturwissenschaften sprachen, eine ganz andere Welt als die, von der die Naturwissenschaften sprachen. Während die letzteren Tatsachen feststellten und diese mit Gesetzen größtmöglicher Allgemeinheit zu erklären versuchten, befassten sich die ersteren mit Werten, die individuelle Ereignisse wie auch Personen mit „kultureller Bedeutung" versahen. Damit war aber für die Kulturwissenschaften kein Relativismus intendiert: Diese Werte und die von ihnen abhängenden Bedeutungen wurden als voll objektiv verstanden. Diese Objektivität bedurfte allerdings, wie wir gleich sehen werden, einer gehörigen Portion Transzendentalphilosophie. Und obwohl Rickert immer wieder beteuerte, dass Kulturwissenschaft zwar essentiell wertbezogen sei, von ihren Praktikanten aber keinerlei Wertungen verlangte – und somit auch nicht von Wissenschaftlern verlangte, über die Wissenschaft hinauszugehen[49] –,

---

Rede Lasalles zu entwerten (*ibid.*, pp. 141-142), verfehlt sein Ziel.

46 Max Weber, „Die Objektivität sozialwissenschaftlicher und sozialpolitischer Erkenntnis", in: *Archiv für Sozialwissenschaft und Sozialpolitik* 19, 1904, abgedruckt in: Max Weber, *Gesammelte Aufsätze zur Wissenschaftslehre.* Hg. v. Johann Winckelmann. Tübingen: Mohr 1988, pp. 146-214.

47 Otto Neurath, „Zur Theorie der Sozialwissenschaften", in: *Jahrbuch für Gesetzgebung, Verwaltung und Volkswirtschaft im Deutschen Reich* 34, 1910, abgedruckt in: Neurath, *Gesammelte philosophische und methodologische Schriften*, *op. cit.*, pp. 23-46, hier Nachdruck 42fn.

48 Weber, „Die Objektivität sozialwissenschaftlicher und sozialpolitischer Erkenntnis", *op. cit.*, hier Nachdruck pp. 146f.

49 So betonte Rickert, „[…] dass die *Beurteilung* des objektiven Wertes etwas ganz anderes ist als die historische *Beziehung* auf den Wert […] Werten muss immer *Lob* oder *Tadel*

erschien es auch ganz anderen Kritikern als Neurath, als sei der Rickertsche Versuch einer Neugründung der Geschichtswissenschaft auf der Basis des transzendentalen Idealismus gänzlich misslungen.[50] Betrachten wir genauer warum.

Da der hier für uns springende Punkt nicht darin liegt, den Rickertschen Begriff der Geschichtswissenschaft oder gar der Erkenntnis selber zu kritisieren, können wir davon absehen, im Detail zu verfolgen, wie sich seine Werttheorie aus seinen Überlegungen zu deren Methodologie bzw. „Logik" in *Grenzen* oder *Kulturwissenschaft* entwickelt, oder gar aus seinen allgemeinen Überlegungen in seiner *Einführung in die Transzendentalphilosophie* (wie sein *Der Gegenstand der Erkenntnis* untertitelt ist),[51] obwohl in diesen Werken dafür reichlich Material gegeben ist. Betrachten wir also, wie sich das Wertproblem in Rickerts popularisierender Schrift *Kulturwissenschaft und Naturwissenschaft* darstellt.

Individualisierende, ideographische Wissenschaft bedarf eines Prinzips der Auswahl der einzelnen Tatsachen, die sie untersucht, da hier eben das Kriterium kontrollierbarer Wiederholbarkeit keine Anwendung finden kann.

> Durch die *Werte*, die an der Kultur haften, und durch die Beziehung auf sie wird der Begriff einer darstellbaren historischen Individualität als eines realen Trägers von Sinngebilden erst *konstituiert*.[52]

Welches sind nun diese Werte, derer die Kulturwissenschaft bedarf?

---

sein. Auf Werte *beziehen* ist *keins* von beiden." (Rickert, *Kulturwissenschaft und Naturwissenschaft*, *op. cit.*, Nachdruck pp. 116 und 114)

50 Siehe Hans-Ludwig Ollig (Hg.), *Neukantianismus. Texte der Marburger und der Südwestdeutschen Schule, ihrer Vorläufer und Kritiker.* Stuttgart: Reclam 1982, pp. 40-41, 49-50, für zusammenfassende Urteile von Troeltsch, Scheler, Plessner, Lukacs, Bloch und Mitgliedern der Frankfurter Schule. Dazu auch Friedrich Vollhardt, „Nachwort", in: Rickert, „Die Grenzen der naturwissenschaftlichen Begriffsbildung", op. cit., Nachdruck pp. 190-191, 200-201. Aus dem englischsprachigen Raum vgl. die ähnlichen Urteile von Maurice Mandelbaum, *The Problem of Historical Knowledge.* Chicago: Liveright 1938, Nachdruck New York: Harper & Row 1967, hier Nachdruck pp. 119-146; und Georg Iggers, *The German Conception of History. The National Tradition of Historical Thought from Herder to the Present.* Middletown: Wesleyan University Press 1968, pp. 152-159.

51 Heinrich Rickert, *Der Gegenstand der Erkenntnis. Einführung in die Transzendentalphilosophie.* Tübingen: Mohr 1892, ²1903, ³1915, ⁴⁻⁵1921, ⁶1929.

52 Rickert, *Kulturwissenschaft und Naturwissenschaft*, *op. cit.*, Nachdruck p. 106.

> Die Religion, die Kirche, das Recht, der Staat, die Sitten, die Wissenschaft, die Sprache, die Literatur, die Kunst, die Wirtschaft und auch die zu ihrem Betrieb notwendigen technischen Mittel sind, jedenfalls auf einer gewissen Stufe ihrer Entwicklung, Kulturobjekte oder *Güter* genau in dem Sinne, daß der an ihnen haftende Wert entweder von allen Gliedern der Gemeinschaft als gültig anerkannt, oder seine Anerkennung ihnen *zugemutet* wird.[53]

Man bemerke: Die Rede von den kulturellen Werten erhebt Anspruch auf Allgemeingültigkeit. Ihre Objektivität ist allerdings etwas „eigentümlicher Art", wie es Rickert selbst einmal formulierte.[54]

Zuerst betont er, um den Unterschied seines transzendentalen Idealismus vom platonischen Begriffrealismus herauszustellen, dass Werte keine einfach anders gearteten Gegenstände seien.

> Werte sind keine Wirklichkeiten, weder physische oder psychische. Ihr Wesen besteht in ihrer *Geltung*, nicht in ihrer *Tatsächlichkeit*. Doch sind Werte mit Wirklichkeiten *verbunden* [...].[55]

Geltung ist von Tatsächlichkeit grundverschieden. Man bemerke jedoch, dass Werte mit dem Sein verbunden sind: Nur mit Bezug auf sie konstituiert sich die historische Wirklichkeit. Aus diesem Grund erscheint Rickerts Strategie, jedweden Metaphysikverdacht mit dem Hinweis auf den Unterschied von Geltung und Tatsächlichkeit abwenden zu können, einfach hohl. Konstitutionstheorie ist metaphysisch, geht sie erst einmal über die Konstitution von Begriffsrahmen hinaus und erhebt Anspruch Wirklichkeit – und sei es auch „nur" die empirische – zu konstituieren.

Was aber an der Objektivität der Rickertschen Werte besonders „eigentümlich" ist, ist die Art ihrer Geltung. Zuerst behauptete Rickert, ihre „empirische Objektivität" sei problemlos, da deren tatsächliche Anerkennung leicht feststellbar sei.

> Diese *Allgemeinheit der Kulturwerte* ist es, welche die individuelle *Willkür* der geschichtlichen Begriffsbildung beseitigt, und auf der also ihre „Objektivität" beruht. Das historisch Wesentliche darf nicht nur für

53 *Ibid.*, p. 40.

54 *Ibid.*, p. 163.

55 *Ibid.*, p. 11.

> dieses oder jenes einzelne Individuum, sondern es muß *für alle bedeutsam* sein. [...] da muß klar sein, daß auch mit Rücksicht auf die Allgemeinheit der Kulturwerte die empirische Objektivität *prinzipiell* gesichert ist. Daß nämlich bestimmte Güter innerhalb einer Kulturgemeinschaft allgemein gewertet werden, oder daß man den Gliedern der Gemeinschaft zumutet, die Wirklichkeiten zu pflegen, an denen diese Werte haften, also die Kultur zu fördern, ist ein *Faktum*, das sich im Prinzip ebensogut wie jedes andere Faktum feststellen läßt, und damit kann der Historiker sich begnügen.[56]

Hier müssen wir allerdings fragen: Warum gerade diese Werte: Religion, Staat, Recht, Sitten etc.? Und wir können fragen: W*essen* Werte können auch anderen zugemutet werden?

Dass diese Auswahl nicht unkontrovers ist, wird in Rickerts Kampfstellung dem historischen Materialismus gegenüber offensichtlich.[57]

> Hat man sich die Wertgesichtspunkte, auf denen der „historische Materialismus" beruht, einmal klargemacht, so sieht man, was von der *Objektivität* solcher Geschichtsschreibung zu halten ist. Sie ist vielmehr das Produkt der Parteipolitik als Wissenschaft.[58]

Die Frage liegt auf der Hand: Wieso sind Untersuchungen im Rahmen des historischen Materialismus nur „Parteipolitik", während Würdigungen des Werks Bismarcks oder anderer großer Persönlichkeiten objektive Wissenschaft darstellt?

So ist sich auch Rickert bewusst, dass noch eine gehörige Portion Transzendentalismus benötigt wird, damit sein Bezug auf „allgemein Kulturmenschliches" mehr Gewicht hat als ein Hinweis auf den Denkhabitus höherer preußischer Beamter. Noch dazu wollte auch Rickert nicht im reinen „Historismus" – dessen Konsequenzen er sehr genau ausführte[59] – stecken bleiben. Wie meinte er nun, ihm entgehen zu können?

---

56 *Ibid.*, pp. 122-123.

57 Siehe dazu auch Anm. 45 oben.

58 *Ibid.*, p. 142.

59 Siehe *ibid.*, pp. 164-165.

Seine Frage

> Müssen wir also nicht die Geltung von übergeschichtlichen Werten und durch sie konstituierte Sinngebilde voraussetzen, denen die faktisch anerkannten geschichtlichen Kulturwerte wenigstens näher oder ferner stehen? Wird nicht erst dadurch die Objektivität der Geschichte der der Naturwissenschaft ebenbürtig?[60]

war keinesfalls nur rhetorisch. Auch parallele Überlegungen führten ihn zu diesem Resultat:

> Kurz, die Einheit und Objektivität der Kulturwissenschaften ist bedingt von der Einheit und Objektivität unseres Kulturbegriffes und diese wiederum von der Einheit und *Objektivität der Werte*, die wir werten.[61]

Dass solche Ausführungen der Parteilichkeit der Rickertschen Metaphysik keinen Abbruch tun und nur die Unmöglichkeit ihrer Objektivität bezeugen, braucht wohl nicht weiter belegt zu werden.

Bisher sprach ich nur von Rickert. Dass das Gesagte auch auf die Philosophie von Bruno Bauch zutrifft, kann durch eine kurze Blütenlese aus Bauchs *Wahrheit, Wert und Wirklichkeit* belegt werden.

> Der Wert ist also zwar Aufgabe, aber er ist *nicht nur Aufgabe*. Er ist Aufgabe lediglich insofern ein Subjekt sich nach ihm richten kann und richten soll, um seinen Gehalt derart in der Wirklichkeit zur Darstellung zu bringen, daß es diese nach ihm gestaltet, sei es im Denken nach der Wahrheit, sei es im Wollen und praktischen Handeln nach dem ethischen Wert. Aber der Gehalt des Wertes besteht unabhängig von dieser Darstellung im Wirklichen. Denn der Gehalt besteht rein in seiner Geltung, also objektiv. In der Geltung besteht die Objektivität des Wertes rein als Wertes; erst in seiner Beziehung auf die Wirklichkeit,

---

60 *Ibid.*, pp. 165-166.

61 *Ibid.*, p. 168. Wiederum fügt Rickert hinzu: „Das heißt nicht, daß der Universalhistoriker ein inhaltlich genau *bestimmtes Wertsystem* braucht, dessen Geltung er selbst zu *begründen* vermag, aber er muß voraussetzen, daß *irgendwelche* Werte *absolut* gelten, und daß daher die von ihm seiner wertbeziehenden Darstellung zugrunde gelegten Werte nicht ohne Beziehung zum absolut Gültigen sind, denn nur dann kann er anderen Menschen zumuten, das, was er als wesentlich in seine Darstellung aufnimmt, auch als bedeutsam für das, was absolut gilt, anzuerkennen." (*Ibid.*, p. 166)

> insbesondere auf das wirkliche Subjekt seiner Darstellung, ist er Aufgabe. [...] Die Aufgabe, so kann man das auch ausdrücken, empfängt ihren Gehalt vom reinen Geltungsgehalt des Wertes. Sie tritt so vermittelnd zwischen den reinen Wert und die Wirklichkeit, die durch die Aufgabeerfüllung sinnvoll gestaltet wird. Darum ist der Wert sinngebend, die Wirklichkeit sinn-empfangend, und dieses Geben und Empfangen vermittelt die Aufgabe.[62]

Wieder steht hier der Wert rein in seiner angeblich universellen Geltung, die aber keineswegs immer – wenn überhaupt – intersubjektiv nachvollziehbar ist. Und auch wenn Bauch hier die Rickertsche Werttheorie noch mehr veranschaulichte – wenn nicht gar moralisch versinnbildlichte –, als es diese schon getan hatte, so ist die Konvergenz ihrer Anschauungen doch offensichtlich.

3.3 Die völkische Dimension der Rickertschen Werttheorie

Die Antwort auf eine Frage steht noch aus: „Metaphysik ja, aber warum denn gleich ‚BLUBO'?" Hier ist zu bemerken, dass Rickert in den zwanziger Jahren seinen wissenschaftsphilosophischen Anschauungen eine systematische Überhöhung gab, die seine Metaphysik der Ausbeutung durch Phantasmen aller Art bereitstellte. Unter Werte wie Kirche und Staat u.s.w. – die ihrerseits schon der bürgerlichen Parteilichkeit verdächtig genug waren – nahm Rickert nun einen weiteren auf: das Volk. Damit reihte er sich, wie sein früherer Schüler Bruno Bauch, in die Phalanx deutscher Denker, die sich dem kommenden Führer zu Diensten stellten.

So können wir einem kleinen Aufsatz aus dem *Logos* des Jahres 1932, der das Rickertsche System einmal selten bündig zusammenfasst, die folgende Bestimmung der Aufgabe der „philosophischen Anthropologie" lesen.[63]

---

62 Bruno Bauch, *Wahrheit, Wert und Wirklichkeit.* Leipzig: Meiner 1923, pp. 471-472. Ähnliche Ausführungen sind zu finden in: Bruno Bauch, *Die Idee.* Leipzig: Reinicke 1926, p. 169.

63 Hier (Heinrich Rickert, „Thesen zum System der Philosophie", in: *Logos* 21, 1932, pp. 97-102, Nachdruck in: Ollig, *Neukantianismus, op. cit.*, Nachdruck pp. 174-181) fasste Rickert sowohl sein *System der Philosophie* (Heinrich Rickert, *System der Philosophie. Erster Teil: Allgemeine Grundlegung der Philosophie.* Tübingen: Mohr 1921) als auch die allgemeinphilosophischen Zusätze zusammen, die seine Werke *Der Gegenstand der Erkenntnis*, *Die Grenzen der naturwissenschaftlichen Begriffsbildung* und *Kulturwissenschaft und Naturwissenschaft* in späteren Auflagen erfahren haben.

> Bedeutung und Sinn aber sind logisch-begrifflich in ihrer Eigenart nur auf Grund einer Wertlehre zu bestimmen. Daher ist die *philosophische* Anthropologie vor allem auf dem Teil der Ontologie aufzubauen, der die intelligible Welt in ihrer Eigenart erkennt. Sie stellt den Menschen in den Mittelpunkt und sucht nach dem *Universum* der Werte, die seinem Leben Sinn und Bedeutung verleihen. [...] Die Werte, die sie darstellt, hat sie so *aufzufinden*, daß sie dabei an die realen *Güter der Kultur* anknüpft, in denen sie „verkörpert" und zugänglich geworden sind. Bei dem Versuch einer universalen *Gliederung* der Werte sind solche Güter, die *Eigenwert* besitzen, wie Wissenschaft, Kunst, Familie, Volk, Recht, Staat u.a. von denen zu scheiden, denen Wert nur als *Mittel* zukommt, wie Vitalität, Wirtschaft, Technik u.a., und die insofern lediglich *Bedingungswerte* tragen. Ein Menschenleben, das seine Bedeutung ausschließlich von Bedingungswerten her erhält, kann nur in einer „bedingten" Weise als sinn- und wertvoll gelten. Die Eigenwerte, die autonom gewertet werden, stehen daher im Zentrum der philosophischen Anthropologie. Doch ist auch hier wieder darauf zu achten, daß es sich nicht nur um Güter zu handeln braucht, die als Kulturgüter in der diesseitigen (sensiblen und intelligiblen) Welt vorkommen, sondern daß auch solche Güter in Betracht gezogen werden müssen, die als „Wertrealitäten" jenseits der Erfahrungswelt liegen können, in einer Sphäre des Seins also, die ontologisch als metaphysisch zu bezeichnen ist.[64]

Dass hier nicht nur philosophischem Unfug Tür und Tor geöffnet wurde, sondern auch einer gerade in Aszendenz befindlichen politischen Ideologie Beistand geleistet wurde – deren angeblich letzte Instanz „das Volk" war –, ist wohl kaum zu bestreiten.

Dass dies ebenso wenig nur ein bedauernswerter Ausrutscher eines alten und eventuell verbitterten Mannes war, kann auch mit Hinweis auf die speziell deutsche Tradition der Geschichtsschreibung argumentiert werden. (Hierzu wären die einschlägigen Untersuchungen von Fritz Ringer und Georg Iggers heranzuziehen.[65]) Zur Verstärkung meiner These, dass

---

64 Rickert, „Thesen zum System der Philosophie", Nachdruck pp. 179-180.

65 Siehe Fritz Ringer, *The Decline of the German Mandarins. The German Academic Community 1890–1933*. Cambridge, Mass.: Harvard University Press 1969 (Übersetzung als *Die Gelehrten. Der Niedergang der deutschen Mandarine 1890–1933*. Stuttgart: Klett 1983, Neudruck München: Deutscher Taschenbuch Verlag 1987) und Iggers, *The German Conception of History*, *op. cit.*

Neurath die vorliegende Werttheorie zu recht als „BLUBO-Metaphysik" bezeichnete, kann aber auch eine weitere „Veranschaulichung" Bauchs des Rickertschen Wertobjektivismus herangezogen werden.

Die Frage, ob denn alle Werte gleichwertig seien, versuchte Rickert noch damit zu umgehen, dass er die Möglichkeit offen ließ, manchen angeblichen Werten ihren Wertstatus abzusprechen. Stattdessen erlaubte sich Bauch, von einer hierarchischen Ordnung der Werte zu sprechen und dieser gemäß Bevölkerungen – biologisch verstandene menschliche Rassen – als deren potentielle Verwirklicher zu differenzieren und zu werten.

> Das Moment der Wertverwirklichung wird also entscheidend für die Wertunterschiede innerhalb des Wirklichen, und zwar im doppelten Sinne, einmal unmittelbar als Wertdarstellung und sodann als Fähigkeit zu solcher Wertdarstellung. [...] Daß zwischen unserer Rasse und dem Afrikaneger z.B. in diesem Sinn Wertunterschiede bestehen, liegt auf der Hand. In diesem Sinne also darf von Höher- oder Minderwertigkeit der Rassen durchaus gesprochen werden. Sie müßte also bedeuten die größere oder geringere Geeignetheit oder Fähigkeit zur Darstellung von Werten, welche Geeignetheit oder Fähigkeit immer nur durch wirkliche Darstellung von Werten verbürgt sein kann. Die richtige Einsicht in die Fähigkeitsunterschiede der verschiedenen Rassen zur Wertdarstellung kann andererseits für diese Wertdarstellung selber von so gewaltiger praktischer Bedeutung werden, daß es geradezu eine Sünde ist, sich leichtfertig darüber hinwegzusetzen. Der an sich nicht übel gemeinte Import der Afrikaneger nach Amerika beweist das in einer für Amerika verhängnisvollen Weise.[66]

Was bei Rickert noch relativ andeutungsweise vorliegt, wurde hier von Bauch klar ausgesprochen. Von hier war kein weiter Weg mehr zu der völlig vernazifizierten Philosophie, die der vormals respektable Logiker Ernst Mally kurz nach dem „Anschluss" als Schulbuchtext für den Propädeutikunterricht an den österreichischen Mittelschulen vorlegte.[67]

---

66 Bauch, *Wahrheit, Wert und Wirklichkeit, op. cit.*, p. 498.

67 Zur Diskussion dieses besonders unersprießlichen Textes siehe Thomas Uebel, *Vernunftkritik und Wissenschaft. Otto Neurath und der erste Wiener Kreis.* Wien: Springer 2000, Kapitel 8.3, und Thomas Uebel, „History of Philosophy of Science and the Politics of Race and Ethnic Exclusion", in: Michael Heidelberger / Friedrich Stadler (Hg.), *Wissenschaftsphilosophie und Politik / Philosophy of Science and Politics.* Wien: Springer 2003, pp. 91-118.

4. Schluss

Um zusammenzufassen: Aus seiner wissenschaftslogischen Perspektive hatte Carnap am Anfang der dreißiger Jahre gute internalistische Gründe, innerhalb seines Systems die Möglichkeit der Konstituierung Rickertscher Werte aufzugeben, sowie gute externalistische Gründe dafür, nicht das einheitswissenschaftliche Forschungsprogramm gegen das des transzendentalen Idealismus auszutauschen. Sollte er tatsächlich gegen Ende der zwanziger Jahre eine nonkognitivistische Wende vollzogen haben, dann war das keinesfalls ein blinder Rückfall in jugendliche Schwärmerei.

Neurath seinerseits hatte seit seiner Studienzeit ebenfalls gute Gründe, Rickerts Philosophie der Kulturwissenschaften – und damit auch seiner Werttheorie – zu widersprechen. Sie machte empirische Sozialwissenschaft unmöglich. Sein Eintreten für ein solches empirisches Forschungsprogramm war ebenso wie Carnaps von Anfang an pragmatischer Natur. Dabei brauchte er, seiner Perspektive der Wissenschaftspragmatik entsprechend, aber nicht so scharf zwischen internalistischen und externalistischen Beweggründen unterscheiden. Dass Rickerts Werttheorie in den zwanziger und dreißiger Jahren zunehmend „BLUBOsiert" wurde, konnte ihn nur in seinem negativen Urteil bestärken, da es für ihn, anders als für Carnap, keine wesentlich neuen Gesichtspunkte einbrachte.

Ob Carnaps und Neuraths Argumente allerdings auch den Nonkognitivismus als solchen gegenüber anderen Alternativen zu verteidigen vermögen, ist eine Frage, die zu beantworten hier nicht unternommen wurde. Angesichts der anhaltenden Diskussion darüber, ob eine den heutigen Ansprüchen genügende Version des Nonkognitivismus entwickelt werden kann, erscheint es mir aber fragwürdig, Carnaps und Neuraths anfangs noch recht grobe Ansätze von vornherein als verfehlt zu betrachten.[68]

---

68 Siehe z.B. Allan Gibbard, *Wise Choices, Apt Feelings. A Theory of Normative Judgment.* Oxford: Clarendon Press 1990.

Anne Siegetsleitner

Schlicks *Fragen der Ethik* und die vorherrschende Sicht logisch-empiristischer Ethik

1. Einleitung

Zur vorherrschenden Sicht vom Verhältnis der Logischen Empiristinnen und Empiristen zu Werten und Moral zählt die Ansicht, diese hätten wenig bis keinerlei Interesse an Werten und Moral gezeigt. Diese Ansicht wird genau genommen in zwei Varianten vorgebracht: In der ersten Variante wird behauptet, Werte und Moral seien für diese persönlich als Menschen und Bürger(innen) unwichtig gewesen. Die zweite Variante bezieht sich auf die fachliche Ebene und besagt, Werte und Moral seien für sie fachlich als Philosoph(inn)en bzw. Wissenschaftler(innen) von geringem bis keinem Interesse gewesen.

Die erste Variante ist für Moritz Schlick, den Gründer des Wiener Kreises, wie für viele andere Logische Empirist(inn)en sicherlich zurückzuweisen. Schlick war von Jugend an bis zu seiner Ermordung 1936 an moralischen Fragen interessiert, was sich in späteren Jahren u.a. an seinem Engagement in der Ethischen Gemeinde zeigte.[1] Schon in seiner Jugend dachte er eingehend über Fragen der Moral und der Lebensführung nach. Einen deutlichen Niederschlag fand dies in seiner Jugendpublikation *Lebensweis-*

1 Siehe Sonja Kato-Mailáth-Pokorny im vorliegenden Band, pp. 61-80. Die Ethische Gemeinde Wien war aus der Ethischen Gesellschaft Wien hervorgegangen, deren maßgeblicher Initiator der Ordinarius Friedlich Jodl gewesen war, dem Moritz Schlick auf dem Lehrstuhl nachfolgte. Schlick gehörte seit 1926 dem Ausschuss der Ethischen Gemeinde an und referierte dort zum Beispiel 1928 über „Ethik der Pflicht und Ethik der Güte".

heit. Versuch einer Glückseligkeitslehre[2], die er 1907 (vordatiert auf 1908[3]) als 26-Jähriger veröffentlichte. Vorarbeiten hierzu sind bereits in einem Notizbuch aus den Jahren 1898 belegt.[4] Schlick war ein engagierter, wenn auch nicht parteipolitisch engagierter, liberaler Bürger und Humanist.

Doch ebenso wenig wie die erste trifft die zweite Behauptung, Werte und Moral seien für die Logischen Empirist(inn)en fachlich als Philosoph(inn)en/Wissenschaftler(innen) unwichtig gewesen, auf Schlick eindeutig nicht zu. Schlick war durchaus davon überzeugt, die Philosophie habe Entscheidendes für die moralische Lebenspraxis beizutragen. In einer Zeit, die Schlicks logisch-empiristischer Phase zuzurechnen ist, nämlich 1930, erschien sein ethisches Hauptwerk *Fragen der Ethik*.[5] Es wurde als Band 4 der von Schlick und Philipp Frank gemeinsam herausgegebenen Schriftenreihe *Schriften zur wissenschaftlichen Weltauffassung* veröffentlicht. Herbert Feigl, Schlicks Lieblingsschüler und ebenfalls Mitglied des Wiener Kreises, stellte die Lage in seinem Nachruf auf Schlick deshalb angemessen dar, wenn er formulierte: „Von Anfang an waren ihm die Probleme der Lebensanschauung mindestens so wichtig wie die Aufgaben der Erkenntnislogik, deren Bearbeitung er wohl vornehmlich seinen Weltruf als Philosoph verdankt."[6] In seiner Autobiographie aus der Zeit um 1920 teilt Schlick selbst mit, er hätte – zumindest bis dahin – auf den Namen eines Philosophen

---

2 Moritz Schlick, *Lebensweisheit. Versuch einer Glückseligkeitslehre*. München: C. H. Beck 1908. Auch in: Moritz Schlick, *Lebensweisheit. Versuch einer Glückseligkeitslehre. Fragen der Ethik*. Hg. und eingeleitet von Mathias Iven. Wien: Springer 2006 (= Moritz Schlick Gesamtausgabe, Abt. 1, Bd. 3 [= MSGA 1, 3]). Die Seitenangaben beziehen sich im Folgenden jeweils auf die Originalveröffentlichungen. Die Angaben finden sich in der MSGA als Marginalie. Zur *Lebensweisheit* siehe auch: Anne Siegetsleitner, „Evolution und ihre Beziehung zur Ethik in Moritz Schlicks Jugendwerk *Lebensweisheit*", in: Maria Fürst / Wolfgang Gombocz / Christian Hiebaum (Hg.), *Analysen, Argumente, Ansätze. Beiträge zum 8. Internationalen Kongress der Österreichischen Gesellschaft für Philosophie in Graz*. Bd. 2. Frankfurt am Main: Ontos 2008, pp. 75-83.

3 Siehe Mathias Iven, „Editorischer Bericht" [*Lebensweisheit*], in: MSGA 1, 3, pp. 19-40, hier p. 35.

4 Moritz Schlick, [*Vorarbeiten zur Glückseligkeitslehre*], Inv.-Nr. 156, A. 110. Die Inventarnummern verweisen auf das Inventarverzeichnis zum *Wiener-Kreis-Archiv*, Nachlass Moritz Schlick, in der Fassung vom April 2007. Der Nachlass befindet sich im *Noord-Hollands Archief* (Haarlem).

5 Moritz Schlick, *Fragen der Ethik*. Wien: Springer 1930 (= Schriften zur wissenschaftlichen Weltauffassung Bd. 4). Auch in: MSGA 1, 3, pp. 346-536.

6 Herbert Feigl, „Moritz Schlick", in: *Erkenntnis* 7, 1937/38, pp. 393-419, hier p. 395. Der Nachruf sollte zum ersten Jahrestag von Schlicks Ermordung erscheinen, konnte jedoch erst verspätet abgedruckt werden.

keinen Anspruch erhoben, wenn sich sein Nachdenken auf das Gebiet der erkenntnistheoretischen Grundlagen der Naturwissenschaft beschränkt hätte.[7] Als Studienfach wählte Schlick bekanntlich dennoch nicht die Philosophie, sondern die Physik. Begründet liegt dies in Schlicks Auffassung, das offizielle Studium habe sich der Gewinnung solider Grundlagen zu widmen. Die Bildung einer Weltanschauung, die er damals für die Aufgabe der Philosophie hielt, sei hingegen den „Feierstunden des Daseins" vorbehalten.[8] Was seine spätere Lehr- und Forschungstätigkeit anbelangt, wanderten einige der Problembereiche, die vormals den „Feierstunden des Daseins" zugewiesen worden waren, dessen ungeachtet in die berufliche Sphäre.

Schlick publizierte drei Werke, die sich explizit mit Fragen der Lebensführung und Moral auseinandersetzten. Neben der bereits erwähnten *Lebensweisheit* und den *Fragen der Ethik* veröffentlichte er 1927 eine kleine Schrift mit dem Titel „Vom Sinn des Lebens"[9]. Entstanden war die Schrift schon 1921, als er einen gleichlautenden Vortrag auf Einladung der Berliner Ortsgruppe des *Deutschen Monistenbundes* einen öffentlichen Vortrag hielt. Außerdem finden sich im Schlick-Nachlass Arbeiten an unvollendeten Werken – z.B. einer *Philosophie der Jugend* – sowie zahlreiche thematisch einschlägige Vorlesungsmanuskripte und Seminarmitschriften. Von 1921–1922 war Schlick in Kiel sogar Professor für Naturphilosophie und Ethik gewesen, und auch in Wien lehrte er vom ersten Semester an Ethik. Aus diesen Gründen wäre es schlicht falsch, ihm ein allgemeines fachliches Desinteresse an Werten und Moral nachzusagen; nicht einmal für seine logisch-empiristische Phase lässt sich dies begründet behaupten.

Im vorliegenden Beitrag werde ich Schlicks Ausführungen zur Ethik – hiermit meine ich die philosophische und wissenschaftliche Beschäftigung mit Lebensführung und Moral – in den *Fragen der Ethik* untersuchen. Zum einen wird darin eine systematische Darstellung zentraler Thesen des Werkes erfolgen. Zum anderen werde ich Schlicks Auffassung von Ethik mit jener der vorherrschenden Sicht logisch-empiristischer Ethik vergleichen. Diese umfasst im Wesentlichen folgende Thesen:

---

7 Moritz Schlick, [„Lebenslauf"]. Wahrscheinlich zwischen 1918 und 1922 entstanden. Inv.-Nr. 82, C. 2a., pp. 2, 7.

8 *Ibid.*, p. 8.

9 Moritz Schlick, „Vom Sinn des Lebens", in: *Symposion. Philosophische Zeitschrift für Forschung und Aussprache* 1, 1927, pp. 331-354. Gleichzeitig erschienen als Sonderdruck des *Symposion* (Heft 6), Berlin-Schlachtensee: Weltkreis-Verlag 1927. Auch in: Moritz Schlick, *Die Wiener Zeit. Aufsätze, Beiträge, Rezensionen, 1926–1936*. Hg. und eingeleitet von Johannes Friedl und Heiner Rutte. Wien: Springer 2008 [=MSGA 1, 6], pp. 99-125.

1. Empirische Untersuchungen (insbesondere psychologische, soziologische oder historische) zählen zu den legitimen Aufgaben logisch-empiristischer Ethik.
2. Die Analyse moralischer Sprache zählt zu den legitimen Aufgaben logisch-empiristischer Ethik. Alle Logischen Empirist(inn)en vertraten einen metaethischen Nonkognitivismus (wenn nicht gar Emotivismus), und nur ein Nonkognitivismus ist mit logisch-empiristischen Grundannahmen vereinbar. Möglich bleiben Aussagen über die Bedeutung und Funktionsweise moralischer Urteile, in denen moralische Urteile auf einer nonkognitivistischen Basis rekonstruiert werden.
3. Eine normative Ethik zählt nicht zu den legitimen Aufgaben logisch-empiristischer Ethik. In den logisch-ethischen Arbeiten zur Moral findet sich keine normative Ethik.[10]

Zwei Themengebiete werde ich hierbei eingehender analysieren, nämlich die Frage nach einer Absage an eine normative Ethik und die Einordnung von Schlicks Theorie moralischer Werte im metaethischen Raster von Kognitivismus und Nonkognitivismus.

2. Ethik als Moralpsychologie

Schon im Vorwort zu den *Fragen der Ethik* spricht Schlick explizit davon, seine Schrift enthalte Sätze im strengen Sinne, nämlich solche, die das Verhalten der Menschen beträfen und die deshalb in den Bereich der Psychologie fielen. Die Psychologie ist für ihn nämlich die „empirische Wissenschaft von den Gesetzen des Seelenlebens"[11] bzw. des menschlichen Verhaltens. Die empirische Ethik stellt für ihn somit eine Teildisziplin der Psychologie dar. Ihre zentrale Aufgabe liege in der Erklärung des moralischen Handelns, und dies heißt für Schlick wiederum, dieses Handeln auf Gesetze zurückzuführen.[12] Die Grundfrage der Ethik, die Schlick in den *Fragen der Ethik* moralpsychologisch behandeln will, lautet: Warum handelt der Mensch moralisch?

Schlicks Antwort besteht in einer hedonistischen Handlungs- und Motivationstheorie. Eine zentrale Rolle wird hierbei einem allgemeinen

10 Siehe Anne Siegetsleitner, „Logischer Empirismus, Werte und Moral: Anmerkungen zur vorherrschenden Sicht" im vorliegenden Band.

11 Schlick, *Fragen der Ethik*, *op. cit.*, p. 21.

12 *Ibid.*, p. 105.

Motivationsgesetz eingeräumt: „[…] von den als Motiv wirkenden Vorstellungen setzt sich schließlich die am meisten lustbetonte oder die am wenigsten unlustbetonte durch und verdrängt die übrigen, […].“[13] Neu an einem solchen Vorschlag ist sicherlich nicht, dass es sich um eine hedonistische Handlungstheorie handelt. In der Antike war beispielsweise Epikur ein prominenter Vertreter dieser Position, in der jüngeren Geschichte der Ethik etwa auch John Stuart Mill. Auf beide Denker rekurriert Schlick im Übrigen häufig und zustimmend. Der Unterschied zu älteren Formen hedonistischer Handlungstheorie besteht vielmehr darin, dass in Schlicks Version die Vorstellungen, die die Handlung motivieren, im Unterschied zu älteren hedonistischen Handlungstheorien nicht selbst Vorstellungen von Lust sind. Die Lust sei lediglich ein Begleitphänomen dieser Vorstellung.[14]

Für die Erklärung moralischen Handelns heißt dies zunächst allgemein: Wie für andere Handlungen gelte das Motivationsgesetz auch für moralische Handlungen. Der Mensch handle deshalb genau dann moralisch, wenn die als Motiv für moralisches Handeln wirkende Vorstellung die am meisten lustbetonte oder die am wenigsten unlustbetonte sei. Diesem Verständnis gemäß kann es kein moralisches Handeln ohne Lust geben. Alles andere sei lebensfremd. Ethiker(innen) sollten sich, so Schlick in seiner der Lebenspraxis verpflichteten Sichtweise, jedoch davor hüten, lebensfremde Konstruktionen an die Stelle der wirklichen Menschenseele zu setzen.[15] Selbst Opferbereitschaft, Heroismus und ähnliche Erscheinungen hält Schlick mit dieser Theorie für erklärbar.

Inwiefern diese Theorie heutigen moralpsychologischen Erkenntnissen standhält, sei dahingestellt. Im hier zu interessierenden Zusammenhang gilt es lediglich hervorzuheben, dass Schlick einen Gutteil seiner Untersuchungen in den *Fragen der Ethik* moralpsychologischen Fragen widmet, allen

---

13 Der Größenvergleich war dahingehend erläutert, „mehr oder weniger“ meinten in diesem Zusammenhang keinen quantitativen Maßstab, sondern eine komparative Ordnung (vgl. Rainer Hegselmann, „Logischer Empirismus und Ethik“, in: Moritz Schlick, *Fragen der Ethik*. Frankfurt am Main: Suhrkamp 2002, pp. 7-46, hier p. 35).

14 Da immer nur das Objekt, nicht die Lust, gewollt werde, könne man auch etwas, das Unlust erzeugen wird, mit Lust vorstellen. Im Näheren vgl. zu Schlicks Motivationstheorie Hans Reiner, *Die philosophische Ethik. Ihre Fragen und Lehren in Geschichte und Gegenwart.* Heidelberg: Quelle & Meyer 1964.

15 Schlick grenzt sich hier wie an anderen Stellen gegen Kant ab. Obwohl es Schlick in der Moral um eine Beurteilung des Charakters geht, stellt er die Frage auf der Handlungsebene, „denn schließlich kann man seinen Charakter nie anders erkennen als aus seinen Handlungen“ (Schlick, *Fragen der Ethik*, *op. cit.*, p. 117).

voran solchen der Handlungsmotivation. Insoweit weicht er hierin nicht von der vorherrschenden Sicht logisch-empiristischer Ethik ab.

3. Ethik als Sprachanalyse

3.1 Analyse des Begriffs „moralisch gut"

Eine weitere Aufgabe der Ethik besteht für Schlick in Sprachanalyse als Begriffs- und Sinnklärung. Damit die Psychologie die Motivation des moralischen Handelns untersuchen kann, müsse sie wissen, wann sie es mit moralischem Verhalten zu tun habe und wann nicht, um das Untersuchungsgebiet abgrenzen zu können. Dazu müsse sie, so Schlick, die Bedeutung von „moralisch" bzw. „moralisch gut" kennen. Diese Aufgabenstellung liegt ganz im Einklang mit Schlicks Verständnis der Philosophie als Begriffsklärung, wie er sie sowohl im Vorwort zu den *Fragen der Ethik* als auch an zahlreichen weiteren Stellen in seinen logisch-empiristischen Schriften ausführt.[16] Während die Ethik als Moralpsychologie zu den Wissenschaften zählt, sei Philosophie keine Wissenschaft. Der Philosophie obliege vielmehr in Ergänzung dazu die Begriffs- und Sinnklärung im Dienste der Wissenschaften. Eine Aufgabe der Ethik im weiteren Sinne, die die philosophischen Aktivitäten mit umfasst, besteht also darin, im Dienste der Ethik im empirischen Sinne (als psychologische Wissenschaft) Begriffe zu klären.

Dabei müsse dem wissenschaftlichen Sprachgebrauch nach Schlicks Auffassung die alltägliche Bedeutung eines Wortes zu Grunde liegen.[17] Seine Zugangsweise sieht folgendermaßen aus: Wer sich theoretisch mit etwas beschäftigt, muss das, womit er sich beschäftigt, aus dem Leben, der Erfahrung nehmen. Das gelte auch für die Moral bzw. die theoretische Beschäftigung mit Moral in der Ethik. Deshalb fragt er auch in diesem thematischen Zusammenhang ausgehend von der Alltagssprache nach der Bedeutung des zentralen Begriffs „moralisch gut", für den er „sittlich gut" als synonym verwendet. In der Bedeutung von „moralisch gut" unterscheidet er sodann eine formale und eine materiale (inhaltliche) Komponente. In *formaler Hinsicht* sei das moralisch Gute das, was getan werden soll. In *materialer* Hinsicht bestehe es aus Willensentschlüssen (mittelbar auch von Verhaltensweisen

16 Siehe etwa: Moritz Schlick, „Die Wende der Philosophie", in: *Erkenntnis* 1, 1930/31, pp. 4-11.

17 Vgl. Nelson Gonçalves Gomes, *Zur Erkenntnistheorie und Ethik von Moritz Schlick. Eine historisch-philosophische Untersuchung ihrer Entwicklung.* München 1975, p. 101.

und Charakterdispositionen), die von einer Gesellschaft gebilligt werden: „Das Wort ‚gut' hat den moralischen Sinn, wenn es 1. sich auf menschliche *Willensentschlüsse* bezieht und 2. eine Billigung durch die menschliche *Gesellschaft* ausdrückt."[18] „Von der Gesellschaft gebilligt" heißt: „er wird von der überwiegenden Mehrzahl derjenigen Menschen gewünscht, mit denen das Individuum durch Tat, Wort und Schrift in Berührung kommt."[19] Gegenstand der Billigung ist also ein Willensentschluss eines Individuums x. Subjekt der Billigung ist die (bzw. eine) menschliche Gesellschaft, mit der x auf besagte Weise in Berührung kommt. Die Vagheit dieser Bestimmung hält Schlick an derselben Stelle übrigens für wesentlich.[20] Gewünscht werden wiederum die Willensentschlüsse, von denen die Gesellschaft glaubt, dass sie ihre eigene Wohlfahrt am meisten fördere. Schlick antwortet auf die Frage: „Was heißt moralisch [gut]?" auf dieser Grundlage auch: „Dasjenige Verhalten, von dem die menschliche Gesellschaft glaubt, daß es ihre eigene Wohlfahrt am meisten fördere."[21]

Damit wird der Inhalt der Moral durch die (jeweilige) Gesellschaft bestimmt. Und dieser geht es um die Wohlfahrt und das Glück der Allgemeinheit. Aus Erfahrung gebe es hier von Gesellschaft zu Gesellschaft Abweichungen, aber auch Gemeinsamkeiten. Letztere sieht Schlick etwa in der positiven Bewertung von Hilfsbereitschaft, Zuverlässigkeit und Verträglichkeit. Diese würden von allen Gesellschaften als moralisch gut bewertet, so nimmt Schlick an. Bei allen Unterschieden bleibe deshalb eine ausreichende Zahl moralischer Vorschriften, über die keine Meinungsverschiedenheiten bestehen würden.[22] Schlick ist überzeugt, es gebe weite Bezirke, in denen Einhelligkeit und Sicherheit der moralischen Wertungen konstatiert werde.[23] Dieser Bereich umfasse insbesondere altruistische Gesinnungen und Handlungsweisen, welche den Kernbereich der Moral bildeten. Für Schlick ist die Moral eine gesellschaftliche Institution, die in formaler Hinsicht angibt, was getan werden soll, und in inhaltlicher Hinsicht darauf gerichtet

---

18 Schlick, *Fragen der Ethik*, *op. cit.*, p. 60.

19 *Ibid.*, p. 60f.

20 „[Diese Verschwommenheit und Relativität] gehört eben zu den Tatsachen, die der Moralphilosoph vorfindet, und die den Begriff der guten Gesinnung so undeutlich macht wie den des ‚guten Wetters'" (*ibid.*, p. 143).

21 *Ibid.*, p. 118. Vgl. auch Heiner Rutte, „Ethik und Werturteilsproblematik im Wiener Kreis", in: János C. Nyíri (Hg.), *Von Bolzano zu Wittgenstein*. Wien: Hölder-Pichler-Tempsky 1986, pp. 162-172.

22 Schlick, *Fragen der Ethik*, *op. cit.*, p. 143.

23 *Ibid.*, p. 10.

ist (ihren Zweck darin hat), die Wohlfahrt der Gesellschaft zu fördern. Es sei deshalb ein selbstverständlicher Schluss der Methode der empirischen Erkenntnis, dass die Termini „moralisch gut“ und „die Lust der Gesellschaft fördernd“ umfanggleich seien.[24] Es handelt sich dem Anspruch nach um eine Rekonstruktion tatsächlicher Wortbedeutung, die präzise genug ist, um den Gegenstandsbereich der Moralpsychologie festzulegen. Mehr will Schlick in diesem Zusammenhang zunächst nicht leisten.

Einen weiteren Weg, die materiale Komponente von „moralisch gut“ herauszufinden, sieht Schlick durch die Analyse von Normen. Diese Arbeit setzt er jedoch als bereits erledigt voraus. Obgleich ich hier nicht näher darauf eingehen werde, gilt es doch, sich klar vor Augen zu führen und festzuhalten, dass für Schlick Normen einer theoretischen Behandlung zugänglich sind und sie seiner Ansicht nach in logischen Relationen zueinander stehen können. Der Zweck der Systematisierung und Hierarchisierung moralischer Normen besteht für Schlick wiederum lediglich in einer sprachlichen Vorarbeit, um der Psychologie den Forschungsgegenstand zu liefern.

3.2 Analyse des Begriffs „gut“

Der Ausdruck „moralisch gut“ ist für Schlick ein Spezialfall des Ausdrucks „gut“. Allgemein liege die Wertqualität eines Gegenstandes in seiner Disposition, einem Subjekt Lustzustände zu verschaffen:[25]

> […] der Sinn jeder Aussage über den Wert eines Gegenstandes besteht [immer darin], daß dieser Gegenstand oder die Vorstellung von ihm einem fühlenden Subjekte Lust- oder Unlustgefühle bereitet. Ein Wert besteht immer nur in Bezug auf ein Subjekt: er ist relativ. Gäbe es keine Lust und Unlust in der Welt, so existierten keine Werte; alles wäre gleichgültig.[26]

---

24 *Ibid.*, p. 63. Auf die Frage, wie sich das Glück bzw. die Wohlfahrt der Allgemeinheit zum Glück der Einzelnen verhält, geht Schlick an dieser Stelle nicht näher ein. Später wird er bei seinem eigenen Vorschlag das Maximum der Glücksfähigkeit einer Gemeinschaft dann als gegeben ansehen, „wenn jedes Individuum für sich die höchste Glücksfähigkeit erreicht hat“ (*ibid.*, pp. 143f.).

25 Ebenso heißt es bereits in einer Vorlesung von 1912/13: „Wert ist nämlich nichts andres als die Fähigkeit […], Lust zu erzeugen“ (Moritz Schlick, *Grundfragen der Ethik*. 1912/13, p. 10, Inv.-Nr. 4, A. 4b).

26 Schlick, *Fragen der Ethik*, *op. cit.*, p. 88.

Werte gingen aus dem Zusammenwirken von Gegenständen und dem affektiven Bereich von fühlenden Wesen hervor. Auch wenn die Lustmöglichkeiten in Gegenständen „schlummern", so kommen die Werte für Schlick, wie er sagt, „durch Akte des Vorziehens und Auswählens erst in die Welt hinein".[27]

Die wichtigste Folgerung für Schlick daraus ist die Ablehnung der Lehre von absoluten Werten, der gemäß Werte in keiner Weise auf Lustgefühlen gründen.[28] Wert hänge dieser Lehre zufolge nicht von den Gefühlen ab, sondern komme alleine den Gegenständen zu. Das schließt Schlicks Verständnis von Werten von vornherein aus. Er hält die vorgeschlagenen Alternativen zu seiner Lösung in der Wertfrage für sinnlos. Gäbe es Werte, die in dem Sinne „absolut" seien, dass sie mit keinem Fühlen etwas zu tun hätten, so bildeten sie nach Schlicks Auffassung ein Reich für sich, das in die Welt des Wollens und Handelns an keiner Stelle hineinragt. Werte existieren nur relativ zu fühlenden Subjekten. „Und wenn ein Philosoph sagt: ‚Ja, aber *außerdem* haben sie noch ein absolutes Dasein!' – so wissen wir, daß diese Worte dem prüfbaren Sachverhalt nichts Neues hinzufügen, daß sie also bedeutungsleer sind, daß seine Behauptung sinnlos ist."[29]

Die bisherigen Inhalte der *Fragen der Ethik* können als Versuch einer empirischen Moralwissenschaft verstanden werden. Und Schlick tut einiges, um dieses Verständnis seines Unternehmens nahezulegen. Schon im Vorwort und im ersten Kapitel mit der Überschrift „Was will die Ethik?" teilt er mit, worin die Aufgaben der Ethiker(innen) liegen würden und worin nicht. Sätze wie „Dieser Mensch hat eine gute Gesinnung" würden in dieser Schrift nicht aufgestellt, sondern seien Untersuchungsgegenstand. Er nennt seine Schrift eine wissenschaftliche, in denen er Wahrheiten – und seiner Meinung nach sogar nicht unwichtige – mitzuteilen habe. Die Ethik als Wissenschaft gebe Erkenntnis. Auch wenn die Beschäftigung mit Ethik ein praktisches Ziel haben mag, so habe sie selbst als Ziel nur die Wahrheit. Für Ethiker(innen) gebe es keine größere Gefahr, „als aus einem Ethiker zu einem Moralisten zu werden, aus einem Forscher zu einem Prediger".[30] Ethik sei Theorie und suche nur Erkenntnis. Es könne vor allem

27 *Ibid.*, p. 77. Diese Subjektivität bedeutet jedoch keineswegs Willkür, insofern die fühlenden Subjekte einen Gegenstand nach Belieben für wertvoll oder wertlos erklären könnten (*ibid.*, p. 88).

28 *Ibid.*, p. 74.

29 *Ibid.*, p. 87. Siehe dazu weiter unten zur Frage des Schlickschen Kognitivismus.

30 *Ibid.*, p. 1.

> nicht ihre Sache sein, das Moralische zu schaffen, zu setzen, ins Leben zu rufen, sei es das Leben im Begriff oder in der Realität. Sie hat nicht die Aufgabe, das Gute zu *machen*, weder in dem Sinne, daß es ihre Sorge wäre, ihm im menschlichen Handeln Wirklichkeit zu verleihen, noch in dem Sinne, daß sie zu stipulieren oder zu dekretieren hätte, was „gut" ist.[31]

Ethiker(innen) suchen als Wissenschaftler(innen) – und nichts anderes haben sie zu sein – nur Erkenntnis. Alles, was Schlick bisher gesagt hat, sieht er als Feststellungen über tatsächliche Verhältnisse, über wertende und moralische Praktiken. Auch die Begriffsarbeit ist Teil dieser Aufgabe, obgleich sie die philosophische Aufgabe daran darstellt, die für sich genommen keine Wissenschaft ist.

Die Frage nach dem Verhältnis der *Fragen der Ethik* und den in der vorherrschenden Sicht für legitim erachteten Aufgabenbereichen einer logisch-empiristischen Ethik ist in aller Kürze zu beantworten. Große Teile der Abhandlung fallen als moralpsychologische Themenstellungen in den Bereich empirischer Ethik. Wobei Schlicks Disziplinenaufteilung zufolge alle empirischen Untersuchungen zum menschlichen Verhalten der Psychologie zugeschlagen werden, auch sämtliche nach dem moralischen Verhalten. Nach heutigem Disziplinverständnis und akademischer Praxis könnte ein Teil hiervon jedoch ebenso innerhalb der Soziologie behandelt werden. Das zu sehen hat Schlick wohl der Umstand abgehalten, die Moral auch als gesellschaftliches Phänomen aus dem Blickwinkel des Individuums zu sehen – sowohl als ihr Endzweck als auch ihr zentraler Akteur, im großen Unterschied zu Otto Neurath. Ebenso scheint Schlicks begriffs- und sprachbezogene Tätigkeit in den *Fragen der Ethik* zunächst innerhalb der legitimen Aufgabengebiete gut aufgehoben und ergibt zunächst kein abweichendes Bild.

Rainer Hegselmann ordnet Schlicks Ausführungen deshalb eindeutig und ausschließlich der empirischen Option zu und war dadurch, dass er dies in der Einleitung zur Neuauflage der Schrift 1984 im Suhrkamp-Verlag tat – bis vor kurzem die einzige leicht zugängliche deutschsprachige Auflage der Schrift – für deren Interpretation durchaus einflussreich.[32] Zu dieser eindeutigen Zuordnung konnte er jedoch nur kommen, indem er das achte und letzte Kapitel des Buches ignorierte.

---

31 *Ibid.*, p. 2.

32 Hegselmann, „Logischer Empirismus und Ethik", *op. cit.*

4. Ethik als normative Ethik

Schlick gibt sich nämlich keineswegs mit einer Moralpsychologie, die moralisches Handeln erklärt, und den nötigen begrifflichen Vorarbeiten, die in Erfahrungen aus dem alltäglichen Leben ansetzen, zufrieden. Das abschließende Kapitel trägt den Titel „Welche Wege führen zum Wertvollen?“. Es läuft letztlich darauf hinaus, neben einer hedonistischen Handlungstheorie auch einen individuellen Eudämonismus und eine Moral der Güte anzupreisen. Zugegeben, viele Teile des Buches lassen sich in eine empirische Ethik im heutigen Verständnis einordnen. Aber schon in manchen dieser Teile ist ein Schwanken zwischen Beschreibung und Festsetzung festzustellen. Bereits bei der Definition von „moralisch gut“ ist fraglich, ob es sich um die Wiedergabe eines tatsächlichen Wortverständnisses handelt oder vielmehr um eine Festsetzung von Seiten Schlicks.[33]

4.1 Eudämonismus als Lebensorientierung

Was folgt nun in diesem achten und letzten Kapitel der *Fragen der Ethik*? Nicht weniger als der Ratschlag: „Sei glücksbereit.“[34] Dies ist zunächst eine Antwort auf die Frage: „Wie soll ich leben, um glücklich zu sein?“ Eine konkretere Antwort wagt Schlick nicht zu geben und verbleibt im Allgemeinen. Zu diesem Ratschlag ist anzumerken, dass Schlick von „Glück“ und nicht von „Lust“ spricht, obwohl er sich der Vagheit des Ausdrucks „Glück“ bewusst ist. Glückszustände sind nach Schlick Zustände maximaler Lust, höchster Freude. Er glaubt aber nicht, Glückszustände ließen sich summieren oder man könne genau angeben, wie man glücklich werde. Wer glücklich sein wolle, könne nur darauf achten, ob seine Triebbefriedigung nicht seine Fähigkeit zu künftiger Lustbefriedigung einschränke. Lediglich auf die Glücksfähigkeit könnten Menschen achten. Zum wertvollsten (glücklichen) Leben führe dasjenige Verhalten, „welches dem Handelnden die größten Freuden bereitet, zugleich aber seine Glücksfähigkeit am wenigsten beeinträchtigt“.[35] Das Glück könne man nicht herbeilocken, sondern nur sein ganzes Leben darauf einstellen, dass man jederzeit bereit sei, es zu emp-

---

33 Victor Kraft sieht darin eine Festsetzung (Victor Kraft, „Rationale Moralbegründung“, in: *Sitzungsberichte der Österreichischen Akademie der Wissenschaften. Philosophische-Historische Klasse*, Bd. 242. Wien 1963, pp. 5-65, hier p. 10).

34 Schlick, *Fragen der Ethik*, *op. cit.*, p. 144.

35 *Ibid.*, pp. 135f.

fangen, wenn es kommt.[36] „Sei glücksbereit." wird als Orientierungsfaden für ein glückliches Leben, als hypothetischer Imperativ für die individuelle Lebensorientierung in der Suche nach dem eigenen Glück präsentiert.

4.2 Verhältnis von Sittlichkeit und eudämonistischer Lebensorientierung

Die eudämonistische Lebensorientierung ist von der gesellschaftlichen Moral (Sittlichkeit), von der Schlick bis dahin gesprochen hat und der es im Kernbereich um altruistische Gesinnung und Verhaltensweisen geht, weil Gesellschaften glauben, damit ihre eigene Wohlfahrt am meisten zu fördern, zu unterscheiden. Wie verhält sich nun laut Schlick die eudämonistische Lebensorientierung mit der gesellschaftlichen Moral (Sittlichkeit)? Er sieht den Zusammenhang dahingehend, dass das moralische Handeln ein zweckmäßiges Mittel zur Erlangung eines glücklichen bzw. glücksfähigen Lebens sei. Es seien gerade die sozialen, altruistischen Triebe, die ihren Träger(innen) am ehesten ein freudenreiches Leben sicherten.[37] Bei ihnen setzen sie sich Freudenzustände der anderen zum Ziel. Bei Erreichen des Ziels genießen sie selbst Erfolgslust. Lust aus sozialen Trieben gehört zu den höheren Genüssen, weil sie eine positive Rückwirkung auf die Glücksfähigkeit haben:

> Die sozialen Triebe bilden ein wahrhaft geniales Mittel zur Vervielfältigung der Lustgefühle: denn wer in der Lust des Mitmenschen eine Quelle eigner Lust fühlt, der vermehrt ja dadurch seine Freuden um die der andern, nimmt teil an ihrem Glücke, während der Egoist sozusagen auf seine eigne Lust beschränkt ist.[38]

Da aber das Leben auch von äußeren Einflüssen abhänge, könne Tugend kein freudenreiches Leben garantieren:

> Den Zufällen ist der Tugendhafte wie der Schurke in gleichem Maße unterworfen, die Sonne scheint auf Gute und Böse; und so besagt der

36 *Ibid.*, p. 144.

37 *Ibid.*, p. 136.

38 *Ibid.* p. 138. Der höchste soziale Trieb sei die Liebe, aus welcher auch die höchsten Lustgefühle resultierten. Schlick ist zudem äußerst skeptisch gegenüber Trieben, die nicht zwischen Individuum und Individuum wirken, wie etwa allgemeine Menschenliebe, Liebe zum eigenen Volk, aber auch einem Trieb, der sich auf das „Glück der größten Zahl" richtet. Diesen Trieb, den der Utilitarismus fordert, findet er ein Unding (*ibid.*, p. 139).

> Satz über das Verhältnis von Tugend und Glück nur, daß der Gütige immer bessere *Aussicht* auf das freudenreichste Dasein habe als der Egoist, daß jener sich höherer Glücks*fähigkeit* erfreue als dieser.[39]

Die Erfahrung bestätige, dass gütige Menschen im Durchschnitt glücklicher seien als Egoisten.[40] Es liegt nahe, dies als Klugheitsbegründung für die Moral zu lesen, wobei hier die Moral als inhaltliche Forderung nach nicht-egoistischem Handeln verstanden wird. Schlick bietet damit eine Antwort auf die Frage: „Warum sollte ich tun, was im Sinne unserer Moral geboten ist?"[41]

Schlick geht es offenkundig um eine Begründung der gesellschaftlichen Moral, jedoch nicht um eine absolut zwingende Begründung. Er konnte nur zeigen, dass die gütige Persönlichkeit mit sehr großer Wahrscheinlichkeit zum wertvollsten Lebensinhalt, zum Glück, gelangt. Das sei nicht sicher, aber es sei wenigstens eine Begründung. Versuche, einen absolut sicheren Boden zu finden oder eine Begründung überhaupt als überflüssig anzusehen, indem die Moral selbst als das absolut Sichere hingestellt werde, würden sich im Unterschied dazu mit Beteuerungen begnügen: „Der Verzicht auf Absolutheit der Begründung wird uns also leicht; und es ist ja kein Opfer, etwas ohnehin Unerreichbares aufzugeben."[42] Schon im WS 1912/13 sah Schlick in seiner Vorlesung *Grundfragen der Ethik* moralisches Verhalten als Mittel zum eigenen Glück.[43]

Damit ist jedoch keineswegs die Frage nach der Geltung bzw. Legitimation der Moral beantwortet. Hierfür muss vielmehr folgende Frage beantwortet werden: „Ist das, was im Sinne unseres Moralkodex geboten ist, tatsächlich geboten?"[44] Will Schlick diese Frage nicht stellen?[45] Doch!

---

39 *Ibid.*, p. 141.

40 Nicht zufällig sei das Lächeln sowohl der Ausdruck der Güte als auch der Freude. Darin liegt für Schlick das deutlichste Zeichen für die Verflechtung von Glück und Tugend. Diese Tatsache des Lächelns und die vorhin erwähnte Tatsache des Liebesglücks seien die zwei Fakten, wo sich die Ethik auf festeste Erfahrungsdaten stützen könne (*ibid.*, p. 142).

41 Siehe Franz von Kutschera, *Grundlagen der Ethik*. Berlin/New York: Walter de Gruyter 1982, p. 57.

42 Schlick, *Fragen der Ethik*, *op. cit.*, p. 151.

43 Schlick, *Grundfragen der Ethik*, *op. cit.*, pp. 16f.

44 Siehe Kutschera, *Grundlagen der Ethik*, *op. cit.*, p. 57.

45 Wie Menger sich dieser Frage enthielt, siehe Anne Siegetsleitner/Hannes Leitgeb im vorliegenden Band pp. 197-218.

4.3 Eudämonistische Lebensorientierung als Moral

Schlick präsentiert die eudämonistische Orientierung nicht nur als individuelle Lebensorientierung, als Weg zum individuellen Glück, sondern als Definition des „wirklich" Moralischen, das nun von der gesellschaftlichen Moral als gesellschaftlicher Meinung unterschieden wird. Ethiker(innen), so Schlick, möchten über die Meinung der Gesellschaft hinaus wissen, ob das, was die Gesellschaft dafür hält, „wirklich" das Moralische sei. Sie wollen also die Legitimationsfrage stellen.[46] Letztlich gesteht Schlick den Ethiker(inne)n also doch zu, zu Moralist(inn)en zu werden. Und er weiß, dass er nun zum Moralisten wird, erwähnt jedoch seine anfängliche Warnung davor nicht mehr. Für Moralist(inn)en sei die Relativität auf die Gesellschaft hin und die Verschwommenheit der Problemstellung störend. Schlick will also sehr wohl angeben, was das wirklich Moralische sei.

Sein diesbezüglicher Vorschlag lautet nun: Moralisch ist dasjenige Verhalten, durch welches ein Individuum seine Glücksfähigkeit fördert. Das Moralprinzip würde dann lauten: „Halte dich jederzeit glücksfähig." oder noch kürzer: „Sei glücksbereit."[47] Ein Ratschlag in der Suche nach individuellem Glück wird auf Grundlage dieser neuen Moraldefinition nun zum Moralprinzip. Gegenüber dem fehlgeschlagenen Versuch des Utilitarismus, hier ein Entscheidungskriterium anzugeben,[48] wäre in diesem Vorschlag, der ausschließlich die Glücksfähigkeiten betone, zudem die störende Relativität und Verschwommenheit der Problemstellung soweit wie möglich aufgehoben.[49]

Weisheits- und (neue) Morallehre fallen nun zusammen, wobei die gesellschaftliche Moral von der neuen des individuellen Eudämonismus als Weg zum Glück mit umfangen wird. Die neue Moral fordert nur, was Menschen de facto am höchsten werten, wobei sie dadurch streng genommen gar nicht mehr fordert. Sie ist keine Moral der Pflicht, sondern eine der Güte. Die gesellschaftliche Moral geht in der neuen inhaltlich auf und verliert bei unveränderten Inhalten ihren Pflichtcharakter. Was vorher als Pflicht, d.h. Forderung von außen, an das Individuum herangetragen wur-

---

46 Schlick geht es jedoch nicht darum, die bestehende gesellschaftliche Moral zu kritisieren. An deren Inhalten, zumindest im Kernbereich, hat er nichts auszusetzen. Was er zurechtrücken will, sind Theorien über die Moral, also ethische Theorien, die seiner Meinung nach dem gesellschaftlichen Phänomen des Moralischen nicht gerecht werden.

47 Schlick, *Fragen der Ethik*, *op. cit.*, p. 144.

48 *Ibid.*, p. 143.

49 *Ibid.*

de, wünscht es nun aus sich heraus. Als Ausdruck eines gesellschaftlichen Wunsches trägt die gesellschaftliche Moral zwar Forderungscharakter, doch muss eine Moral keine des Gehorsams, der Pflicht und Forderung sein.[50]

Schlick scheint von seiner Lösung, in der sich nun alle Spannungen harmonisch in Wohlgefallen auflösen, so fasziniert zu sein, dass er problematische Punkte zwar erwähnt, aber nicht besonders betont. Das harmonische Aufgehen moralischer Forderungen in individueller Glücksorientierung betrifft in ihrer direkten Wirkung nur die bereits in ausreichendem Maße altruistischen Menschen. Schlick selbst merkt an, dass für jene, die altruistische und sogenannte „höhere Triebe" ausreichend entwickelt haben, die Forderungen gesellschaftlicher Moral nicht mehr mit Entsagung verbunden seien. Sie tun „das Gute" freiwillig, von selbst. Die höchste Stufe der Moral sei deshalb die kampflose der „Unschuld". Nur in den niederen Stufen bräuchte es starke Unlustgefühle zur Motivierung des wertvollen Verhaltens, den Zwang der Pflicht und des Gewissens.[51] Für jene, die das Unschuldsstadium noch nicht erreicht haben, können die Orientierung an der eigenen Glücksfähigkeit und die Forderung nach altruistischem Verhalten nach wie vor auseinander fallen. Obschon diese, wenn Schlick Recht hätte, zur Erhöhung ihrer eigenen Glücksfähigkeit guten Grund hätten, sich diesem Ideal anzunähern. Schlick macht es sich dennoch zu einfach, indem er gerade dort, wo die spannenden Fragen im Verhältnis von individueller Glückorientierung und gesellschaftlicher Moral liegen, die Spannung auflöst, die individuelle Glücksorientierung als neue Moral vorschlägt und die gesellschaftliche Moral zu ihrem Mittel erklärt. Dies ist jedoch der Dreh- und Angelpunkt seiner Moral der Güte, an die sich Schlick zum Abschluss lobend wendet:

> Güte, du lieber, großer Name, die du nichts Strenges, was liebeleere Achtung heischt, in dir fassest, sondern Gefolgschaft erbittest, die du nichts drohest und kein Gesetz aufzustellen brauchst, sondern von selbst im Gemüte Eingang findest und willig verehrt wirst, deren Lächeln alle übrigen Neigungen, deine Schwestern, entwaffnet – du bist so herrlich, daß wir nach deinem Ursprung nicht zu fragen brauchen: denn welches deine Abkunft auch sei, sie ist durch dich geadelt![52]

50 *Ibid.*, p. 59.

51 *Ibid.*, p. 147.

52 *Ibid.*, p. 152.

Im abschließenden Teil der *Fragen der Ethik* finden sich entgegen der Erwartung auf dem Hintergrund der vorherrschenden Sicht logisch-empiristischer Ethik Wert- und Normsätze, mit denen Schlick einen Maßstab zur Beurteilung zur Verfügung stellen will. Zu Schlicks Ethik gehört unzweifelhaft eine Ethik, in der nach der „richtigen" Moral gesucht, eine solche formuliert und begründet werden soll.

Beim letzten Kapitel der Schrift handelt es sich zudem keineswegs bloß um einen kleinen Nachschlag in Form eines „unwesentlichen" Beiwerks. Schlick selbst sieht in seinen bisherigen Kapiteln nur Vorbereitungen für die Beantwortung der im letzten Kapitel folgenden Erörterungen. Dieses Abgehen von rein psychologisch-beschreibenden Inhalten und begrifflichen Analysen ist ihm nicht lediglich passiert. Er weiß, dass es ihm darum geht, allgemeine Prinzipien für die Entscheidung praktischer moralischer Probleme aufzustellen:

> Freilich ist dies nicht der Ort, um an irgendeiner Stelle praktische Moralprobleme zu entscheiden, aber wir werden wenigstens allgemeine Prinzipien aufzustellen haben, mit deren Hilfe die Entscheidung gefällt werden könnte, wo sie überhaupt möglich ist.[53]

In der heute weithin üblichen Einteilung der Ethik würden wir Schlicks moralischen Imperativ und seine Definition von „moralisch gut" der normativen Ethik zuordnen. Es ist jedoch zu beachten, dass Schlick hier keine verbindlichen moralischen Forderungen aufstellt. Seine Anerkennung als moralischer Imperativ wird von Schlick lediglich nahe gelegt, in einer äußersten Interpretation handelt es sich um einen Ratschlag. Als Philosoph sieht sich Schlick nicht in der legitimen Position, eine bestimmte Lebensausrichtung vorzuschreiben:

> Man darf nur nicht vergessen, daß er [der Philosoph] damit eben nur eine Definition aufgestellt hat, die im Grunde willkürlich ist wie jede andre. Er kann niemand zwingen, sie anzunehmen und kann sie nicht als „Forderung" aufstellen.[54]

Zum Aufstellen als verbindliche moralische Forderung fehlt dem Philosophen Schlick die moralische Autorität. In einer liberalen demokratischen

53 *Ibid.*, p. 117.

54 *Ibid.*, p. 144.

Gesellschaft, die den Rahmen für Schlicks Ethikauffassung bildet, findet sich kein Platz für Philosoph(inn)en als Gesetzgebende und moralisch Herrschende. Schlick darf in seinem Verständnis von Ethik und Moral lediglich diese inhaltliche Ausrichtung anbieten und ausführen, was für ihre Anerkennung spricht. In seinem Fall wäre dies: Er findet die Annahme der Definition von „moralisch gut" als „für die Glücksfähigkeit eines Individuums förderlich" praktisch. Das von der Forderung gestellte Ziel sei nämlich gleichzeitig dasjenige, das von Menschen de facto am höchsten gewertet werde.[55]

Die Absage an normative oder wertende Äußerungen ist nicht Schlicks Hauptanliegen, und er verweigert sich solchen nicht.[56] Zeitgenossen wie Feigl war dieser normative Aspekt von Schlicks *Fragen der Ethik* geläufig:

> Das Buch „Fragen der Ethik" vereinigt in glücklicher Weise beide Interessenrichtungen [Lebensanschauung und Erkenntnislogik; A.S.]. Neben bemerkenswerten Begriffsanalysen finden wir hier (und zwar auf Grund dieser Analysen und der von Schlick formulierten psychologischen Gesetze menschlichen Wünschens und Handelns) bedeutungsvolle Maximen einer weitgehend verfeinerten eudämonistischen Ethik. Schlicks moralischer Imperativ „Erhalte dich glücksbereit" enthält, richtig verstanden, eine Mahnung, die unserer Kultur bitter nötig ist.[57]

Und auch Kraft hält 1963 noch fest, dass sich Schlick nicht mit einer Psychologie der Moral begnügte. Er habe vielmehr den Gesichtspunkt der Gültigkeit aufgenommen.[58] Moralisch sein im Sinne gesellschaftlicher Moral ist für Schlick ein ratsamer Weg zum Ausschöpfen der eigenen Glücksfähigkeit, wenn auch kein gegen die Unbill des Lebens gesicherter. Er will neben der Aufklärung verschiedener Gesetzmäßigkeiten der gesellschaftlichen Moral

55 *Ibid.*

56 In einer eigenen Darstellung seiner Philosophie, die Schlick zu Beginn der 30er Jahre verfasste, hebt er als Konsequenzen eines strengen Empirismus für die Ethik Folgendes hervor: Es habe keinen Sinn, von „absoluten" Werten zu sprechen. Nur „die bei den Menschen tatsächlich vorgefundenen wertenden Verhaltensweisen können Gegenstand der Untersuchung sein". Aus dem soll sich eine „neue Begründung einer Art von Eudämonismus" ergeben. Dessen Moralprinzip ungefähr laute: „Mehre deine Glückseligkeit!" (Moritz Schlick, [„Selbstdarstellung"], in: *Philosophen-Lexikon. Handwörterbuch der Philosophie nach Personen.* Bd. 2. Hg. v. Werner Ziegenfuß und Gertrud Jung. Berlin: Walter de Gruyter 1950, p. 463).

57 Feigl, „Moritz Schlick", *op. cit.*, p. 395.

58 Kraft, „Rationale Moralbegründung", *op. cit.*, p. 10.

die Zusammenhänge dieser Moral mit individuellem Glücksstreben darlegen. Auch dort, wo er nicht über das Beschreiben hinausgeht, ist das, was er sagt, (bei bestimmten Menschen) handlungswirksam und soll es auch sein.[59] Nicht anders wie David Hume mit seiner Moralphilosophie will Schlick mit den *Fragen der Ethik* zur Tugend verführen.[60] Hierin weicht Schlick vom vorherrschenden Bild logisch-empiristischer Ethik ab. Er bittet normative Ethik im Sinne eines bestimmten inhaltlichen Vorschlags für die Moral und deren Begründung.

5. Logisch-empiristischer Kognitivismus

Was die vorherrschende Sicht logisch-empiristischer Ethik betrifft, ist zudem die Frage von großem Interesse, ob Schlick einen metaethischen Kognitivismus oder Nonkognitivismus vertritt. Hierbei geht es um die Interpretation der sprachlichen Funktion moralischer Wert- und Normsätze in Hinblick auf die Möglichkeit moralischer Erkenntnis. Obwohl eine solche dichotome Aufteilung angesichts der komplexen Struktur der moralischen Sprache und der Komplexität, die die Diskussion mittlerweile angenommen hat, nicht unproblematisch ist, kann diese Frage nicht einfach übergangen werden. Immerhin handelt es sich bei der globalen Zurechnung logisch-empiristischer Ethik zum „Lager" des Nonkognitivismus um einen Gemeinplatz der vorherrschenden Sicht und wird diese Einordnung von Seiten der Gegner(innen) als zentraler Vorwurf vorgebracht.

Weithin, wenn auch nicht von allen, wird Schlicks Position dem moralischen Nonkognitivismus zugeordnet. Der moralische Nonkognitivismus ist durch die Ansicht charakterisiert, moralische Wert- und Normsätze hätten keine kognitive Funktion und seien deshalb nicht (im üblichen Sinne dieser Wörter) wahr oder falsch. Dass sie keine kognitive Funktion haben, heißt, sie haben nicht die Funktion, Erkenntnis auszudrücken (kognitiv von lat. *cognitus*, bekannt, erkannt). Der Nonkognitivismus ist in dieser Charak-

59 Schon in der Vorbemerkung zur *Lebensweisheit* zog er den Vergleich zu anatomischen Büchern. Auch wenn sich diese einem rein theoretischen Interesse verdankten und zunächst diesem dienen solle, so verhalte es sich doch dergestalt: „In solchen findet man den Körper und seine normalen und anormalen Funktionen beschrieben, über sie allein soll belehrt werden, nicht über Verhaltensmaßregeln für Gesunde und Kranke; dennoch folgen diese aus jenen ganz von selbst" (Schlick, *Lebensweisheit*, *op. cit.*, pp. 45f.).

60 Siehe Anne Siegetsleitner, „Hume, David (1711–1776)", in: James Birx (Hg.), *Encyclopedia of Anthropology* 3, Thousand Oakes: Sage 2006, pp. 1258-1260.

terisierung eine sprachphilosophische These über moralische Norm- und Wertsätze. Da es bei Wert- und Normsätzen gar nicht um den Ausdruck von Erkenntnis gehe, sei es auch sinnlos weiterzufragen, von welcher Art moralische Erkenntnis wäre, wodurch sich moralische Tatsachen auszeichneten, ob und wie sie erkannt werden könnten. Solchen Fragen wird der Boden der Sinnhaftigkeit durch den Nonkognitivismus bereits sprachphilosophisch entzogen. Die Kontroverse um die Möglichkeit moralischer Erkenntnis wird auf dem Gebiet der Sprachphilosophie ausgetragen und nach Ansicht der Nonkognitivist(inn)en dort auch zu ihren Gunsten entschieden.

Eine extreme Form dieser Richtung ist der Emotivismus, wie er von Ayer 1936 in *Language, Truth and Logic* zwar nicht als Erster, aber sehr einflussreich, skizziert wurde. Dem extremen Emotivismus gemäß haben alle moralischen Wert- und Normsätze ausschließlich eine emotive Funktion, d.h. sie dienen ausschließlich dazu, gewisse Gefühle der Sprecher(innen) zum Ausdruck zu bringen und/oder gewisse Gefühle bei den Adressat(inn)en zu wecken. Auch in moderateren Versionen des Nonkognitivismus wird den moralischen Wert- und Normsätzen ausschließlich bzw. primär eine emotive, evaluativ-volitive oder normativ-direktive Funktion zugeschrieben.[61] Aufgrund solcher sprachlicher Funktionen wird die Sinnhaftigkeit der Frage nach moralischer Erkenntnis im Nonkognitivismus von vornherein verneint.

Obwohl die Unterscheidung von Kognitivismus und Nonkognitivismus üblicherweise auf sprachphilosophischer Ebene formuliert wird, liegt der zentrale Punkt der Debatte letztlich in der Frage nach der Möglichkeit moralischer Erkenntnis. Dieter Birnbacher verwendet die Ausdrücke „Kognitivismus“ und „Nonkognitivismus“ deshalb für erkenntnistheoretische Positionen.[62] Obwohl dies der Stoßrichtung der Debatte gerechter wird als die übliche Terminologie, werde ich mich Birnbacher aus historischen Gründen nicht anschließen. Die Positionen wurden meist sprachphilosophisch formuliert. Dennoch ist es für die Problematik zweckmäßig zu bedenken, dass der Problemzusammenhang, innerhalb dessen die sprach-

61 Vgl. zur Charakterisierung dieser Positionen Edgar Morscher, „Kognitivismus/Nonkognitivismus“, in: Marcus Düwell / Christoph Hübenthal / Micha Werner, *Handbuch Ethik*. Stuttgart/Weimar: Metzler 2002, pp. 36-48.

62 Die sprachlich-semantischen Positionen, mit denen für oder gegen die erkenntnistheoretischen Positionen argumentiert wird, nennt er „Deskriptivismus“, „Emotivismus“ und „Präskriptivismus“ (Dieter Birnbacher, *Analytische Einführung in die Ethik*. Berlin/New York: Walter de Gruyter 2003, pp. 354ff.).

philosophische Debatte stattfindet, ein erkenntnistheoretischer war und ist. Eine Charakterisierung des Nonkognitivismus als jene Position, die moralischen Wert- und Normsätzen *auch* eine nonkognitive Funktion zuweist, ist insofern nicht zweckmäßig, da sie offen lässt, ob solche Sätze aufgrund weiterer Funktionen nicht trotzdem moralische Erkenntnis ausdrücken können. Im Hinblick auf die erkenntnistheoretische Perspektive würde die Unterscheidung von Kognitivismus und Nonkognitivismus somit jegliche Relevanz einbüßen.

Vermutlich aufgrund von Unkenntnis und Ayers Behauptung, mit seinem Emotivismus die Position des Logischen Empirismus in dieser Frage auszudrücken, wurde Schlick den Nonkognitivist(inn)en zugerechnet. Näher als eine nonkognitivistische liegt jedoch eine kognitivistische Interpretation von Schlicks Position. Die Position des moralischen Kognitivismus ist durch die Ansicht bestimmt, dass moralische Wert- und/oder Normsätze kognitive Funktion haben, d.h. Erkenntnis ausdrücken, und deshalb (im üblichen Sinne der Wörter) wahr oder falsch sind.

Wie äußert sich Schlick in den *Fragen der Ethik* zu diesem Problemkreis? Betrachten wir zunächst das allgemeine Wertprädikat „wertvoll“ bzw. „gut“. Schlick behauptet, das Prädikat „gut“ habe die gleiche Extension wie das Prädikat „lustbringend“. Der Satz „x ist lustbringend“ beschreibt einen Sachverhalt, behauptet sein Bestehen und ist entweder wahr oder falsch. Da „lustbringend“ mit „wertvoll“ extensional gleich sei, beschreibe auch der Satz „x ist wertvoll“ einen Sachverhalt und behauptet sein Bestehen, womit auch er entweder wahr oder falsch sei und eine kognitive Funktion habe. Ob durch weitere Bedeutungskomponenten noch weitere sprachliche Funktionen erfüllt werden können, ist für Schlick in diesem Zusammenhang irrelevant. Erkenntnistheoretisch von Interesse ist an der Wertung das Lustgefühl, da über dieses die Überprüfung der Wahrheit oder Falschheit der Behauptung läuft. Wertsätze sind deshalb für Schlick auch verifizier- bzw. falsifizierbar. Die Verifikation eines Wertsatzes ist für Schlick im Auftreten eines bestimmten Erlebnisses, nämlich der Lust, zu sehen. Sie ist, so Schlick, unmittelbares Anzeichen des Wertes. Etwas ist wertvoll, insofern es mit Lust wahrgenommen oder vorgestellt wird.[63] Deshalb sei ein objektiver Tatbestand, ob etwas für ein Subjekt einen Wert oder Unwert hat.[64] Wertsätze sind in diesem Sinne objektiv wahr oder falsch.

---

63 Schlick, *Fragen der Ethik*, *op. cit.*, p. 77.

64 *Ibid.*., p. 88.

Was heißt dies nun für den Spezialfall „moralisch gut“? Nehmen wir die Definition gesellschaftlicher Moral, die Schlick in den *Fragen der Ethik* vorlegt, so lässt sich der Satz „x ist (gesellschaftlich) moralisch gut“ übersetzen in den Satz „x wird von der Gesellschaft gebilligt, weil sie glaubt, dass es ihre eigene Wohlfahrt am meisten fördere“. Wie sich moralische Wertsätze, in denen die Gesellschaft wertet, mit dem Erleben von Lust, das ja nur ein je individuelles sein kann, verbindet, lässt Schlick zwar unbeantwortet, aber offenkundig schreibt er Wertsätzen, auch moralischen Wertsätzen, eine kognitive Funktion zu. In dieser Funktion können sie wahr oder falsch sein. Eben solches gilt für Schlicks Definition individueller Moral, in der „x ist moralisch gut“ äquivalent ist mit „x ist für die Glücksfähigkeit eines Individuums förderlich“. Aus erkenntnistheoretischer Sicht geht es darum, nach Wahrheitskriterien für moralische Wertsätze zu suchen, anhand derer diese Sätze verifizierbar sind. Schlick glaubt dies berechtigterweise mit seinen extensionalen Definitionen und logischen Äquivalenzen aufgedeckt zu haben. In der Ontologie der Moral vertritt Schlick einen Realismus in einer naturalistischen Variante: Es gibt moralische Tatsachen, aber diese seien ganz normale empirische Tatsachen. Es handelt sich nicht um ontologisch besondere Tatsachen. Entsprechend nimmt er für die Erkenntnistheorie der Moral an, dass sich diese wie andere empirische Tatsachen auch erkennen ließen, und zwar wie diese und keineswegs durch Intuition.

Was aber ist mit dem logisch-empiristischen Sinnkriterium, das doch im gängigen Verständnis ausschließt, dass Wert- und Normsätze in den Bereich des Kognitiven fallen und damit weder wahr noch falsch sind? Zunächst gilt es klarzustellen, dass das logisch-empiristische Sinnkriterium weder nur in einer Formulierung vorgelegt wurde noch die Formulierungen eine einheitliche Interpretation erfuhren. Die Formulierungen waren meist vage, vor allem bei Schlick. Er formuliert das Sinnkriterium – abgesehen von Ausführungen in seiner *Allgemeinen Erkenntnistheorie*[65] und in „Erleben, Erkennen, Metaphysik“[66] – erstmals 1930 in „Die Wende der Philosophie“ und 1932 in „Positivismus und Realismus“[67] ausführlicher. In der „Wende“ sagt er:

65 Moritz Schlick, *Allgemeine Erkenntnislehre.* Berlin: Springer, 1. Auflage 1918, 2. Auflage 1925.

66 Moritz Schlick, „Erleben, Erkennen, Metaphysik“, in: *Kant-Studien* 31, 2/3, 1926, pp. 146-158. Auch in: MSGA 1, 6, pp. 33-54.

67 Moritz Schlick, „Positivismus und Realismus“, in: *Erkenntnis* 3, 1932/33, pp. 1-31. Auch in: MSGA 1, 6, pp. 323-362.

> Der Akt der Verifikation, bei dem der Weg der Lösung schließlich endet, ist immer von derselben Art: es ist das Auftreten eines bestimmten Sachverhaltes, das durch Beobachtung, durch unmittelbares Erlebnis konstatiert wird.[68]

Bei Wertsätzen geschieht die Verifikation durch Lusterlebnisse, wenngleich in Wertsätzen der gesellschaftlichen Moral auf komplexere Weise, die klärungsbedürftiger ist, als Schlick angenommen haben dürfte. Detailliert behandelt er die Thematik des Verifizierbarkeitsprinzips dann 1936 in „Meaning and Verification“[69]. Nirgends schließt er Wertsätze von einer Verifizierbarkeit aus. „Meaning and Verification“ war ausdrücklich eine Replik auf Clarence Irving Lewis, der in seinem Aufsatz „Experience and Meaning“[70] der „Wiener Schule“ vorwarf, mit ihrem Verifizierbarkeitsprinzip wichtige Fragen aus dem philosophischen Diskurs auszuschließen.[71] Allen voran ging es dabei um Werturteile, wie Lewis in einem Brief an Schlick klarstellt: „My ultimate interest in such issues hardly appears in the address: it has to do with the objectivity of judgements of values.“[72] Schlick sah darin kein Problem. Für ihn sind Wertsätze kognitiv sinnvoll und somit wahr oder falsch. In der Bedeutung, die Schlick dem Ausdruck „gut“ gab, nahm er Wertsätze als verifizierbar an, auch moralische.[73] Alles, was zugelassen werden musste, war eine Verifizierbarkeit durch Lusterlebnisse.[74] Wobei Schlick genauere Angaben darüber, wie dies beim komplexen Fall „moralisch gut“ auszuse-

---

68 Schlick, „Die Wende der Philosophie“, *op. cit.*, p. 217.

69 Moritz Schlick, „Meaning and Verification“, in: *The Philosophical Review* 45, 1936, pp. 339-369. Auch in: MSGA 1, 6, pp. 709-749.

70 Clarence Irving Lewis, „Experience and Meaning“, in: *The Philosophical Review* 43, 1934, pp. 125-146.

71 *Ibid.*, p. 126.

72 Schreiben an Schlick vom 14. Dezember 1934. Zit. n. Schlick, „Meaning and Verification“, *op. cit.*, MSGA p. 715. Anmerkung 8 der Herausgeber.

73 Selbst Ayer bestreitet nicht, dass es möglich ist, eine Sprache zu erfinden, in der moralische Termini durch nicht-moralische definiert werden, auch nicht, dass dies wünschenswert wäre. Er verneint nur, dass dies dem tatsächlichen Sprachgebrauch gerecht werde (Ayer, *Language, Truth and Logic*, *op. cit.*, p. 107). Die Meinungsverschiedenheit liegt mit Schlick darin, dass Schlick behauptet, eine solche extensionale Definition entspreche genau der Alltagssprache.

74 Vgl. auch: „Philipp Frank allowed a broader criterion – utterances would be verifiable in *common*, not just *sensory*, experiences. For moral statements, the difference was crucial. […] [It] might seem to allow a Millian utilitarian principle […]“ (Abraham Edel/Elizabeth Flower/Finbarr W. O'Connor, *Critique of Applied Ethics. Reflections and Recommendations*. Philadelphia: Temple University Press 1994, pp. 51f.).

hen hätte, wie schon bemängelt, vermissen lässt. Ebenso unklar liegt der Fall für Normsätze, auf den ich hier auch nicht weiter eingehen werde.

Diese kognitivistische Position für Wertsätze zeigt auch ein Vorlesungsmanuskript aus dem Wintersemester 1935/36 zum Thema *Ethik und Kulturphilosophie*. Darin heißt es:

> Aber manche sagen, auf unserem Gebiet handle es sich letzten Endes gar nicht um Wahrheit. Nicht, dass man lügen und Irrtum pflegen solle, sondern ganz andre Ebene. Wahr = Eigenschaft von Aussagen. Aussagen teilen Tatsachen mit, sagen etwas über Wesen. Aber hier nicht Tatsachen und Wesen, sondern Werte.
>
> Unterscheiden Wertungen vollziehen (Prophet) und Werte erkennen. Verwechslung von Moral und Ethik, nicht predigen, sondern begründen (Schopenhauer). Das Wertvolle verwirklichen und feststellen, dass etwas wertvoll ist. Wenn dies überhaupt etwas heißt, so kann es nur Feststellung von Tatsachen sein, also wahr oder falsch.[75]

Wenn wir nicht annehmen wollen, dass Schlick der Meinung war, es hieße gar nichts, so vertritt er einen metaethischen Kognitivismus, zumindest in Bezug auf Wertsätze. Schlick befindet sich mit den Nonkognitivisten Carnap und Ayer in dieser Frage nicht einmal auf demselben Herd, geschweige denn im selben Topf.

Insofern Schlick „moralisch gut" (sowohl im gesellschaftlichen als auch individuellen Sinne) empirisch definiert, tritt kein grundsätzliches Problem mit dem Verifizierbarkeitsprinzip auf. Wir haben nun jedoch einen reduktionistischen Naturalismus guter alter Empiristenschule. Aber macht sich Schlick damit nicht eines naturalistischen Fehlschlusses schuldig, wie ihn George Edward Moore in der einflussreichen *Principia Ethica* allen Naturalist(inn)en vorwarf, allen voran den Utilitarist(inn)en?[76] In den *Fragen der Ethik* geht Schlick darauf nicht ein. Wenn wir einer Seminarmitschrift aus dem Jahre 1928 Glauben schenken dürfen, sieht Schlick darin jedoch kein Problem. Er gesteht Moore zu, dass es sich bei der logischen Äquivalenz von „x ist gut" mit „x ist lustvoll" nicht um eine Identitätsrelation handelt, doch sei dieser Umstand für die Ethik nicht von besonderer Tragweite:

---

75 Moritz Schlick, *Ethik und Kulturphilosophie*. WS 1935/36, Inv.-Nr. B. 24, p. 2.

76 George Edward Moore, *Principia Ethica*. Cambridge: Cambridge University Press 1903.

> Es ist ja nicht rein äußerlich und irgendwie zufällig, daß derselbe Gegenstand x sowohl die Funktion φ, wie auch F befriedigt, es läßt vielmehr auf einen sachlichen, inneren Bezug zwischen diesen beiden Funktionen gleicher Extension schließen. U. da wir doch nichts anderes als eben solche strukturelle Beziehungen konstatieren können [Beistrich fehlt] ist der natural. Trugschluß, der aber allerdings unwissend u. ohne alle diese Überlegungen begangen wurde, in weiteren Erörterungen nicht störend.[77]

6. Schlussbemerkungen

Schlick sah im Einklang mit der vorherrschenden Sicht logisch-empiristischer Ethik die Aufgabe der Philosophie in Begriffs- und Sinnklärung. Empirische Moralwissenschaft wird als legitim erachtet und von Schlick der psychologischen Disziplin zugeordnet. Das Schlicksche Verständnis von Begriffs- und Sinnklärung schließt neben einer Grundlagenarbeit für die empirische Ethik jedoch normative Ethik nicht aus. Bevor in der Moral sinnvoll diskutiert werden kann, muss ein sinnvoller Sprachgebrauch festgelegt worden sein. Hierbei vertritt Schlick im Unterschied zur vorherrschenden Sicht logisch-empiristischer Ethik einen metaethischen Kognitivismus, ohne zu ignorieren, dass es sich bei der gesellschaftlichen Moral um eine von Gesellschaften geschaffene Institution handelt, deren Forderungen zwar nicht den Menschen insgesamt von außen entgegentreten, aber Individuen als Mitglieder einer moralischen Gesellschaft.

Was wir in Schlicks *Fragen der Ethik* vorfinden, ist eine empiristisch-liberal-aufklärerische Moral- und Ethikkonzeption, deren Aussagen mit den Aussagen der modernen Wissenschaft vereinbar sein sollten, die die menschliche „Natur" ernst nimmt, die Begründung moralischer Sätze an Individuen rückbindet, die absolute Werte, d.h. Werte, die völlig von den Empfindungen von Individuen unabhängig wären, verneint und die sowohl gegen einen Intuitionismus als elitären Zugang zu moralischen Erkenntnissen auftritt als auch Begründungen auf der Grundlage metaphysischer oder theologischer Überlegungen ablehnt. Der Zweck der Moral ist diesem Verständnis nach ein diesseitiger. Moral hat sich am individuellen Lebensglück

77 Protokoll zum Seminar *Moore, Principia Ethica.* WS 1927/28 bis SS 1928, Inv.-Nr. B. 34, hier Protokoll vom 15. Februar 1928 (verfasst von Else Frenkel).

zu orientieren, den Menschen zu dienen und findet ihre Rechtfertigung nur in Bezug auf individuelle Menschen.

Zudem kommt Philosoph(inn)en in einer empiristisch-liberal-aufklärerischen Moral- und Ethikkonzeption keine besondere moralische Autorität zu. Nichtsdestoweniger können sie als Philosoph(inn)en der Moral als Lebenspraxis dienen. Philosophische Beiträge als Begriffs- und Sinnklärung gehören nicht nur zu den Grundlagen der empirischen Ethik, sondern auch zu den Grundlagen der Moral. Philosophie kann für Schlick nicht nur wissenschaftsnah, sondern auch lebensnah sein:

> [...] clarification of meaning will be needed very badly also in a great many questions with which we are concerned in our ordinary human life. Some thinkers, and perhaps some of the strongest minds among them, may be specially gifted in this practical field. In such instances, the philosopher may not have to be a scientist – but in all cases he will have to be a man of deep understanding. In short, he will have to be a *wise* man.[78]

Die Funktion, die Philosoph(inn)en einnehmen, wenn sie sich auf diese Weise mit Lebenspraxis befassen, ist also jene der/des Weisen, in der sich Schlick selbst mit seinen veröffentlichten und unveröffentlichten Beiträgen sah und darin gefiel.[79]

---

78 Moritz Schlick, „The Future of Philosophy", in: *College of the Pacific Publications in Philosophy* 1, 1932, pp. 45-62, hier p. 62. Auch in: MSGA 1, 6, pp. 371-390.

79 Darin sah er sich in der Tradition von Sokrates. Wir haben mit den *Fragen der Ethik* und bis zu Schlicks Tod keineswegs einen radikalen Neuanfang und Bruch mit der moralphilosophischen Tradition. Zwar werden die Positionen von Kant, Brentano und anderen abgelehnt, doch erfolgt die Einordnung in eine andere Traditionslinie, für die Namen stehen wie: Sokrates, Epikur, Hume, Comte, Mill, Feuerbach, aber auch Nietzsche und Guyau. Schlick hat sich auch nach den *Fragen der Ethik* nicht von normativer Ethik distanziert. Er hat sie sogar konkretisiert. Siehe Moritz Schlick, *Natur und Kultur*. Hg. v. Josef Rauscher. Wien: Gerold 1952.

Jan Radler

Abduktive Argumentationsformen in Krafts Moraltheorie

1. Vorbemerkungen

Das Wirken des Wiener Philosophen Victor Kraft erstreckte sich auf drei philosophische Arbeitsgebiete: die Erkenntnistheorie, die Methodologie und die Wert- und Moraltheorie. Obzwar er nicht zu den Orthodoxen[1] des Wiener Kreises gezählt werden kann – er selbst betonte immer wieder seine kritische Haltung gegenüber den Kernthesen des Wiener Kreises – können seine Schriften eine Nähe zu Gedanken des Logischen Empirismus nicht verleugnen: Es ist der spezifisch österreichische Empirismus und die kritische Distanz zu einer spekulativen Philosophie, die es rechtfertigen, ihn dennoch als Logischen Empiristen zu bezeichnen, wobei es für ihn nicht einfach war, seine Monographie *Die Grundlagen einer Wissenschaftlichen Wertlehre* in der Reihe *Schriften zur wissenschaftlichen Weltauffassung* unterzubringen.[2]

Im Folgenden werde ich kurz die Position Krafts darstellen. Ausgehend von der Heterogenität der Rezeption werde ich einen alternativen Deutungsvorschlag erarbeiten. Dieser alternative Deutungsvorschlag weist auf pragmatische, abduktive Argumentationsmuster hin, welche sich in Krafts Schriften finden lassen. Diese Argumentationsformen wurden bisher übersehen und diese Tatsache trägt dazu bei, Kraft misszuverstehen.[3] (Damit

1 Vgl. Victor Kraft, *Erkenntnislehre*. Wien: Springer 1960, p. V.

2 Kraft an Neurath, 1. Juli 1937: „Sehr gefreut hat es mich, in Ihrem Sonderabdruck zu lesen, dass unter den anständigen Gebieten, die in ihre Enzyklopädie aufgenommen sind, auch ‚empirical axiology' vorkommt. Ich hatte schon gefürchtet, Ihnen nicht mehr unter die Augen kommen zu können, weil ich eben eine empirische Wertlehre vollendet habe. Das Manuskript liegt jetzt bei Springer, ist aber noch nicht angenommen. Am liebsten hätte ich es in die Schlick'sche Sammlung gegeben, in der mir die Aufnahme auch schon versprochen war, aber sie wird anscheinend nicht fortgesetzt" (Nachlass Neurath, Fiche 99, Inv. Nr. 258).

3 Die Kritik hätte nun direkt an der Abduktion anzusetzen – dazu soll hier nichts gesagt werden. Mir kommt es allerdings darauf an, eine philosophiegeschichtliche Rekonstruktion der Position Krafts zu leisten. Für einen Überblick über den Stand zur Forschung hinsichtlich der Abduktion vgl. Gerhard Schurz, „Patterns of Abduction", in:

wird allerdings den in der bisherigen Kritik formulierten Punkten nicht unbedingt der Boden entzogen.)

2. Krafts Arbeiten zur Wertlehre und Moraltheorie

Bereits Ende der 1920er Jahre begann Kraft damit, sich mit der Wertlehre und Moraltheorie zu beschäftigen.[4] 1937 veröffentlichte er seine Monographie *Die Grundlagen einer wissenschaftlichen Wertlehre*. Während des Zweiten Weltkrieges und danach erschien eine Reihe kleinerer Arbeiten. 1951 wurde das erwähnte Buch nochmals aufgelegt und schließlich fügte Kraft seinem Werk den Schlussstein, die *Grundlagen der Erkenntnis und der Moral* hinzu. Ich werde nicht die Entwicklung der Gedanken Krafts darlegen, denn dazu liegt bereits eine Monographie vor,[5] sondern Krafts Grundposition kurz in Erinnerung rufen.

Ein *Kernelement* der Philosophie Krafts ist die Unterscheidung zwischen Tatsachen- und Geltungsfragen. Hinsichtlich der Grundlegung der Wertlehre bedeutet dies, dass Kraft zwischen der Genese des Wertphänomens und der Frage nach der Geltung von Wertungen unterscheidet. Erstere ist ein psychologisches und soziologisches Faktum, bei dessen Darstellung Kraft auf eine große Menge an Fachliteratur rekurriert, letztere mündet in eine Analyse des Wertbegriffs und den Versuch, die Geltung von Wertungen zu erweisen. (Begriffs-)Analyse und Synthese sind also miteinander gekoppelt und ruhen auf einem – letztendlich – empirischen Fundament. Diese Verschränkung von Erfahrungswissenschaft oder einem oftmals diffusen empirischen Hintergrundwissen sowie philosophischer Analyse und Synthese ist kennzeichnend für Krafts Philosophie.

2.1 Werte und Wertbegriffe

In diesem Zusammenhang taucht sofort das Problem auf, wie sich Kraft von Formen des Hedonismus abgrenzen kann; denn auch dieser hat ja sein Fundament in einem eigenpsychischen Lusterleben. Nun ist für Kraft das Lust-Unlustempfinden eine *Quelle* der Auszeichnung, eine Quelle der Wer-

Synthese 164, 2008, pp. 201-234.

4 Victor Kraft, „Ethik als Wissenschaft", in: *Wissenschaftlicher Jahresbericht der Philosophischen Gesellschaft an der Universität Wien 1927/29*, pp. 35-38.

5 Oliver Vollbrecht, *Rationale Moralbegründung und Logischer Empirismus.* München: Utz 2004.

tung – neben Gefühlen, Gewohnheiten, übernommenen Auszeichnungen, Triebbefriedigungen und (indirekten) abgeleiteten Auszeichnungen. Dabei wird jedoch nur die Tatsachenfrage beantwortet, *woher* die Wertungen kommen. Die hier wichtigere philosophische Frage nach der Geltung der Wertungen ist noch nicht berührt.

Werte stellen für Kraft eine invariante Beziehung zwischen variablen Daten her. Dabei besteht eine Ähnlichkeit mit dem, was durch einen Wert ausgezeichnet wird. „Ein Wert beinhaltet, was als Wertprädikat auftreten kann; ein Wertträger, ein Gut ist das, dem nur ein Wertprädikat zugesprochen werden kann.“[6]

Das Bezeichnete, der Wertträger kann variieren. Sinnvoll kann von einem „guten“ Menschen oder einem „guten“ Fahrrad gesprochen werden; mit der Auszeichnung wird allgemein eine Bevorzugung ausgedrückt. Diese Auszeichnungsfunktion ist allen Wertbegriffen gemein,[7] sie enthalten aber noch einen sachlichen Charakter, der variieren kann.

Diese Unterscheidung findet sich, wie in der Literatur bereits festgestellt, auch bei R.M. Hare wieder.[8] Wertungen bestehen nach Kraft nicht in Beziehungen zu Gefühlen (und zu den anderen oben erwähnten Quellen der Auszeichnung), da sie lediglich den *Grund* (die *Ursache*) der Wertungen abgeben. Was also hinzukommen muss, ist die Einstellung zu diesen Beziehungen. Die Analyse einer Wertung hat diese Einstellung zu berücksichtigen und sich nicht in der Untersuchung von deren Beziehungen zu den Gefühlen zu erschöpfen. Damit ist einer psychologischen Gleichsetzung von Wertung und gefühlsmäßiger Zu- oder Abneigung ein Riegel vorgeschoben:

> Der Wert ist damit an die Beziehung zwischen stellungnehmenden Subjekt und Objekt der Stellungnahme gebunden, sie ist für ihn wesentlich. Die Differenzierung des Wertes in die verschiedenen Wertarten (Wertklassen) beruht darauf, daß sich die Objekt-Subjekt-Beziehung differenziert, indem sie zwischen verschiedenen Arten von Objektbeschaffenheiten und verschiedenen Modifikationen der Stellungnahme stattfindet. Darum ist ein absoluter Wert im Sinne der Unabhängigkeit

---

6 Victor Kraft, *Die Grundlagen einer wissenschaftlichen Wertlehre*, 2. Auflage. Wien: Springer 1951, p. 18.

7 *Ibid.*, p. 17.

8 Vollbrecht, *Rationale Moralbegründung und Logischer Empirismus*, *op. cit.*, p. 209 mit Verweis auf Gerhard Frey. Vgl. Richard M. Hare, *Die Sprache der Moral.* Frankfurt am Main: Suhrkamp 1983, p. 38.

> von wertendem Subjekt und gewertetem Objekt unmöglich, sinnlos, weil in sich widersprechend. Und aus der Analyse des Wertcharakters ist wohl deutlich hervorgegangen, daß sich die Werte nicht einfach auf spezifische Wertgefühle basieren lassen. Es gibt gar keine Wertgefühle als eine Sonderklasse von Gefühlen, in denen Werte intuitiv erfasst werden. Es liegt vielmehr ein komplexer Tatbestand vor, dessen Repräsentant der Wert ist. [...] Damit, daß die Auszeichnung in den Wertbegriffen in begrifflicher Allgemeinheit erfaßt ist, wird sie *frei verfügbar*.[9]

Das bedeutet, dass das wertende Subjekt lernt, Werte richtig zu setzen, Wertbegriffe richtig zu verwenden. Die Analogie mit dem Erlernen einer Sprache liegt auf der Hand; überdies dürften viele Ausdrücke einer natürlichen Sprache den von Kraft dargelegten Mischcharakter haben, also sowohl einen Sach- als auch Wertcharakter aufweisen.[10] Es kommt also zu einer semiotischen Beziehung zwischen dem Wertträger (einem Fahrrad), einem Wertbegriff („gut" als sehr allgemeiner Wertbegriff, „sportlich", „leicht", „sicher") und dem Bezeichner (z.B. dem Radfahrer oder Käufer des Rades). Eine derartige Zergliederung macht deutlich, dass eine Gleichsetzung von Gefühl und Wert im Sinne des Hedonismus nicht statthaft ist; denn dies mündete letztendlich in einen Subjektivismus, widerspricht der Aufteilung zwischen Wert- und Sachgehalt eines Wertbegriffs und kann nicht als Basis für Theorien gelten, die den Subjektivismus zu überwinden suchen und eine allgemeine Werttheorie (und vielleicht auch Moral) aufstellen möchten.

2.2 Werturteile

Mit diesen Äußerungen ist die individuelle Basis der Argumentation nicht verlassen; eine kollektive Geltung von Wertgrundsätzen und damit der Versuch, eine allgemeingültige Moral in Angriff zu nehmen, ist noch nicht unternommen. Nun erscheint es plausibel, dass eine Analyse, die den Kontext der Verwendung von Wertbegriffen in Augenschein nimmt, nicht über eine hypothetische Formulierung moralischer Grundsätze hinauskommt. Wie sollen die verschiedenen Bedeutungskontexte geeint werden? Es liefe also alles auf einen Relativismus hinaus, der nur die beschränkte Gültigkeit von

---

9 Kraft, *Die Grundlagen einer wissenschaftlichen Wertlehre*, *op. cit.*, p. 72, Hervorhebung im Original.

10 Vgl. Karl Acham, „Rationale Moralbegründung", in: *Archiv für Rechts- und Sozialphilosophie* 53, 1967, pp. 387-413, 404.

Wertungen zulässt. Dieses „bequeme“ Ergebnis kann Kraft nicht akzeptieren.

Kraft unterscheidet hinsichtlich der Werturteile wie bei den Wertbegriffen zwischen einem Wertgehalt und einem Sachgehalt.

> Der Sinn der Werturteile hängt vom Sinn der Wertbegriffe ab, weil diese die eigentlich wertenden Bestandteile sind. [...] Insofern ein Gegenstand in seiner Beschaffenheit dem sachlichen Gehalt des prädizierenden Wertbegriffs entspricht, sagt das Werturteil auch etwas über eine Gegenstandsbeschaffenheit aus. Der spezifische Wertcharakter beruht jedoch hingegen auf einer Beziehung des Gegenstandes zu einem Subjekt: auf der Eignung, durch Lusterregung oder Begehrensbefriedigung [...] eine bestimmte *Stellungnahme* zu veranlassen.[11]

Ebenso unterscheidet er zwischen Werturteilen, die eine allgemein intendierte Stellungnahme beschreiben[12] und Werturteilen, die als allgemeine Anweisungen zu Stellungnahmen zu verstehen sind. In diesem Sinne versteht Kraft Werturteile als „Anweisungen [zu] einer Stellungnahme“. Ein Werturteil drückt ein Sollen aus, einen Imperativ: „Wenn man das, was ein Werturteil meint, umschreibend auseinanderlegt, so kann es nur in der Weise geschehen, daß man dadurch eine Forderung, ein Sollen wiedergibt.“[13] Folglich kann ein Werturteil widerlegt werden, sofern der Sachverhalt, die „Gegenstandsbeschaffenheit“ falsch wiedergegeben ist. Der Wertcharakter ist nicht widerlegbar. In dieser Hinsicht können Werturteile nicht wahr oder falsch sein, sie können nur „gelten“. Die fundamentale Frage lautet nun: *Lässt sich ein überindividueller, überpersönlicher, objektiver Geltungsgrund für die Werturteile angeben?*

2.3 Rationale Moralbegründung und Werthaltung

Krafts Antwortversuch auf diese Frage fällt inhaltlich unterschiedlich aus, in ihrer argumentativen Struktur ist er aber immer gleich aufgebaut. Während Kraft in seinen *Grundlagen einer wissenschaftlichen Wertlehre* (1951) noch von einer „allgemeinen Menschennatur“ ausgeht, die wohl auch seinem Rekurs auf erfahrungswissenschaftliche Resultate der Wertpsychologie unterlegt werden müsste und gleichsam die Anthropologie einer „VP“ (Versuchsper-

11 Kraft, *Die Grundlagen einer wissenschaftlichen Wertlehre*, *op. cit.*, p. 186, kursiv von J.R.

12 *Ibid.*, pp. 187ff.

13 *Ibid.*, p. 199.

son) umrisse, argumentiert er in den *Grundlagen der Erkenntnis und der Moral* (1968) anders: Die allgemeine Menschennatur weicht einer Artgleichheit. Diese werde (kognitiv) erkannt und verbürge die Allgemeingültigkeit der Moral. Es ist die Artgleichheit eines Mängelwesens, welches neben dem biologischen auch noch einen soziologischen Rahmen braucht, um sich zu entfalten. Damit wird aber auch deutlich: Wer diesen Rahmen ablehnt, für den hat Moral keine Geltung. Es sind nur hypothetische, keine kategorischen Imperative zu formulieren. So hat dann auch weniger Krafts Analyse des Wertbegriffs Kritik hervorgerufen, sondern in erster Linie seine Ausführungen zu einer allgemeinen Wert- und Moraltheorie. Der Grundvorwurf ist der, dass Krafts Analyse letztendlich eine petitio principii enthält, die sie schließlich begründungstheoretisch entwertet.

3. Die abduktive Struktur in Krafts Argumentation

Es wäre übertrieben zu behaupten, dass Krafts Arbeiten zur Moraltheorie auf fruchtbaren Boden gefallen sind. Neben im Grunde lediglich darstellender Besprechungen und Reaktionen auf Krafts werttheoretische Abhandlungen, die sich ja nicht nur in den *Grundlagen einer wissenschaftlichen Wertlehre* erschöpfen, gibt es eine Reihe von Aufsätzen und wenige eigenständige Abhandlungen, die sich mit Krafts Position beschäftigen. Dabei fallen zwei Hauptströmungen der Kritik auf: Einerseits wohlwollend-kritische Einwände, die Krafts Position in einen philosophiegeschichtlichen Zusammenhang stellen, der sich nicht nur im Logischen Empirismus erschöpft, andererseits Arbeiten, die Krafts argumentativen Bemühungen meta-ethischer Fehler zeihen. Daneben gibt es die Reaktion aus dem Umfeld der Befürworter und Kritiker des Naturrechts.[14] Die im Folgenden unternommene Interpretation hilft, die Heterogenität der Kritik zu verstehen: Die Kritiker Krafts übersehen, dass die vermeintlichen meta-ethischen Fehler der abduktiven Struktur der Argumentation inhärent sind und somit die klassifizierende Bewertung als „Fehler" zweifelhaft wird. Jene allerdings, die Kraft für die Etablierung des Naturrechts vereinnahmen möchten, übersehen, dass eben

14 Weiterhin existiert eine Korrespondenz mit Heinrich Gomperz, die Briefe Krafts sind allerdings nicht erhalten. Dieser Briefwechsel ist sowohl inhaltlich als auch philosophiegeschichtlich bedeutsam (Vienna Circle Archiv, Nr. 575/X20.1 – 575/X.2–4). Sofern ich diese Arbeiten überblicken kann, übersehen sie einen wichtigen Punkt in Krafts philosophischen Bemühungen – die Prävalenz abduktiver Argumentationsformen sowohl in Krafts theoretischer als auch praktischer Philosophie.

diese abduktive Argumentationsform es nur vermag, *hypothetische* Imperative zu begründen.

3.1 Abduktive Argumente und praktisches Räsonieren

Ein abduktiver Schluss ist ein Schluss von gegebenen Fakten auf deren Ursachen oder Gründe. Im Allgemeinen kann man einen solchen Schluss schematisch so darstellen:[15]

1. Eine beobachtete singuläre oder allgemein zu erklärende Tatsache (*Faktum*).
   Hintergrundwissen, welches impliziert, dass die hypothetische Situation R einen Grund (Ursache oder Erklärung) für F darstellen würde.
   Vermutung, dass R tatsächlich der Fall ist.

Diese – ganz allgemeine – Form einer theoretischen Abduktion[16] lässt sich durch eine praktische Abduktion ergänzen. Im Folgenden stütze ich mich auf Hilpinen.[17] Praktische Abduktion bezieht sich dabei auf Handlungen vor- oder nachgelagertes Argumentieren. Hilpinen nennt die Abduktion in praktischer Hinsicht „quasi-abduction", weil sie sich von der dargestellten Abduktion in theoretischer Hinsicht unterscheiden lässt.[18]

2. The surprising fact, e, is observed.
   If h were true, e would be a matter of course.
   Hence, there is reason to suspect h is true.
3. I wish to obtain the end e.
   If I were to perform A, e would be the case.
   Hence, I shall perform A.

Diese Gegenüberstellung macht deutlich, dass beide Argumentationen die gleiche Struktur besitzen. Um die Argumentationsstruktur noch deutlicher aufzuzeigen, lohnt es sich, auf die von Hilpinen entwickelte formale Aus-

---

15 Peirce nach Gerhard Schurz, „Models of Abductive Reasoning", TPD Preprints [http://www.phil.phil-fak.uni-duesseldorf.de/fileadmin/Redaktion/Institute/Philosophie/Theoretische_Philosophie/Schurz/papers/2002a.pdf] 2002, p. 4. [am 28.4.09 aufgerufen]

16 Vgl. Schurz, „Patterns of Abduction", *op. cit.*

17 Risto Hilpinen, „On Practical Abduction", in: *Theoria* 73, 2007, pp. 207-221. Vgl. auch Giovanni Tuzet, „Projectual Abduction", in: *Logic Journal of IGPL* 14, 2, 2006, pp. 151-160. http://dx.doi.org/10.1093/jigpal/jzk011.

18 Hilpinen, „On Practical Abduction", *op. cit.*, p. 211.

drucksweise zurückzugreifen. Eine quasi-abduktive Argumentation [3] lässt sich so ausdrücken:[19]

4. $W_S \exists x \Delta g(x)$
$B_S(\forall x H(x) \rightarrow \Delta g(x))$
$I_S \exists x H(x)$

Die mit dem Index S versehenen Großbuchstaben drücken Wünsche, Glaubensartikel oder Intentionen aus. (*W*, „wanting to attain a certain end", *B* kennzeichnet einen Glauben, ein mutmaßliches Wissen („believing"), *I* die Intention des Handelnden). Die Implikation ist entweder intensional oder material zu interpretieren. Δ ist ein Operator, der einen propositionalen (aussagenden) Ausdruck („propositional expression") in eine Handlungsaussage („action predicate") umwandelt. Großbuchstaben in der üblichen Antiquaschrift (z.B. A) stellen ein „action predicate" dar, Kleinbuchstaben propositionale Ausdrücke („propositional expressions"). Demgegenüber lässt sich noch eine zweite Form praktischen Räsonierens feststellen, die Hilpinen als quasi-deduktiv kennzeichnet. Sie lässt sich ebenfalls formal darstellen:[20]

5. $W_S \exists x \Delta e(x)$
$B_S(\exists x \Delta e(x) \rightarrow \exists x A(x))$
$I_S \exists x A(x)$

In eigenen Worten lässt sich [5] derart umschreiben, dass ein Agent (S) ein Ziel oder einen Zweck herbeizuführen sucht. Um dieses Ziel zu erreichen, muss er die Handlung (Handlungsstrategie) A ausführen. Er ist deswegen davon überzeugt, weil er diese Handlung mehrfach bereits ausgeführt hat oder aus irgendwelchen anderen Gründen; schließlich fasst er den Entschluss, A auszuführen. Um e also zu erreichen, muss er A ausführen, für die Erreichung *eines* Zwecks gibt es also ein (deshalb: ∃) Mittel. Faktisch verhält es sich aber oft so, dass mehrere Mittel zur Erreichung eines Zweckes zur Verfügung stehen. Deswegen lohnt es sich, [4] näher zu betrachten: Wiederum hat S ein Ziel, dieses Mal allerdings trachtet er danach, g zu erreichen. Er ist nunmehr der Ansicht, dass jegliche (deshalb: ∀) Handlungen H (Hilpinen spricht von Handlungsroutinen) dazu geeignet sind, g zu erreichen. Der Entschluss wird also gefasst, *eine* dieser Routinen auszuüben. Das quasi-deduktive Argument [5] ist insbesondere geeignet, Handlungen ex post zu erklären; sofern über die Zweck-Mittel-Relation

19 *Ibid.*, p. 212.

20 *Ibid.*, p. 211.

Klarheit besteht, kann Schema [5] als zutreffende Argumentationsform gelten. Da die Auswahl des geeigneten Mittels zur Erreichung des Zweckes noch nicht getroffen wurde, ist die Argumentation [4] hingegen offen, das heißt sie spiegelt das tatsächliche praktische Räsonieren wider. Hilpinen betont demnach auch, dass Schema [5] nicht realitätsnah sei: „It is clear that much of our practical reasoning is not of this kind.“[21]

Diese Nähe zum tatsächlichen Räsonieren ist allerdings mit einigen Problemen behaftet. Hilpinen macht mit A. Kenny deutlich, dass [3] resp. [4] keinen logisch gültigen Schluss darstellen: „If this is taken as an instance of the theoretical reasoning pattern *q*; but if *p* then *q*; so *p*, it illustrates the familiar fallacy of affirming the consequent.“[22]

Dieser Fehlschluss lässt sich gut illustrieren: Wenn es regnet, sind die Straßen nass. Die Straßen sind nass. Also regnet es. Wenn man die Umkehrung der Ausgangsprämisse hinzunimmt, dann wird das Argument gültig: Wenn die Straßen nass sind, regnet es. Nimmt man dies an, dann handelt es sich um ein Enthymem.[23] Ein Enthymem ist logisch fehlerhaft, da unvollständig, wenn es im Bereich theoretischen Räsonierens vorkommt. Diese Art der Argumentation hängt also entscheidend von den stillschweigend angenommenen Hintergrundannahmen ab. Diese Hintergrundannahmen spielen aber noch an einer anderen Stelle eine entscheidende Rolle, eben in der Genese der Ausgangsprämisse („If p then q“ oder „Wenn es regnet, sind die Straßen nass.“). Hilpinen führt aus – in einer Reihe von Umformungen anhand eines Beispiels, welches er von Aristoteles übernommen hat –, dass dieses Hintergrundwissen eine induktive Verallgemeinerung darstellt.[24] Es werden also induktiv Handlungsroutinen, Problemlösungsstrategien gebildet, die unabdingbar sind, um dem „fallacy of asserting the consequent“ zu entgehen.[25] Im Rahmen dieser Untersuchung liegt es nahe, diese induktive Verallgemeinerung unproblematisch soziologisch oder psychologisch zu verstehen. Betrachtet man die auf Peirce zurückgehende Formulierung der Abduktion [1] dürfte klar sein, dass das Hintergrundwissen einen immens wichtigen Anteil beim abduktiven Räsonieren hat, und dies betrifft sowohl die Geltung als auch die Genese von Hypothesen.

21 *Ibid.*, p. 209.

22 Anthony Kenny, *Aristotle's Theory of Will*, London: Duckworth 1979, p. 145.

23 Vgl. die Darstellung auf der Internetseite http://www.fallacyfiles.org/afthecon.html [aufgerufen am 25.02.2009].

24 Hilpinen, „On Practical Abduction“, *op. cit.*, p. 214.

25 Es soll hier nicht das logische Induktionsproblem angesprochen werden.

3.2 Abduktive Argumente und die „rationale Moralbegründung"

Quasi-abduktives Räsonieren findet sich bei Kraft vorwiegend dort, wo er versucht, Moral objektiv und allgemeingültig zu begründen. Zunächst ist hier einschränkend festzuhalten, dass Hilpinen seine Argumentation nicht innerhalb einer ethischen Diskussion entwickelt hat, sondern praktisches Räsonieren im Allgemeinen im Auge hatte. Obwohl er seine Beispiele in der 1. Person [3] oder objektivierend [4] formuliert, ist es möglich, diese Struktur auch auf Krafts allgemein formulierte Aussagen zu übertragen. Die angeführten Beispiele sind Schriften Krafts entnommen, die in den Jahren von 1940 bis 1968 veröffentlicht wurden. Kraft bringt seine Argumentation wie folgt auf den Punkt:[26]

> 1) Ich will bestimmte Güter: Sicherheit des Lebens u.s.w. [...] 2) Unter dem Gesichtspunkt der Gattungsgleichheit sehe ich ein, dass *jedes* Exemplar der Gattung diese Güter will. 3) Unter diesem Gesichtspunkt sehe ich ferner ein, dass ich diese Güter nur erlangen kann, wenn *jedes* Exemplar der Gattung diese erlangt, weil unter dem Gesichtspunkt der Gattungsgleichheit für mich nur das gilt, was für jedes Gattungselement gilt. Ich muss deshalb das Ziel anerkennen, dass *alle* diese Güter erlangen, nicht bloss ich allein. 4) Alle können aber diese Güter nur erlangen, wenn sie sich nicht gegenseitig daran hindern. Es ist deshalb eine unerlässliche Bedingung dafür, dass jeder sich derartige Beschränkungen seiner Willkür auferlegt, dass die Sicherheit des Lebens u.s.w. für jeden herbeigeführt wird. 5) Infolgedessen muss ich diese Bedingungen als Vorschrift für mich, weil für jedes Exemplar der Gattung, anerkennen.

Ruft man sich [3] in Erinnerung, lässt sich leicht die quasi-abduktive Struktur der Argumentation erkennen. Das Hintergrundwissen habe ich in den Beispielen kursiv hervorgehoben.

6. Ich will bestimmte Güter (Satz 1 der Begründung Krafts).
   Wenn ich eine allgemeingültige Moral anerkenne (Satz 5), *weil ich Satz 2 bis 4 eingesehen habe, dann werde ich bestimmte Güter erlangen.*
   Folglich werde ich Satz 5 anerkennen (und die rationale Moralbegründung wäre geglückt).

26 Victor Kraft, „Über Moralbegründung", in: *Theoria* 6, 1940, pp. 191-226, p. 221, Hervorhebung im Original.

Damit ist die teleologische „Grobstruktur" der Argumentation Krafts herausgearbeitet. (Die „allgemeine Moral" ist inhaltlich noch nicht durch dieses Argument bestimmt, in [4] zeigt sich dies mit der Verwendung des Allquantors $\forall$.) Die Hauptschwierigkeit liegt im Konditionalsatz. Denn es ist offensichtlich so, dass die Sätze (2) bis (4) und insbesondere (3) die Hauptbegründungslast tragen. Dieser Konditionalsatz spiegelt das Hintergrundwissen wider, welches induktiv gewonnen wurde. Es ist allerdings nicht klar, wie er die Begründungslast schultern soll. Denn aus der Gattungsgleichheit folgt nicht, dass ich anerkenne, dass alle Mitglieder einer Gattung die gleichen Ziele erlangen *sollen*; ich erkenne höchstens, dass alle Mitglieder der Gattung die gleichen Ziele haben.[27] Sofern man „Gattung" als einen empirischen Begriff betrachtet, folgt daraus nicht, dass man eine Ausnahmestellung im moralischen Sinne nicht begründen kann. Aufgrund der Sein-Sollen-Unterscheidung folgt daraus *überhaupt* nichts, es muss also eine normative Prämisse in das Argument aufgenommen werden. Der Widerspruch, den Kraft[28] sieht, besteht aber zunächst lediglich in empirischer Hinsicht, nämlich insoweit, als das Gattungsmitglied sich nicht von anderen unterscheiden kann, und das ist anzweifelbar. So verwundert es nicht, dass Kraft diesen Standpunkt aufgegeben hat. Er sieht das deutlich ein:

---

27 S.a. Rainer Hegselmann, *Normativität und Rationalität. Zum Problem der praktischen Vernunft in der Analytischen Philosophie.* Frankfurt am Main: Campus 1979. Auch in Krafts Originalformulierung wird es nicht plausibler: „Was für jeden *persönliches Ziel* ist: ein gesicherter eigener Lebensbereich, das wird unter dem Gesichtspunkt der Gattung ein *allgemeines* Ziel, und die Bedingung für dessen Erreichung ergibt eine allgemeine Vorschrift oder Forderung: sich freiwillig so weit Beschränkungen seiner Willkür aufzuerlegen, als es für die Sicherung eines eigenen Lebensbereiches für jedes Element der Gattung notwendig ist" (Victor Kraft, „Über Moralbegründung", *op. cit.,* p. 220, Hervorhebung im Original). Die Beachtung des zeitgeschichtlichen (1940) Kontextes mag verdeutlichen, dass die Argumente Krafts nicht ganz so selbstverständlich sind, wie es heute erscheint.

Insbesondere sind die folgenden Fragen zu beantworten: „1. Is it realistically possible to achieve the goal? 2. Are there positive or negative consequences of either of the courses of action that should be taken into account? 3. Are there other means of carrying out the goal that should be considered? 4. Which is the best of the various means available? 5. Are there other goals (possibly even conflicting with the goal at issue) that should be considered?" (Douglas Walton / Chris A. Reed, „Argumentation Schemes and Enthymemes", in: *Synthese* 145, 2005, pp. 339-370, p. 350.) Das bedeutet weiters, dass die praktische Abduktion einer Korrektur unterliegt, die der Peirceschen Triade von abduktiven, deduktiven und induktiven Schlüssen entspricht. (Tuzet, „Projectual Abduction", *op. cit.,* pp. 153, 155.)

28 Kraft, „Über Moralbegründung", *op. cit.*, p. 219.

> Denn die Ungleichheit betrifft die Ziel-*Erreichung* und diese gehört gar nicht mehr zur Gattungsgleichheit wie die Ziel-*Setzung*, weil sie tatsächlich nicht von den generell gleichen sondern im Gegenteil von den individuell verschiedenen Eigenschaften abhängt [...]. Dass *alle* ihre Ziele erreichen sollen und nicht nur die Überlegenen, ist also eine Forderung *entgegen* den tatsächlichen Verhältnissen, eine Forderung ihrer Umgestaltung, um den Gattungsgesichtspunkt auch dort durchzusetzen, wo er durch die Tatsachen nicht gegeben ist. Die Forderung erfolgt aus einer *Stellungnahme* gegenüber der generellen Tatsächlichkeit: nicht-wollen der tatsächlichen Ungleichheit der Ziel-Erreichung, wollen einer Gleichheit darin, also aus einem ganz neuen Wollen neben den ursprünglich individuellen Zielen. Sie wird vielmehr dem individuellen Wollen als neue Forderung, als ein Sollen entgegengehalten und aufgebürdet. Die neue Zielsetzung lässt sich aus den angenommenen Voraussetzungen nicht ableiten.[29]

Damit hat Kraft zugegeben, dass seine rationale Begründung [6] zusammengebrochen ist, weil der Konditionalsatz in den Prämissen nicht einsehbar ist. Es muss somit eine Forderung (eine normative Prämisse) hinzugenommen werden. Und diese wäre wie die Moral begründungspflichtig. Krafts Argument [6] ist entweder fehlerhaft, weil nicht allgemein einsichtig oder zirkulär, denn eine allgemeine Forderung anzuerkennen, hieße ja bereits den moralischen Standpunkt einzunehmen.[30] Allenfalls ließe sich der schwache Standpunkt behaupten, dass es Kraft darauf ankam, das logisch-praktische Denken einer bereits moralischen oder zumindest moralisch veranlagten Untergruppe der Gattungsmitglieder rational, d.h. abduktiv zu erklären.[31] Es verwundert also nicht, dass Kraft den Standpunkt der Gattungsgleichheit aufgegeben hat und auf anderem Wege versucht, eine rationale Moralbegründung zu leisten.

In der zweiten Auflage der *Grundlagen einer wissenschaftlichen Wertlehre* unternimmt Kraft einen weiteren Anlauf, Moral rational zu begründen. Insbesondere seine Versuche, dies durch den Rekurs einer „überindividuellen Instanz" zu leisten, verdienen die Aufmerksamkeit. „Nützlich" ist für Kraft

---

29 Victor Kraft, „Über Moralbegründung. Zu den Bemerkungen von Strzelewicz und Moritz in ‚Theoria' VII 1942, S. 258 ff", in: *Theoria* 8, 1942, pp. 154-155, pp. 154f., Hervorhebung im Original.

30 William K. Frankena, *Analytische Ethik*, München: dtv 1994, p. 140; Acham, „Rationale Moralbegründung", *op. cit.*

31 Dann ließe es sich als Enthymem auffassen (s.o. Abschnitt 3.1, vgl. Abschnitt 4).

ein Wertbegriff, d.h. dessen Sachgehalt bedeutet „Absicht verwirklichend“, der Wertgehalt bedeutet „auszeichnend durch Absicht-Verwirklichung“.[32] „Nützlich“ ist also ein Mittel zur Verwirklichung eines Zwecks. Damit lässt es sich in das bekannte Schema [3] umformen. (In dem nachfolgend rekonstruierten Schema wird das Hintergrundwissen wieder kursiv hervorgehoben.)

7. Ich möchte einen Zweck erreichen.
   Wenn ich A tue, werde ich den Zweck erreichen können *(weil zwischen dem Ausführen der Handlung A und dem Zweck ein Kausalverhältnis besteht)*.
   Ich werde A ausführen.

Kraft ist sich darüber im Klaren,[33] dass die Gültigkeit dieses Schlusses von der Ausgangsprämisse abhängt, d.h., ob das Subjekt tatsächlich den Wunsch hegt, einen Zweck zu erreichen. Im Konditionalsatz kommt wiederum das Hintergrundwissen (nämlich die betreffenden Naturgesetze) zur Geltung. Deutlich taucht das bereits mehrfach erwähnte Argumentationsverfahren wieder in der „konditionalen Begründung von Wertgrundsätzen“[34] auf:

> Weil der Mensch seinem Wesen nach Kulturmensch ist, darum muß er nun alles, was für die Kultur unumgänglich notwendig ist, als wertvoll anerkennen und alles, was sie hindert oder schädigt, als unwert. Damit ist nun eine *sachliche Notwendigkeit für die Anerkennung überindividueller Wertungsgrundsätze gegeben. Conditio sine qua non für die Kultur – das ist das Prinzip, das eine allgemeine, überindividuelle Geltung für Wertungsgrundsätze begründet.*[35]

Damit beantwortet Kraft die Frage, warum man eine überindividuelle moralische Ordnung anerkennen muss, warum man moralisch sein muss.

8. Ich will meine spezifisch menschlichen Fähigkeiten entfalten („das Wesen des Menschen als homo faber“[36]).

32 Kraft, *Die Grundlagen einer wissenschaftlichen Wertlehre*, *op. cit.*, p. 210.

33 *Ibid.*, p. 211.

34 *Ibid.*, p. 245.

35 *Ibid.*, p. 247.

36 *Ibid.*, p. 248.

> Wenn ich anerkenne „was die Kultur erfordert [...] – auch wenn es nicht bereits subjektiv ausgezeichnet ist",[37] dann kann ich meine spezifisch menschlichen Fähigkeiten entfalten.
> Ich erkenne die Kultur an.

Hier wird die Problematik von Krafts Argumentation besonders offensichtlich; eine Problematik, die Kraft – auch ausdrücklich in eigenen Worten[38] – in die Nähe naturrechtlicher Argumentationsweisen bringt. Wenn es dem „Wesen" des Menschen entspricht, ein homo faber und homo sapiens zu sein, dann ist die Einforderung eben dessen schlichtweg überflüssig. Das Wesen ist dem Menschen gemein. Die Argumentation Krafts macht nur Sinn, wenn er eine *bestimmte* Form der Kultur vor Augen hat. Das gilt selbst für jene grundlegendsten Formen der Kultur, die anerkannt sein müssen, damit der Mensch seine Wesensbestimmung erfüllen kann. Wie bei allen abduktiven Argumenten ist die Konklusion nicht schon allein aufgrund der Gesetze der Logik gültig, wie etwa beim deduktiven Schließen.[39] Die Konklusion stellt nichts anderes dar als eine Hypothese. Folglich ist sie bedingt „durch den Willen zum kulturellen, individuellen und sozialen Leben."[40] Das ist die Ausgangsprämisse. Wird sie nicht geteilt, bricht das Argument zusammen. Für diejenigen aber, die die Ausgangsprämisse und den Konditionalsatz[41] von [8] teilen, könnte Krafts Analyse zumindest eine Explikation des bereits vorhandenen „Willens zur Kultur" (O. Vollbrecht) darstellen.

In seiner Spätschrift *Die Grundlagen der Erkenntnis und der Moral* greift Kraft den Punkt der Gleichheit aller Menschen in der Antwort auf die Frage, warum man moralisch sein solle, wieder heraus. Die Argumentationsstruktur von [5] findet sich deutlich in Äußerungen wieder: „Wenn jemand eine Absicht verwirklichen will und die Bedingung dafür erkannt hat, der muß diese Bedingung verwirklichen, weil er sonst die Absicht nicht erreicht."[42]

---

37 *Ibid.*

38 Kraft, „Über Moralbegründung", *op. cit.*, p. 223.

39 S.a. Schurz, „Patterns of Abduction", *op. cit.*

40 Kraft, *Die Grundlagen einer wissenschaftlichen Wertlehre*, *op. cit.*, p. 257.

41 Dieser Satz unterscheidet sich von dem Konditionalsatz in [7] dadurch, dass dieser ein naturgesetzliches Kausalverhältnis ausdrückt und somit vom Subjekt unabhängig ist. Jener aber ist problematisch: Der homo faber erzeugt die Kultur. Kultur ist nicht subjektunabhängig. Wenn dies aber anerkannt ist, dann wird der Satz tautologisch. Die Anerkennung der Kultur ist gleichbedeutend mit der Entfaltung der spezifisch menschlichen Fähigkeiten.

42 Victor Kraft, *Die Grundlagen der Erkenntnis und der Moral.* Berlin: Duncker & Humblot 1968, p. 108.

Damit ist eine „technische“ Zweck-Mittel-Relation ausgesprochen. Seiner Begründung liegt allerdings nicht [5], sondern [3] zugrunde. Im Einzelnen argumentiert Kraft wieder ausgehend von der Gattungsgleichheit. Sie führe den Einzelnen aus seiner „egoistischen Isolierung“ und stelle ein

> gemeinsames, überpersönliches Ziel auf: Befriedigung der Begehren für alle, und sie zeigt die Bedingung für seine Erreichung: gleiche Einschränkung der Begehren gemäß dem Vorrang der primären Ziele. Der Grund, warum jeder die Forderungen der Moral anerkennen muß, ist also einerseits sein persönliches Ziel der Befriedigung der Begehren und andererseits die Erkenntnis der Artgleichheit und des überpersönlichen Zieles der Begehrensbefriedigung für alle und der Bedingung für die Erreichung dieses Zieles.[43]

Damit ist das Hintergrundwissen umrissen, auf welchem Krafts Argumentation basiert. Folglich lässt sich das Argument wieder schematisieren:

9. Ich habe Begehren, die ich zu befriedigen suche.
   Wenn ich die Moral anerkenne, dann kann ich meine Begehren befriedigen.
   Ich erkenne die Moral an.

Der hier angeführte Konditionalsatz muss folglich um die Erkenntnis der Artgleichheit, um die Erkenntnis der Begehren, die jedes Mitglied der Art hat, um die Erkenntnis der Unmöglichkeit der vollkommenen Begehrensbefriedigung für alle und der Widersprüchlichkeit der persönlichen Begehrensbefriedigung für mich allein gedanklich ergänzt werden. Moralische Mittel zur Regulation der Begehrensbefriedigung ergeben sich aus den von Kraft postulieren „primären Strebenszielen“, z.B. dem Gewaltverzicht, da jeder danach trachtet, Schaden von Leib und Seele abzuwenden. Inhaltlich kommt es zu einer Begrenzung der Möglichkeiten, die Begehren zu befriedigen, und zwar dadurch, dass die „primären Strebensziele“ die Richtschnur abgeben. Damit schleicht sich aber wiederum eine normative Prämisse[44] in die Argumentation mit ein. Also nicht jegliche Normen dienen dem Zweck, sondern nur die „guten“.

Der Unterschied zwischen [3] und [5] wird deutlich: Gewiss hat Kraft recht, wenn er sich auf [5] bezieht und die Zweckrationalität des Verfahrens

43 Kraft, *Die Grundlagen der Erkenntnis und der Moral*, *op. cit.*, p. 120.

44 Vgl. Acham, „Rationale Moralbegründung“, *op. cit.*, p. 404, „Mensch“ als eine „persuasive definition“.

hervorhebt. Allerdings gibt es eine Vielzahl von Möglichkeiten, Handlungsstrategien, Mittel, um Begehren zu befriedigen. Das Handlungs-Pluriversum ist allerdings bei Kraft durch die „primären Strebensziele" begrenzt. Indem Kraft nicht zwischen [3] und [5] unterscheidet, unterliegt er dem Wunschtrug (W. Burkamp), eine Moral allgemein und objektiv begründet zu haben, da er die Moral als *das* Mittel herausstellt.

3.3 Abduktive Argumente und Krafts Erkenntnistheorie

Kraft hat jedoch nicht nur auf dem Gebiete der Moraltheorie quasi-abduktiv argumentiert. Indem nun diese Form der Argumentation auf dem Gebiet der Erkenntnistheorie aufgezeigt wird, wird deutlich, dass Krafts Modus des Philosophierens immer gleich ist. Damit ist der Kern seiner Philosophie berührt. Das ist nicht nur von formalem Interesse, sondern auch inhaltlich belangvoll. Denn durch die wichtige Rolle des Hintergrundwissens innerhalb eines abduktiven oder quasi-abduktiven Arguments wird die Nähe zum Pragmatismus offenbar: Es kommt nicht allein auf syntaktische oder semantische Beziehungen an, sondern auch auf die Pragmatik, auf die „Nähe zum wirklichen Leben".[45] Allein schon deshalb hat Kraft nie formal argumentiert, allein schon deshalb kam es ihm darauf an, die Grundlagen der jeweiligen philosophischen Disziplinen zu ergründen. Wo er diese Grundlagen verortet, geht implizit aus den Hintergrundannahmen und seinen Schriften zur „rationalen Moralbegründung" hervor: Der Mensch ist ein Kulturwesen, zu kulturellen Leistungen fähig und gleichzeitig von ihnen abhängig.

Betrachtet man Krafts frühe Geltungsgrundlegung des Realismus (Annahme einer außerbewussten Körperwelt und des Fremdseelischen), taucht das abduktive Argument wieder auf:

> Die erkenntnistheoretische Stellung der objektiven Realität ist die einer *Voraussetzung*, die man machen muß, wenn man das Selbsterlebte begreifen will. Das *Recht* zu dieser Voraussetzung wird dadurch gegeben, daß sie eine unentbehrliche Bedingung für die Erklärung der Erlebniswirklichkeit ist. [...] Ihre Gültigkeit kann als eine *Notwendigkeit* aufgezeigt werden, wenn eine Erklärung des Erlebnisgegebenen überhaupt möglich sein soll. [...] Ihre Gewißheit – als Realität –, ihre Gültigkeit – als Erkenntnis – ist damit allerdings eine *bedingte*, keine *absolute*. Denn es

45 Kraft, *Erkenntnislehre*, *op. cit.*, p. 253, s.a. Victor Kraft, „Burkamp, Wilhelm: Wirklichkeit und Sinn [Rezension]", in: *Theoria* 4, 1938, pp. 311-313.

> ist keine Voraussetzung, die man unbedingt machen muß, sondern die davon abhängt, ob man das Ziel der *Erklärung* anerkennt.[46]
>
> Eine unabhängig vom Bewußtsein vorhandene Natur mit ihrem selbständigen Geschehensablauf ist die *Conditio sine qua non* für die Begreiflichkeit der erlebnisgegebenen Erscheinungen.[47]

Diese Formulierungen lassen sich in das abduktive Schema umformen. Allerdings ist hier zu beachten, dass augenscheinlich nicht das quasi-abduktive Schema des praktischen Räsonierens gemeint ist, sondern das abduktive Schema des theoretischen Folgerns [1] oder [2].

10. Ich nehme wahr und die Wahrnehmungen sind regelmäßig.
    Wenn ich eine von meinem Bewusstsein unabhängige naturgesetzliche Außenwelt annehme, die die Wahrnehmungen überformt, dann sind auch meine Wahrnehmungen regelmäßig.
    Die Annahme einer außerbewussten Körperwelt (Realismus) ist notwendig.

Im Gegensatz zu den Beispielen [1] und [2] wird hier vermieden, den Realismus als wahre Annahme hinzustellen. Was hingegen erwiesen wird, ist dessen erkenntnistheoretische Notwendigkeit. Wenn man den Realismus als erkenntnistheoretisch notwendig in einem Akt der Setzung etablieren kann, liegt in [10] eine Mischform aus [1]/[2] und [3] vor. Kraft argumentiert nämlich von einer empirischen Ausgangsbasis – dem Eigenerlebten, kommt aber zu erkenntnistheoretischen Schlüssen, die die Empirie transzendieren. Tatsachen- und Geltungsfragen sind in seiner (quasi-)abduktiven Argumentation miteinander verschränkt. Indem Kraft somit von einer erkenntnistheoretischen Notwendigkeit spricht, die *Forderung* einer bewusstseinsunabhängigen Außenwelt anzuerkennen, befindet er sich sowohl von den Formulierungen her als auch sachlich auf dem Gebiet der „rationalen Moralbegründung". In den beiden Fällen ist die Argumentation abduktiv.[48]

---

46 Victor Kraft, *Weltbegriff und Erkenntnisbegriff.* Leipzig: Johann Ambrosius Barth 1912, p. 183, Hervorhebung im Original.

47 *Ibid.*, p. 180, kursiv J. Radler.

48 Vgl. Schurz, „Models of Abductive Reasoning", *op. cit.*, p. 29, vgl. Schurz „Patterns of Abduction", *op. cit.*

4. Fazit

Die Ergebnisse der Untersuchung seien hier nochmals festgehalten. Da ein abduktiver Schluss nur hypothetische Begründungen zu leisten vermag, kann auch die Geltung der Moral, wie mehrfach anhand von Beispielen gezeigt wurde, nur hypothetisch sein. Wie sieht es nun hinsichtlich der Prämissen innerhalb eines abduktiven Arguments aus? Man erinnere sich an [4], das quasi-abduktive Argumentationsschema:

$$W_S \exists x \Delta g(x)$$
$$B_S(\forall x H(x) \rightarrow \Delta g(x))$$
$$I_S \exists x H(x)$$

Zunächst könnte man annehmen, dass sich der Konditionalsatz, die Implikation in der Prämissenmenge als falsch herausstellt. Eine Implikation ist falsch, wenn das Hinterglied falsch und das Vorderglied wahr ist, in allen anderen Fällen ist sie wahr. Im Falle von [4] ist das Hinterglied „$\Delta g(x)$". Dessen Wahrheitsgehalt ist aber von den Glaubensüberzeugungen (B) und Handlungsabsichten (I) von S zu unterscheiden, *nicht* aber von dem Wunsch (W), denn dieser konstituiert den Nachsatz. Da aber „$\Delta g(x)$" *gegeben* ist – S wünscht schlichtweg eine Handlungsstrategie auszuüben, und das ist wahr, wenn S die erste Prämisse tatsächlich wünscht – könnte man meinen, die Implikation sei wahr und somit der quasi-abduktive Schluss gültig. S glaubt, die Implikation sei wahr, und ist sich seiner Wünsche, Glaubensüberzeugungen und Intentionen sicher. Der Nachsatz der Implikation hingegen könnte natürlich dessen ungeachtet sehr wohl falsch sein. Der Volksmund bezeichnet diesen Umstand damit, dass der Wunsch der Vater des Gedankens war.

Die Frage ist weiterhin, ob die Abduktion auch zweckmäßig ist, denn ein Zweck kann nicht im klassischen Sinne falsch sein, stellt er doch ein noch nicht realisiertes, zukünftiges wünschenswertes Ziel dar. Ein Ziel oder Zweck wird gesetzt. „Wünschenswert" wäre gemäß Kraft also ein Wertbegriff. Es kann hingegen wahr oder falsch sein, ob S Wünsche oder dergleichen hat. Es wird also bereits stillschweigend vorausgesetzt, dass S nur ein Ziel hat, welches überhaupt erreichbar ist. Es ist somit sinnvoll zu behaupten, nicht nach der Wahrheit der Prämisse zu fragen, sondern nach deren Realisierbarkeit. Die Implikation beschreibt dann ein realisierbares Vorgehen. Bleibt man bei der Konstatierung der ersten Prämisse (jene die den Wunsch [W] umschreibt) von [4] stehen, ist man wiederum auf die hypothetische Geltungsgrundlegung der Moral zurückgeworfen, da das Argument davon abhängt, ob die Wünsche vorhanden sind, denn nur dadurch ist die Implikation wahr.

Die Implikation in der Prämissenmenge kann nicht widerlegt werden, es wird nämlich davon ausgegangen, dass das Hinterglied wahr ist, d.h., dass es den Tatsachen entspricht, dass S den Zweck verfolgt, dass er den Wunsch *(W) tatsächlich hat.* Die Rolle des Hintergrundwissens besteht darin, dass unter Zweckmäßigkeitserwägungen die Anzahl der möglichen abduktiv zu erschließenden Hypothesen begrenzt wird, dass ein *praktisches* Mittel ausgewählt wird, um ein *realisierbares* Ziel zu erreichen. Der Fallibilität des gesamten Arguments wird einerseits dadurch Rechnung getragen, dass das Hinterglied falsch und das Vorderglied wahr sein kann, andererseits darf das Vorderglied nie falsch sein,[49] d.h. es muss Handlungsstrategien (H) geben.

Es kann sich herausstellen, dass S „$\Delta g(x)$“ *nicht wünscht.* Dann bräche das quasi-abduktive Argument zusammen. Das wäre aber nur dann der Fall, wenn die von Kraft seiner Argumentation unterlegte Anthropologie vollkommen falsch wäre und von einen abnormen pathologischen Menschenbild ausgehen würde. Derartige Lebewesen – von Menschen nicht zu reden – bedürften keiner Moral. Dieser Umstand verdeutlicht die Nähe zu naturrechtlichen Positionen.[50] Wer allerdings der Moral als Mittel bedarf und sie anerkennt (weil es ihm durch das Hintergrundwissen „angetragen“ wurde und weil unrealistische Ziele von vornherein ausgeschlossen wurden), der braucht nicht erst von ihrer Eignung (im Speziellen) gesondert argumentativ überzeugt werden, denn er hat bereits die entsprechende Werthaltung[51] verinnerlicht. In diesem Zusammenhang wird der Vorwurf laut, Kraft habe das zu Beweisende bereits vorausgesetzt. Die Fehlerhaftigkeit des Argu-

---

49 Eine Implikation ist auch dann gehaltlos, d.h. nicht widerlegbar, „wenn über die als wahr akzeptierte Information verfügt wird, daß die Bedingungen des Wenn-Satzes empirisch nie einlösbar sein werden, wenn es keine faktischen Objekte gibt, welche die genannten Bedingungen erfüllen werden“ (Michael Schmid, *Leerformeln und Ideologiekritik.* Tübingen: J. C. B. Mohr (Paul Siebeck) 1972, p. 43). Der Vordersatz kann nie richtig sein, folglich ist die Implikation immer wahr.

50 Es ist zu beachten, dass ein derartiges Wesen durchaus rational handeln kann.

51 Kraft definiert als Werthaltung: „Sie ist die Art und Weise, wie der Wertcharakter sich im praktischen Leben darstellt, wie er im tatsächlichen Verhalten zur Geltung kommt. Etwas anderes ist das Werturteil. Die Auszeichnung kommt hier vermöge der Bedeutung von Zeichen (der Wertbezeichnungen) zustande, nicht notwendig durch die Erfahrung der eigenen Stellungnahmebestimmung“ (Kraft, *Die Grundlagen einer wissenschaftlichen Wertlehre, op. cit.*, p. 75). Damit ergibt sich, dass die Werthaltung, sofern sie von mehreren Individuen geteilt wird, mit der Moral zusammenfällt.

ments Krafts verschwindet, wenn man es als ein Enthymem[52] interpretiert und sich deutlich vor Augen führt, dass Kraft ausdrücklich keinen *logisch-deduktiven Beweis* führt. Aber auch dann (und deswegen!) hat Kraft nicht die unumstößliche Geltung der Moral bewiesen, sondern nur die Voraussetzungen expliziert, die *rationale und moralische* Subjekte treffen. Kraft ist *allenfalls* eine „schwache" Begründung der Moral gelungen. Darin ist prima facie nichts Anstößiges zu entdecken, könnte es sich doch herausstellen, dass die Gruppe der „rationalen Moralisten" sich vergrößern lässt, wenn man ihnen ihr Denken klarlegt.

52 Walton/Reed, „Argumentation Schemes and Enthymemes", *op. cit.*, p. 351.

Wulf Kellerwessel

Feigls naturalistische Moralkonzeption

1. Einleitende Vorbemerkungen

Herbert Feigl (1902–1988) zählt sicherlich zu den namhafteren Mitgliedern des Wiener Kreises und Vertretern des Logischen Empirismus, doch verdankt sich sein Bekanntheitsgrad wohl in erster Line seinen Beiträgen zur theoretischen Philosophie und nicht denen zur praktischen Philosophie. Breite Wirkungen haben insbesondere seine Arbeiten zur Wissenschaftstheorie und zur Philosophie des Geistes erzielt. Seine Moralphilosophie hat dagegen eher wenig Aufmerksamkeit erfahren – wie die wenigen Aufsätze, in denen Feigl sich kritisch mit Religion und Theologie auseinandersetzt, und heutzutage wird ihr kaum noch Beachtung geschenkt.

Um Feigls Moralphilosophie zu verstehen, sie angemessen zu rezipieren und sodann adäquat zu evaluieren, erscheint es geraten, sie im Kontext seiner grundlegenden philosophischen Positionen einschließlich ihrer Kritik an der „Metaphysik" zu betrachten, sie also im Rahmen seiner philosophischen Zielsetzungen im Allgemeinen wahrzunehmen. Aus diesem Grund wird im Folgenden (Teil 1) zunächst ein kurzer Blick auf den *Naturalismus* Feigls geworfen und der *Humanismus* von Feigl in seinen Grundzügen in den Blick genommen werden. Dabei ist auch darauf einzugehen, dass Feigl theologischen Erklärungen und Begründungversuchen ausgesprochen kritisch gegenübersteht. Dies hat Auswirkungen insbesondere auf sein Konzept der Moralphilosophie, denn für seine Konzeption der Philosophie der Moral stehen ausschließlich diesseitige, innerweltliche Erklärungen und Begründungen zur Verfügung. Sie stellen daher die Grundlage für seinen *wissenschaftlichen Humanismus* dar. Der Rekonstruktion dieser Grundannahmen folgt dann eine Darstellung der Ausführungen Feigls zur Moralphilosophie, die sich vor allem auf die Frage nach der Moralbegründung konzentrieren, aber auch auf die wesentlichen Gehalte der Theorie eingehen (Teil 2). Im Anschluss daran sollen die Ausführungen Feigls einer kritischen Diskussion unterzogen werden (Teil 3), ehe abschließend eine Alternative skizziert werden soll (Teil 4), die hinsichtlich ihrer Gemeinsamkeiten, aber auch Unterschiede im Vergleich zum Konzept Feigls vorgestellt wird.

2. Feigls wissenschaftlicher Humanismus im Kontext

Feigl gehört zu denjenigen Mitgliedern des Wiener Kreises bzw. zu denjenigen unter den Logischen Empiristen, die – wie Viktor Kraft[1] – eine philosophisch begründete Ethik anstreben. Anders als die Vertreter emotivistischer Positionen wie Ayer[2], Carnap[3] oder phasenweise Russell[4], die für eine nonkognitivistische Moralauffassung optieren, sieht Feigl durchaus die Möglichkeit, mit den philosophischen Grundannahmen des Logischen Empirismus eine *rationale* Basis für die Moral ausfindig zu machen. Dabei macht Feigl Gebrauch von Annahmen über die menschliche Natur und von Auffassungen zu rational anzustrebenden, allgemein menschlichen Zielsetzungen. Darüber hinaus verbindet Feigl seinen Ansatz mit einem zweifachen Begriff von Rechtfertigung. Diese Komponenten bilden das Zentrum von Feigls wissenschaftlichem Humanismus und damit auch seiner Moraltheorie.

Jener wissenschaftliche Humanismus Feigls ist Teil seiner *wissenschaftlichen* Weltanschauung, die von ihm selbst insbesondere theologischen und religiösen Weltsichten entgegengesetzt wird.[5] Entscheidend ist für Feigl, dass seine eigene Denkrichtung und die theologische bzw. religiöse unvereinbar sind, und zwar insbesondere im Hinblick auf die Rechtfertigung von Wahrheitsansprüchen. Überzeugungen, die sich nicht zumindest in *irgendeiner* Weise testen lassen, sei es durch Beobachtung, Selbstbeobachtung, Messung, Experiment oder statistische Analyse, werden als „theologisch" oder „metaphysisch" abgelehnt. Werden solche Überzeugungen in Form von Aussagen als Wissen behauptet, hätten diese nicht die Bedeutungen, die Aussagen der wissenschaftlichen oder der normalen Sprache haben.[6]

---

1 Vgl. z.B. Viktor Kraft, *Die Grundlagen der Erkenntnis und der Moral.* Berlin: Duncker und Humblot 1968.

2 Vgl. Alfred J. Ayer, *Sprache, Wahrheit und Logik*. Stuttgart: Reclam 1970 (Original 1936).

3 Vgl. Rudolf Carnap, „Replies and Systematic Expositions", in: Paul A. Schilpp (Hg.), *The Philosophy of Rudolf Carnap.* London; La Salle, Ill.: Open Court 1963, pp. 859-1013.

4 Vgl. Bertrand Russell, *Religion and Science.* New York: Henry Holt and Co. 1935.

5 Vgl. hierzu und zum Folgenden Herbert Feigl, „Modernisierte Theologie und wissenschaftliche Weltanschauung", in: *Club Voltaire II.* München 1965, pp. 106-117; vgl. zu Feigls Religionskritik auch Herbert Feigl, „Is Science Relevant to Theology?", in: Herbert Feigl, *Inquiries and Provocations. Selected Writings 1929–1974.* Dordrecht: Reidel 1981, pp. 399-407 (zuerst 1966) sowie Herbert Feigl, „Ethics, Religion and Scientific Humanism", in: Feigl, *Inquiries and Provocations, op. cit.*, pp. 408-421 (zuerst 1969).

6 Vgl. Herbert Feigl, „Naturalism and Humanism", in: Feigl, *Inquiries and Provocations, op. cit.*, pp. 366-377 (zuerst 1949), hier p. 370, vgl. ferner Feigl, „Is Science Relevant to

Wichtig ist Feigl die logische Analyse der Sprache und ihres Sinngehalts, und im Weiteren die Unterscheidung von Erfahrungsbedeutung und Gefühlsbedeutung. Die Gefühlsbedeutung sei auf Vorstellungen, Gefühle und Anschauungen bezogen, die Erfahrungsbedeutung hingegen auf Informationen über Tatsachen. Damit sind diese – und nur diese – auf Erkenntnisse bezogen, die durch die Wissenschaften gewonnen werden. Die Theologie, soweit sie sich vom Fundamentalismus gelöst habe (was wohl meint, soweit sie sich von fehlerhaften deskriptiven Aussagen befreit hat), reduziere sich dagegen, so Feigl, auf moralische Appelle. Religion wird von ihm „als Lebenshaltung gedeutet, die an Idealen hängt wie Frieden, Bruderschaft aller Menschen, allumfassender Güte und Gerechtigkeit und der Selbstvervollkommnung des Menschen in der Kunst des Lebens, des Lernens und des schöpferischen Tuns“[7]. Der wissenschaftliche Humanismus, der Teil der „wissenschaftlichen Weltanschauung“ Feigls ist, trete für „das gleiche“[8] ein. *Inhaltlich* bestünden in diesen Punkten der Moral also keine Gegensätze, wohl aber in der Art und Weise ihrer jeweiligen Rechtfertigung – schließlich basiert für Feigl der religiöse Glaube an die Existenz Gottes auf bloßem Wunschdenken, und Aussagen über Transzendentes werden von ihm mangels Überprüfbarkeit zurückgewiesen.[9] Entsprechend diesen gleichen moralischen Inhalten verbietet es sich für den Humanismus auch, moralische Gehalte zu einem bloßen Schein zu erklären – wie es der Nonkognitivismus in seiner emotivistischen Version tut.

Und diesem Sachverhalt weiterhin entsprechend sei der wissenschaftliche Humanismus auch kein *Materialismus*, der Werte oder Ideale zur bloßen Illusion erkläre. Dieser Humanismus sei vielmehr ein *Naturalismus*, der die *diesseitige* Situation des Menschen mit diesseitigen Mitteln aufgrund von aufs Diesseits bezogenen Erwägungen zu verbessern sucht. Dabei betrachte er das Diesseits keineswegs als Vorbereitung auf ein erhofftes Jenseits; und er sei nicht an einer unbezweifelbaren allumfassenden Erklärung des Universums interessiert – also an einer Erklärung, die über das wissenschaftlich erforschbare Universum hinauszugehen versucht. Auch hierin bleibt Feigls Philosophie strikt „innerweltlich“.

Dabei verzichtet der wissenschaftliche Humanismus als Form des Na-

---

Theology?“, *op. cit.*

7 Feigl, „Modernisierte Theologie und wissenschaftliche Weltanschauung“, *op. cit.*, p. 109.

8 *Ibid.*; vgl. ferner Feigl, „Naturalism and Humanism“, *op. cit.*, p. 374.

9 Vgl. Herbert Feigl, „Not a Pot of Message“, in: Feigl, *Inquiries and Provocations, op. cit.*, pp. 1-20 (zuerst 1974), hier p. 13.

turalismus durchgängig auf vermeintliche, „übernatürliche Erklärungen“ – was ihn in Gegensatz zur Theologie bringt. Auch religiöse Erfahrungen, die dem Gläubigen die Existenz Gottes zu verbürgen scheinen (und wie man hinzusetzen kann: damit zugleich auch die *Geltung* religiöser Moralvorstellungen), sind in den wissenschaftlichen Humanismus nicht integrierbar. Nach Feigl sind derartige behauptete religiöse Erfahrungen zu subjektiv und zu esoterisch für die Verwendung *in* wissenschaftlichen Erklärungen,[10] sie werden vielmehr selbst *Gegenstand* wissenschaftlicher, hier: psychologischer, Erklärungen.

Wie aber kann jene wissenschaftliche Weltsicht zu Fragen der Moral einen Beitrag leisten? Nach Feigl lässt sich in einem wissenschaftlichen Kontext bzw. mit wissenschaftlichen – sprich: empirischen – Methoden zunächst einmal erforschen, welche *Ideale* und *Wertvorstellungen* die verschiedenen menschlichen Populationen (Stämme, Nationen, Sekten, Klassen und andere Gemeinschaften werden von Feigl genannt) hervorgebracht haben. Damit liegen historische und anthropologische Feststellungen vor, und zwar von faktisch vorhandenen moralischen Einstellungen. Damit bewegen sich die Untersuchungen also im Bereich der *deskriptiven* Ethik. Darüber hinaus kann die Wissenschaft nach Auffassung von Feigl aber noch Weiteres leisten: Sie kann „eine versuchsweise Erklärung für den Ursprung und die Entwicklung dieser Normen und Bestrebungen“[11] angeben. Doch wie Feigl zu Recht konstatiert, ist mit einer solchen „Schilderung und Deutung menschlicher Bedürfnisse, Ziele und Ideale“ noch keine moralische Rechtfertigung dieser gegeben – Genese und Geltung sind zweierlei resp. Entstehungsbedingungen von den Rechtfertigungsbedingungen zu unterscheiden. Aus jenen „wissenschaftlichen Wahrheiten“ lassen sich unmittelbar keine moralischen Imperative ableiten; die wissenschaftliche Wahrheit sei neutral.[12] Entsprechend gelangt man auf diesem Wege auch nicht zur *normativen* Ethik – ein andersgearteter Versuch liefe auf einen *Sein-Sollen-Fehlschluss* hinaus.

Wenn aber die Wissenschaft jene grundlegenden Fragen der Moral nicht entscheiden kann – und nach Feigl zudem die Theologie nicht in der Lage ist, „mehr als sprachliche und gefühlsmäßige Stimulantien (oder Beruhi-

---

10 Vgl. hierzu Feigl, „Modernisierte Theologie und wissenschaftliche Weltanschauung“, *op. cit.*, p. 112.

11 *Ibid.*, p. 115.

12 *Ibid.*, p. 116.

gungsmittel) zu liefern“[13] – dann bleibe nur, dass die Menschheit selbst die Verantwortung für ihre moralischen Prinzipien trägt, und dabei nicht auf übernatürliche Bestätigung hofft. Feigl intendiert daher zu zeigen, dass die grundlegenden moralischen Prinzipien – Gerechtigkeit, Güte und Vervollkommnung werden von ihm in diesem Zusammenhang genannt – ein Produkt der menschlichen Natur in ihrem sozialen Gefüge sind.[14] Beabsichtige man, fundamentale moralische Prinzipien zu explizieren, ergebe sich der Bezug zu diesen (oder verwandten) Werten, da andernfalls nicht von einer Erklärung des Begriffs „Ethik“ die Rede sein könne.[15] Ihre Begründung muss aufgrund der gemachten Ausführungen aus innerweltlichen Quellen stammen, und zwar aus philosophischen.

3. Feigls Moralphilosophie und die Frage nach der Begründung der Moral

Feigls frühester, wichtiger Aufsatz, in dem neben anderen Fragen des Begründens bzw. Rechtfertigens auch *moralphilosophische* Begründungsfragen thematisiert werden, erschien 1950 unter dem Titel „De Principiis Non Disputandum ...? On the Meaning and the Limits of Justification“. In diesem Text wird versucht, den Status derjenigen letzten Prinzipien zu klären, die als Standards für Gültigkeit fungieren bzw. die Grundlagen für Rechtfertigungen konstituieren. Unter anderem – d.h. neben der Basis der formalen Logik, der Methodologie und der Erkenntnistheorie – werden dabei Grundprinzipien der Ethik untersucht.

In dieser Erörterung beginnt Feigl mit einer grundlegenden und auch später von ihm beibehaltenen Differenzierung seines Rechtfertigungsbegriffs: Er unterscheidet zwischen „validation“ und „vindication“.[16] Beide Arten der Rechtfertigung bedürfen, so Feigl, eines Standards bzw. einer Norm, auf die (mindestens implizit) Bezug genommen werde, doch differieren diese. Unter „validation“ versteht Feigl einen Nachweis im Sinne

13 *Ibid.*

14 Vgl. *ibid.*

15 Vgl. Herbert Feigl, „A Note on Justification and Reconstruction“, in: *Philosophical Studies* 5/6, 1958, pp. 70–72, hier p. 71.

16 Vgl. Herbert Feigl, „De Principiis Non Disputandum ...? On the Meaning and the Limits of Justification“, in: Feigl, *Inquiries and Provocations, op. cit.*, pp. 237-268 (zuerst 1950), hier pp. 239f. und auch Herbert Feigl, „Validation and Vindication“, *op. cit.*, p. 385.

einer Ableitung – „validation" beansprucht Prinzipien der Logik bzw. vertraut auf die logisch gültigen Prinzipien: „validation involves reliance upon the principles of logic"[17]. „Vindication" stellt hingegen eine andere Art und Weise von Rechtfertigung dar; sie wird näher als „pragmatische" bzw. „instrumentelle", also „zweckdienliche" resp. „nützliche" Rechtfertigung bestimmt („‚pragmatic' or ‚instrumental' justification")[18]. Das heißt, diese Form von Rechtfertigung greift auf erstrebte Zwecke oder pragmatische Überlegungen zurück.[19]

Einzelne Normen eines Normensystems könnten nun, so Feigl, vermittels „validation" gerechtfertigt bzw. abgeleitet werden. Diese Annahme lässt sich anhand von zahllosen Beispielen veranschaulichen, sofern bzw. weil logische Beziehungen auch zwischen Sätzen der Moral bestehen. Aus dem Gebot, eine bestimmte Handlung *h* in einer Situation auszuführen, folgt das Verbot ihrer Unterlassung in der gegebenen Situation, aus einer allgemeinen Norm lassen sich (unter Mithilfe faktischer Sätze) konkretere Urteile ableiten usw.[20] Verfügt man also über eine geeignete moralische Basis, seien es Ideale, Prinzipien, Grundnormen oder Grundrechte, könnten von dieser Basis vermittels Ableitung (validation) weitere moralische Werte oder Regeln deduziert werden.

Da aber ein *Grundsatz* als solcher nicht auf diese Weise aus einem anderen Satz abgeleitet werden kann (andernfalls wäre er trivialer Weise kein Grundsatz), entfällt diese Art der Rechtfertigung auch bei den Grundsätzen einer Ethik. Und weil Feigl

– theologische bzw. seiner Ansicht nach metaphysische Rechtfertigungsversuche verwirft,
– einer vorgeblichen Selbstevidenz derartiger Grundsätze auch nicht das Wort reden will bzw. den Intuitionismus (George E. Moores u.a.) ablehnt[21] und

17 Feigl, „De Principiis Non Disputandum …?", *op. cit.*, p. 245.

18 *Ibid.*, pp. 239f.

19 Vgl. Herbert Feigl, „Validation and Vindication: An Analysis of the Nature and the Limits of Ethical Argument", in: Feigl, *Inquiries and Provocations, op. cit.*, pp. 378–392 (zuerst 1952), p. 386.

20 Vgl. hierzu die Ausführungen in Feigl, „De Principiis Non Disputandum …?", *op. cit.*, p. 267.

21 Vgl. Herbert Feigl, „The Wiener Kreis in Amerika", in: Feigl, *Inquiries and Provocations, op. cit.*, pp. 57-94 (zuerst 1969), hier p. 79. Feigl verweist im Rahmen seiner Kritik zurecht auf die Unterschiedlichkeit der Inhalte behaupteter Intuitionen; vgl. ferner Feigl, „Validation and Vindication", *op. cit.*, pp. 384f. zum Thema.

– eine bloße Explikation der Grundbegriffe für unzureichend hält,[22]

stellt sich ihm das Begründungsproblem in besonderer Dringlichkeit. Zudem sei es unbefriedigend, lediglich ein ethisches System von der gewählten Grundlage eines anderen aus zu kritisieren.[23] Denn sowohl bei der bloßen Explikation der Grundbegriffe eines gewählten ethischen Systems als auch bei der Kritik eines solchen Systems auf der gewählten Grundlage eines anderen derartigen Systems könnten Alternativen bzw. konkurrierende Systeme nicht auf überzeugende Weise ausgeschlossen werden. Die angesichts dieser Situation einzig verbleibende und damit zu präferierende Art und Weise der Rechtfertigung ist demnach für Feigl die „vindication", also die *pragmatische* Rechtfertigung. Die Annahme oder Verwerfung oberster moralischer Prinzipien kann nach Feigls Auffassung daher nur im Rahmen solcher pragmatischer Überlegungen erfolgen.[24]

Eine solche pragmatische Rechtfertigung ist laut Feigl eine Rechtfertigung durch *Zwecke*, sie „consists in showing that adoption of the norms of a given moral system fulfills a purpose"[25]. Infolge dessen gelte es, den Zweck bzw. die Zwecke näher zu bestimmen. Zu beachten sei dabei zunächst auch, *wer* die Frage nach den Zwecken stellt, also die Persönlichkeit des fragenden Individuums.[26] An diesem Punkt der Erörterung werde jedoch eine Schwierigkeit offensichtlich, meint Feigl: Denn es drohte, dass unterschiedliche Zwecke in Betracht kommen oder gewählt werden, und daraus könnten in der Folge Konflikte zwischen Individuen resultieren, die voneinander divergierende Zwecke anstreben oder Ziele verfolgen, die in Konkurrenz zueinander stehen.

In Anbetracht derartiger Schwierigkeiten stellt sich für Feigl die Anschlussfrage, ob einzelne Zwecke selbst wieder als „moralisch gut" ausgezeichnet werden könnten. Wäre dies der Fall, ließen sich die angesprochenen Konflikte vermeiden. Denn in diesem Fall würde wohl angestrebt, übereinstimmende Werte zu realisieren. Doch um bestimmte Ziele als „moralisch gut" auszuzeichnen, brauchte es wiederum einen vorauszusetzenden Standard, und in Ermangelung eines solchen bleibt die Frage nach der Auszeichnung bestimmter Zielvorstellungen als „moralisch" oder „un-

22 Vgl. hierzu Feigl, „De Principiis Non Disputandum …?", *op. cit.*, pp. 256f.

23 Vgl. hierzu und zum Folgenden *ibid.*, p. 257.

24 Vgl. *ibid.*, p. 257 und Feigl, „Validation and Vindication", *op. cit.*, p. 386.

25 Feigl, „De Principiis Non Disputandum …?", *op. cit.*, p. 258.

26 Vgl. *ibid.*, p. 259.

moralisch“ Feigl zufolge unbeantwortbar.[27] Weil aber nicht auszuschließen sei, dass die Ziele miteinander nicht kompatibel sind, droht das Fehlen von gemeinsamen Bewertungsstandards.

Damit *scheinen* Feigls Erörterungen in dem Aufsatz „De Principiis Non Disputandum …?“ auf einen moralischen Relativismus hinauszulaufen. Aber Feigl zufolge ergibt sich *letztlich keine* Beliebigkeit bei der Wahl von Zwecken, und diejenigen Standards, die pragmatisch gerechtfertigt („vindicated“) werden können, lägen fest. Und wäre dies der Fall, ergäbe sich auch kein moralischer Relativismus. Um zu begründen, dass jene Ziele entgegen dem ersten Anschein (zumindest auf Zeit) festliegen, greift Feigl im Rahmen seines Logischen Empirismus bzw. im Kontext seines Naturalismus auf empirische Überlegungen bzw. Rechtfertigungen zurück. Denn die Ziele bzw. Zwecke, so Feigl, seien ein Resultat langer Erfahrung im Harmonisieren von *allgemeinen* Bedürfnissen und Interessen (und zwar intra-individueller wie inter-individueller) sowie ein Produkt persönlicher wie sozialer Erfahrungen, die durch den Einfluss von Intelligenz angeleitet wären;[28] daher seien entsprechende Regeln der Moral auch nicht nur konventionelle Festsetzungen.[29] Mit anderen Worten: Jene zu rechtfertigenden Ziele hingen mit der *menschlichen Natur* sowie *allgemeinen menschlichen Bedürfnissen und Interessen* zusammen.[30] Und diese scheinen für Feigl empirisch zu erfassen zu sein, denn er gibt zumindest einige Ziele an, die sich aus diesen Bedürfnissen und Interessen tatsächlich ergeben sollen. Demgemäß nennt er als Ziele beispielsweise die schon erwähnte „Gerechtigkeit“ und „Freundlichkeit“, die gleichwohl nicht aus einer logischen (strikten) Ableitung hervorgingen.[31]

Damit seien einige grundlegende Werte als Basis benannt, auf die man sich festlege – und zwar als Mensch. Feigl beansprucht demgemäß, es gebe ethische Ideale, die für menschliche Angelegenheiten (einigermaßen) grundlegend seien („I claim that there are ethical ideals that seem to be fairly basic in human concerns“[32]). Letztlich hingen diese Werte mit allgemeinen menschlichen Bedürfnissen und Interessen zusammen bzw. wurzelten in der menschlichen Natur, und in entsprechenden sozialen Kon-

27 Vgl. *ibid.*, p. 259.

28 Vgl. *ibid.*, p. 260.

29 Vgl. Feigl, „Not a Pot of Message“, *op. cit.*, p. 14.

30 Vgl. hierzu auch Feigl, „Validation and Vindication“, *op. cit.*, p. 380.

31 Vgl. Feigl, „De Principiis Non Disputandum …?“, *op. cit.*, p. 260.

32 Feigl, „Ethics, Religion and Scientific Humanism“, *op. cit.*, p. 417.

texten würden sich diese moralischen Ideale herausbilden. So schreibt er: „If we dig deeper into human nature we find that in some social contexts certain moral ideals inevitably work themselves out"[33]. Deshalb könnten menschliche Ideale auch *empirisch* erforscht werden. Nach Feigl kann sogar eine einheitliche Menge oberster moralischer Werte empirisch klar erkannt werden als etwas, was im menschlichen Bewusstsein inhärent sei.[34] *Relativ* sei die Ethik sonach ausschließlich im Sinne einer Relativität auf die allgemeine menschliche Natur hin. Und dies besage nicht weniger, als dass ethische Grundprinzipien *universell* anwendbar seien.[35] Die genannten Werte der Gerechtigkeit und Freundlichkeit, zu denen bei Feigl noch „Fairness" und „Gleichheit"[36] hinzutreten, seien demnach allgemeine Werte. Mit ihnen als Grundlage, welche pragmatisch gerechtfertigt und empirisch eindeutig erkennbar sei, ließe sich dann entsprechend ein allgemeingültiges Normensystem aufbauen[37] und pragmatisch rechtfertigen.[38] Dieses stehe hinsichtlich des Grundlegenden fest; lediglich in seinen näheren Spezifizierungen verblieben verschiedene Möglichkeiten.[39]

Vorausgesetzt bei dieser Rechtfertigung einer moralischen Grundlage wird demnach Folgendes: Dass (1) einige Ziele allgemein gewünscht werden, (2) diese einheitlich bestimmt sind und (3) eine allgemeine menschliche Natur vorhanden ist, aus der sich die allgemeine Wünschbarkeit ergibt. Dies bestätigt auch diejenige Passage des zuletzt zitierten Aufsatzes, in der Feigl auf mögliche individuelle Abweichungen von der Natur bzw. den Zielen zu sprechen kommt. Weiche nämlich jemand zu stark von der menschlichen Natur ab, verfüge er auch nicht über die genannten Ziele. Ein derartiger Mensch habe eine psychotische Personalität („psychopathic personality"[40]). Eine solche Person sei auch nicht von einer moralischen Lebensweise zu

33 *Ibid.*, p. 418; vgl. ferner Feigl, „Validation and Vindication", *op. cit.*, p. 380.

34 Vgl. Feigl, „Ethics, Religion and Scientific Humanism", *op. cit.*, p. 418; im Original ist die Rede von einem „unified set of supreme moral values [which] can be empirically discerned as inherent in the conscience of man". Zumindest in dem früheren Text „Validation and Vindication" von 1952 war Feigl wegen kultureller Differenzen diesbezüglich allerdings zurückhaltender; vgl. Feigl, „Validation and Vindication", *op. cit.*, p. 388.

35 Vgl. Feigl, „Ethics, Religion and Scientific Humanism", *op. cit.*, p. 418.

36 Vgl. *ibid.*, p. 419.

37 Vgl. auch *ibid.*, p. 417.

38 Vgl. Feigl, „De Principiis Non Disputandum …?", *op. cit.*, p. 264.

39 Vgl. Feigl, „A Note on Justification and Reconstruction", *op. cit.*, p. 72.

40 Feigl, „Ethics, Religion and Scientific Humanism", *op. cit.*, p. 420.

überzeugen: Eine Ableitung aus logischen oder empirischen Prämissen allein sei – wie ausgeführt – ohnehin nicht durchzuführen, und so könne eine solche Person gar nicht überzeugt werden, da sie die grundlegenden Ziele der Menschen nicht teilt, was einem jeden pragmatischen Begründungsversuch die Basis entzieht.[41]

Damit zeigt sich, dass einheitliche resp. übereinstimmende menschliche Zielsetzungen in ihrer Zusammengehörigkeit mit der menschlichen Natur das unverzichtbare Fundament der Ethikkonzeption Feigls bilden. Hinzu tritt als weiteres Element der Moralkonzeption der sich Feigl zufolge zeigende bzw. ergebende Inhalt der Moral. Gemeint sind damit die universellen Werte der Gerechtigkeit, der Gleichheit, der Fairness und der Freundlichkeit sowie das Harmonieren von Interessen, die durch adäquate Normen zu sichern wären.

4. Feigls Theorie in kritischer Diskussion – und ihre grundlegenden Schwierigkeiten

Nachdem somit die Ethikkonzeption von Feigl in ihren Hauptpunkten dargestellt wurde, ist der Frage nachzugehen, ob diese Konzeption eine *überzeugend begründete* Konzeption darstellt. Um diese Frage zu beantworten bzw. um begründeter Maßen darzutun, dass diese Frage zu verneinen ist, wird Feigls Theorie im Folgenden mit einigen schwerwiegenden Schwierigkeiten konfrontiert.

Stellt man kritische Fragen an Feigls Moraltheorie und ihre Begründungsbasis, so zeigt sich, dass vornehmlich drei zentrale Elemente der Feigelschen Konzeption zum Zielpunkt von Einwänden werden können: Erstens könnte bestritten werden, dass es so etwas wie eine allgemeinmenschliche Natur als Basis allgemeiner Wünsche gibt, zweitens könnte bezweifelt werden, dass es allgemeinmenschliche verbindliche Zwecke oder Ziele gibt, und drittens ließe sich ein Zweifel daran vorbringen, dass Gerechtigkeit, Gleichheit, Freundlichkeit, Fairness und das Harmonisieren von Interessen diese Ziele oder Zwecke *einheitlich* darstellten. Anders formuliert: Alle Elemente, deren Vorhandensein Feigl behauptet und die die Basis eines Normensystems bilden sollen, können zum Gegenstand einer kritischen Diskussion werden, und zwar durch ein Bestreiten oder Bezweifeln ihres Vorhandenseins resp. ihrer Verbindlichkeit oder ihrer Einheitlichkeit. Da-

41 Vgl. *ibid.*, p. 420.

mit werden durchgängig *empirische* Aussagen in Zweifel gezogen, wobei die Zweifelskundgaben durch empirische Hinweise auf den faktischen Relativismus (gemeint ist hiermit ein deskriptiver Relativismus), kulturelle Differenzen bezüglich von Zielen menschlichen Lebens etc. gestützt oder plausibilisiert werden könnten. Feigls empirischen Aussagen, so wäre für eine überzeugende Zurückweisung des Zweifels zu fordern, müssten demnach stichhaltige Erklärungen bzw. Begründungen hinzugefügt werden.

Auf diese gravierende Herausforderung, die der Relativismus darstellt, ist Feigl selbst ausdrücklich eingegangen. So hat er selbst interkulturelle Differenzen bezüglich Ziele in einem seiner Aufsätze aus dem Jahre 1952 in seine Erwägungen einbezogen. In diesem Text wird eine Konvergenz der Ziele (und damit wohl der aus diesen abzuleitenden Normensysteme) in Aussicht gestellt.[42] In dem späteren Aufsatz *Ethics, Religion and Scientific Humanism* aber tritt an die Stelle dessen die Meinung, ein „tieferes Graben“ würde eine einheitliche Natur und in Verbindung damit auch einheitliche Zielsetzungen zu Tage fördern.[43] Könnte diese Ansicht überzeugen, ließe sich der moralische (normative) Relativismus in Feigls Konzeption vermeiden, da er sich nicht als Produkt des deskriptiven Relativismus ergäbe. Auch hier sind also Feigls empirische Grundannahmen über die allen gemeinsame menschliche Natur zentral für seine Argumentation bzw. die Entkräftung von Einwänden gegen seine naturalistische Ethik.

Ein weiteres Problem der empirischen Grundannahmen, welches Ähnlichkeiten mit der soeben angesprochenen Schwierigkeit hat, betrifft überdies die Frage einer möglichen Relativität auf Zeitpunkte bzw. -spannen. Das heißt, man kann über das bereits Gesagte zusätzlich noch die beiden Fragen aufwerfen, (a) ob die menschliche Natur und die Zielsetzungen der Menschen überhaupt zeitinvariant seien bzw. (b) ob sie ein für allemal festgestellt werden können. Wäre beides tatsächlich der Fall, ließen sich aus den Zielvorgaben gemäß Feigls Ansatz dauerhafte Werte oder Normen generieren. Feigl geht jedoch davon aus, dass die menschlichen Ziele (und Bedürfnisse) Gegenstand der empirischen Forschung sind, die ihrerseits nicht unfehlbar sei. Damit droht, dass akzeptierte Werte oder Normen auf nur vermeintlichen Zielen basieren; insofern bereitet die Frage (b) Schwierigkeiten. Überdies rechnet Feigl mit Veränderungen der menschlichen Wertbegriffe bzw. Ziele und räumt die Möglichkeit ihrer Verbesserung ein, vor allem sofern die Entwicklung durch eine wissenschaftliche Weltanschauung

42 Vgl. hierzu Feigl, „Validation and Vindication“, *op. cit.*, pp. 388-391.

43 Vgl. Feigl, „Ethics, Religion and Scientific Humanism“, *op. cit.*, p. 418.

gelenkt wird.[44] Damit wird auch durch Frage (a) ein Problem benannt. So scheinen Verbesserungen im Sinne von Erweiterungen derjenigen Kenntnisse, die einer Normenbildung zugrunde liegen, (prima facie) nicht gänzlich ausgeschlossen. Das heißt, ein gewisser Spielraum für Veränderungen scheint im Rahmen der Moralphilosophie Feigls doch zu bestehen. Was sich mit Hilfe des Feiglschen Konzepts also bestenfalls begründen ließe, wären zeitlich variable und damit zeitlich relative normative Verbindlichkeiten.

Sieht man auch von dieser zuletzt diskutierten, eher speziellen und unter Umständen nicht so weitreichenden Problematik ab, da ja einige grundlegende Normen z.B. trotzdem Bestand haben könnten, bleiben allerdings weitere, grundlegende Schwierigkeiten im Kontext relativistischer Einwände. Feigls Ethikkonzeption scheint sonach nur dann als eine nicht-relative Konzeption bestehen zu können, *wenn* seine Thesen über die allgemeine menschliche Natur, die allgemeinmenschlichen Zielsetzungen und die einzeln genannten generellen bzw. universellen menschlichen Ziele überzeugend gerechtfertigt werden können. Deshalb sind nun jene grundlegenden Annahmen Feigls zu überprüfen.

Allerdings zeigt sich bei der Prüfung der zentralen Überzeugungen Feigls sogleich eine beträchtliche Schwierigkeit. Denn seine tragenden Annahmen, dass eine allgemeine menschliche Natur ebenso vorzufinden sei wie allgemeinmenschliche Ziele, die konkret Gerechtigkeit, Gleichheit, Freundlichkeit, Fairness und Harmonisierung von Interessen umfassen, sollen *empirische* Annahmen sein. Um sie überzeugend abzusichern, bedürfte es mithin empirischer Untersuchungen.

Ob eine solche aber beispielsweise ein einheitliches Ziel wie *Gleichheit* in allen menschlichen Gesellschaften entdecken könnte, scheint mehr als zweifelhaft – in Anbetracht der zahllosen inegalitären Gesellschaftsformen, die die menschliche Geschichte hervorgebracht hat. Zu nennen wären hier unter anderem die Sklavenhaltergesellschaften der Antike und der Neuzeit, Gesellschaften, die Leibeigenschaften zulassen oder massiv ungleiche Behandlungen (und Rechtevergaben) wegen geschlechtlicher, religiöser oder ethnischer Zugehörigkeit praktizierten u.a.m. Offenbar waren in der Menschheitsgeschichte allzu oft partikuläre Interessen resp. Gruppeninteressen und ihre Durchsetzung dominierend, so dass keine allgemeine Gleichheit auch nur im Sinne einer Rechtsgleichheit zustande gekommen

44 Vgl. Feigl, „Modernisierte Theologie und wissenschaftliche Weltanschauung", *op. cit.*, p. 117; zur festgestellten Veränderlichkeit auch Feigl, „De Principiis Non Disputandum …?", *op. cit.*, p. 267 und Feigl, „Validation and Vindication", *op. cit.*, p. 390.

wäre – ganz zu schweigen von Chancengleichheit. Gleichheit war demzufolge allzu oft ebenso wenig ein allgemeines Ziel wie die *Harmonisierung* von Interessen, denn die Interessen der jeweils Benachteiligten wurden schlicht unterdrückt und keineswegs harmonisiert.

Hoch problematisch ist zweifelsohne auch die Frage nach der *Gerechtigkeit* in diesen zahlreichen Gesellschaften – und die Frage nach den Gerechtigkeitsvorstellungen der jeweiligen Gesellschaftsmitglieder. Wie Feigl selbst feststellt, ist der Wert der Gerechtigkeit nicht nur von Tyrannen, Aristokraten und Faschisten herabgewürdigt worden, sondern auch von Platon und Nietzsche.[45] Demgemäß dürften die Inhalte der Gerechtigkeitsannahmen verschiedener Menschen(gruppen) mehr als deutlich untereinander differieren. Aber es mag ebenso (oft) der Fall gewesen sein, dass es für Teile der jeweiligen Bevölkerung nicht erstrebenswert war, eine gerechte Gesellschaft zu etablieren, da eine derartige Veränderung ihrer Interessensbefriedigung nachteilig gewesen wäre. Kurz gesagt: Als *allgemeine* Thesen über die menschlichen Zwecke und Ziele scheinen Feigls empirische Aussagen kaum richtig zu sein. Damit aber gerät Feigls *empirische* Basis deutlich ins Wanken.[46]

Verschärfen kann man diesen letzten Punkt noch durch folgende ergänzende Überlegung: Empirisch betrachtet scheinen in der Menschheitsgeschichte Eigenschaften wie Egoismus, Gruppenegoismus oder Fremdenfeindlichkeit sehr häufig vorhanden gewesen zu sein, und sie haben auf die jeweils vorherrschenden Moralsysteme und Rechtssysteme offenbar immer wieder Einfluss ausgeübt. Und man kann wohl unterstellen, dass nicht wenige, die an der Etablierung und Aufrechterhaltung derartiger Gesellschaftsordnungen interessiert und beteiligt waren, ihre Ziele verfolgt und ihren jeweiligen Zwecken gedient haben. Deren Ziele und Zwecke aber dürften demnach empirisch ebenso gut belegt sein wie moralische Zielvorstellungen, die von anderen Individuen angestrebt wurden. Das besagt aber nicht weniger, als dass es (nach Feigls wie nach heutigem Verständnis) auch *unmoralische* Wertvorstellungen oder Ideale gegeben hat. Nur durch empirische Forschung aber scheinen unmoralische Werte etc. nicht von moralischen Werten etc. unterschieden werden zu können, sofern man nur

---

45 – was Feigl als moralisch inakzeptabel zurückweist, vgl. Feigl, „Validation and Vindication", *op. cit.*, p. 381.

46 Sollte es dem zum Trotz eine gemeinsame menschliche Natur mit den von Feigl benannten Zielen geben, die nur nicht so ohne weiteres festzustellen wären, wäre ein Nachweis des Vorhandenseins dieser Ziele einzufordern. Anderenfalls bleibt Feigls These eine unbestätigte Versicherung.

voraussetzt, dass sie sich beide gleichermaßen an dem jeweiligen Verhalten von Bevölkerungsgruppen ablesen lassen.

Dabei ist auch noch folgende weitere Schwierigkeit bezüglich der unterstellten Einheitlichkeit nicht außer Acht zu lassen. Selbst wenn in verschiedenen oder gar allen Gesellschaften ein Wert angenommen wird, der durchgängig zutreffend mit z.B. „*Gerechtigkeit*“ übersetzt wird, besagt dies wenig darüber, welche einzelnen Handlungen bzw. welche Typen von Handlungen jeweils als „gerecht“ angesehen werden. So gilt es in unserem Kulturkreis als ungerecht, wenn eine Person aufgrund ihres Geschlechts nur die Hälfte von dem erbt, was eine Person anderen Geschlechts erhält – aber dies ist nicht überall auf der Welt so. Gleiches gilt für das Gewicht von Zeugenaussagen vor Gericht – auch hier bestehen nicht in unserer Gesellschaft, aber anderswo geschlechtsspezifische Unterschiede, die mutmaßlich woanders ebenfalls als „gerecht“ betrachtet und bezeichnet werden.

Auch dasjenige, was als „anzustrebende *Harmonie*“ oder „Harmonisierung“ klassifiziert wird, dürfte deutliche kulturelle Differenzen aufweisen. Andernorts würden beispielsweise viele Menschen die Harmonie massiv gestört sehen, wenn weibliche Personen Auto fahren oder ohne männliche Begleitung durch Verwandte oder Ehegatten sich auf der Straße bewegen, keinen Schleier tragen etc. „Harmonie“ scheint demzufolge sehr viele verschiedene Vorstellungen umfassen zu können, und je nach Annahme, welche harmonische Lebensweise zu präferieren ist bzw. als jeweilig als „disharmonisch“ bezeichnet wird, ergeben sich sehr verschiedenartige Meinungen über angemessene normative Regelungen.

Auch die Vorstellungen, was „*Gleichheit*“ eigentlich besagt, gehen weit auseinander, wenn man verschiedene Kulturen oder Epochen betrachtet. Immerhin haben etliche Gesellschaften viele, die wir heute selbstverständlich als Menschen betrachten, gar nicht als Menschen klassifiziert (Schwarze oder Indianer), so dass sie auch nicht als mit gleichen Rechten ausgestattet angesehen wurden. Und bereits in der griechischen Antike gehen die Vorstellungen darüber, wer als „Gleicher“ gilt (und wer z.B. als Sklave ungleich in Bezug auf die Freien), auseinander: Platon und Aristoteles stehen hier mit ihren Auffassungen beispielsweise denen der Stoa und einiger Kyniker gegenüber.

Auch Feigls Wert der *Freundlichkeit* scheint nicht so einhellig realisiert (worden) zu sein, wie es für seine Konzeption vonnöten scheint. Denn Standards der Freundlichkeit erscheinen gleichfalls starke kulturelle Differenzen aufzuweisen – die „Freundlichkeit“ des Eskimos, in kalten Nächten Gästen seine Frau zur Verfügung zu stellen, dürfte heutzutage im Abendland *mindestens* als krasse Unfreundlichkeit gegenüber der Frau betrachtet werden.

Alles in allem: Die Werte, die Feigl annimmt, scheinen gar nicht so untereinander ähnlich realisiert (worden) zu sein, dass sich daraus einheitliche Normierungen in verschiedenen Gesellschaften haben ergeben können. Ein „tieferes Graben" in diesen Dingen, welches Feigl selbst angesprochen hat (s.o.), scheint – anders als es Feigl prognostiziert hat – eher Differenzen an den Tag zu bringen als Übereinstimmungen.

Besonders schwerwiegend ist allerdings das Folgende: Feigl geht davon aus, dass die genannten Ziele wie Gerechtigkeit, Gleichheit, Fairness oder Freundlichkeit nicht wiederum moralischen Bewertungen unterliegen können. Entsprechend bleibt, visiert man wie Feigl eine universale Ethik an, auf einer deskriptiven Ebene nur, von einer zugrundeliegenden Einheitlichkeit faktischer Ziele auszugehen. Dies aber ist, wie herauszustellen versucht wurde, schon empirisch wenig überzeugend. Immerhin ist zu bedenken, dass gerade ein faktisches Divergieren von menschlichen Ansichten betreffs der zu befolgenden Normen ein Grund ist, eine normative Konzeption zu suchen, die argumentativ überzeugt, um so moralische Konflikte auf für alle akzeptable Weise zu lösen. Dadurch, dass jene Ziele einer Wertung entzogen werden, fehlt aber – im Falle von (faktischen oder möglichen) Konflikten – ein hinreichendes normatives Potential, welches eine Beurteilung von Zielen sowie von abgeleiteten Normen zulässt bzw. ermöglicht. Ohne eine solche bewertende Instanz, die übergeordnet ist, verbleibt nur, *faktische* Ziele zu einer höchsten Instanz zu machen. Einen überzeugenden Grund dafür, jenseits der These, diese Ziele seien faktische, gibt Feigl aber nicht an – auch wenn er mehrfach seiner Hoffnung Ausdruck gibt, eine aufgeklärte Menschheit würde zu aufgeklärten und humanen Zielen finden.[47] Damit liegt jedoch eine Form des (ansonsten von Feigl selbst kritisierten[48]) *Sein-Sollen-Fehlschlusses* vor, denn von der unterstellten faktischen allgemeinen Zielsetzung wird offenkundig auf ihre Berechtigung geschlossen. Das heißt: Zwischen dem faktischen Zustand – *dass* bestimmte Ziele vorhanden sind – und der *Rechtfertigung* faktischer Zustände wird im Rahmen der Konzeption Feigls nicht deutlich genug unterschieden.

Dies bedeutet letztlich, dass Feigls Ethikkonzeption nicht in der Lage ist, Ziele – als Basis für Normensysteme – einsichtig zu begründen. Denn

47 Vgl. Feigl, „De Principiis Non Disputandum …?", *op. cit.*, p. 260 und Herbert Feigl, „Validation and Vindication", *op. cit.*, p. 391.

48 Vgl. Feigl, „Validation and Vindication", *op. cit.*, p. 384.

erstens ist es, wie dargestellt wurde, empirisch äußerst zweifelhaft, ob die Ziele der Menschen de facto so homogen sind, wie Feigl unterstellt. Und zweitens kann im Rahmen der Konzeption Feigls nicht überzeugend moralisch dagegen argumentiert werden, wenn jemand andere als Feigls Zwecke ansetzt – denn diese wären laut Feigl wie andere Zielsetzungen der moralischen Bewertung entzogen. Würde Feigl in diesem Fall darauf verweisen, dass dieses andere Ziel nicht tatsächlich in der Praxis befolgt würde, liefe dies wiederum auf einen Sein-Sollen-Fehlschluss hinaus. Ein überzeugendes *Argument* gegen die These, man *solle* anderen Normen folgen, läge damit aber nicht vor. Und dies bedeutet zuletzt, dass Feigls Theorie nicht in der Lage ist, grundlegende, universell verbindliche Normen zu begründen und gegen potentielle Opponenten bzw. mögliche Alternativen überzeugend zu verteidigen.

5. Abschließende Reflexion: Ließen sich Feigls moralphilosophische Ziele des wissenschaftlichen Humanismus auf anderem Wege realisieren?

Feigls Anliegen war es, eine Moral zu begründen, ohne dabei auf theologische oder religiöse Begründungsinstanzen zurückgreifen zu müssen. Die Moral sollte innerweltlich begründet werden, um mit den anti-metaphysischen und nicht-theologischen Annahmen der Philosophie des Wiener Kreises kompatibel zu sein.

Im Verlauf des 20. Jahrhunderts und am Beginn des 21. Jahrhunderts hat es eine Vielzahl entsprechender Ansätze gegeben, die allesamt jene antimetaphysische und nicht-religiöse Haltung teilen. Exemplarisch ließen sich neben anderen anführen: Richard M. Hares Untersuchungen zur Sprache der Moral und zur Universalisierbarkeit,[49] die „Moral point of view"-Theorien von William K. Frankena[50] u.a., kontraktualistische Ansätze wie der von Kurt Baier[51] u.a., die rationalitätstheoretische Konzeption von Bernard

49 Diese bestehen unabhängig von Hares religiösen Ansichten; und gleiches gilt für die folgend genannten Positionen Frankenas auch. Vgl. exemplarisch Richard M. Hare, *Moralisches Denken: Seine Ebenen, seine Methode, sein Witz*. Frankfurt am Main: Suhrkamp 1992.

50 Vgl. hierzu u.a. William K. Frankena, *Analytische Ethik. Eine Einführung*. München: dtv 1972.

51 Vgl. z.B. Kurt Baier, *The Rational and the Moral Order. The Social Roots of Reason and Morality*. Chicago–La Salle, Ill.: Open Court 1995.

Gert,[52] die prudentielle handlungstheoretische Moralkonzeption von Alan Gewirth,[53] die Konzeption von C.I. Lewis[54] oder auch den diskursethischen Ansatz in seinen diversen Spielarten.[55] Alle diese Moralphilosophien wurden und werden bis heute kontrovers diskutiert. Und – grob betrachtet – dürften sie alle sich in dem von Feigl abgesteckten Feld bewegen, indem sie auf metaphysische, theologische und religiöse Argumente verzichten. Sie alle machen keinen Gebrauch von „Übernatürlichem".

Gleichwohl unterscheiden sich die genannten Theorien von Feigls Ansatz, und zwar vor allem dadurch, dass sie den Begriff der Empirie weiter fassen bzw. Teile der Empirie einbeziehen, die bei Feigl außen vor bleiben. Eine Differenz zwischen den genannten jüngeren Positionen und den Feigelschen Gedanken scheint darin zu bestehen, dass die anderen Ansätze die Sprache der Moral auf andere Art und Weise Eingang in ihre Theorien finden lassen. Dabei geht es jedoch nicht um nonkognitive Sprachverständnisse oder nicht kognitiv zu erfassende Teile der Sprache. Wichtig erscheint es zu sehen, dass auch jenseits deskriptiv-wissenschaftlicher Sprachverwendungen ein kognitiver Sprachgebrauch möglich ist, der sich über das reine deduktive Folgern aus grundlegenderen Sätzen und über praktische Begründungen im Sinne von „auf Nützlichkeit beruhenden Begründungen" hinaus erstreckt – eine Option, die in der Philosophie Feigls nicht hinreichend berücksichtigt wird.

Gemeint ist vor allem, dass der Sprachgebrauch – also die Ebene der Sprachpragmatik – kognitive Züge hat und der Sprachgebrauch, wie der späte Wittgenstein deutlich gemacht hat, geregelt und damit partiell normiert ist. Berücksichtigt man diese von Feigl nicht beachtete Dimension der Sprache, lassen sich Teile der Moral, genauer: einige grundlegende Normen wie die Verbote des Mordens, der Verstümmelung, der Verletzung und des Entzuges von Freiheit und insbesondere der Redefreiheit begründen, ohne auf theologische, religiöse oder metaphysische Überlegungen zurückzugreifen und ohne den Bereich der empirischen Welt zu verlassen.

---

52 Z.B. in Bernard Gert, *Morality. A New Justification of the Moral Rules*. New York–Oxford: Oxford University Press 1988 (in 3. Auflage von 1998 als *Morality. Its Nature and Justifictation*).

53 Vgl. Alan Gewirth, *Reason and Morality*. Chicago–London: The University of Chicago Press 1978.

54 Vgl. Clarence I. Lewis, *Values and Imperatives. Studies in Ethics*. Stanford: Stanford University Press 1969.

55 Vgl. zu den angeführten Positionen die entsprechenden Kapitel in Wulf Kellerwessel, *Normenbegründung in der Analytischen Ethik*. Würzburg: Königshausen&Neumann 2003.

Entscheidend ist hier, dass der Sprechakt des Begründens moralphilosophische Relevanz hat bzw. bekommt: Wer für oder gegen Normen oder Normeneinhaltungen argumentiert, führt Begründungen an (anderenfalls liegt kein Argumentieren vor). „Etwas begründen" ist dabei eine sprachliche Tätigkeit, die ihrerseits nur gelingen kann, wenn wie im Kontext anderer Sprechhandlungen bestimmte Regeln bzw. Sprachregeln eingehalten werden – dergleichen hat Austin im Rahmen seiner Überlegungen zu sprachlichem Handeln herausgestellt. „Begründen" lässt sich somit als eine regelgeleitete Tätigkeit in einem Diskurs fassen, verstanden als ein durch Regeln (partiell) normiertes sprachliches Agieren von mindestens zwei Personen. Ein erfolgreiches Begründen setzt voraus, dass es eine für alle sprachfähigen (diskursfähigen) Wesen überzeugende Begründung darstellt. Um eine solche kann es sich wiederum nur handeln, wenn alle sprachfähigen Wesen im Diskurs, in dem jene Sprechakte ihren Platz haben, regelkonform agieren können. Dazu aber gehört z.B., nicht durch Ermordung, Verstümmelung oder gewaltsame Drogenverabreichung an der freien Wahl von Sprechakten (wie dem Bestreiten, Einwände erheben etc.) gehindert zu werden. Kurz: Das Überzeugen von der Geltung von Normen oder das Bestreiten der Geltung von Normen einem Sprachteilnehmer gegenüber kann nur gelingen, wenn dieser als Sprachteilnehmer geschützt Diskurspartner ist und bleibt. Entscheidend für eine derartige, hier nur angedeutete Verfahrensweise der Normenbegründung ist in diesem Zusammenhang, dass die Sprachpragmatik die Last der Begründung trägt – und auf nicht-natürliche Entitäten wird dabei nicht zurückgegriffen.

Die hier nur ansatzweise skizzierte Position scheint in verschiedener Hinsicht dem Anliegen Feigls zu entsprechen: Es werden universelle Normen begründet, ohne dass in den Begründungen von Annahmen Gebrauch gemacht wird, die Feigls naturalistischer Humanismus grundsätzlich ablehnen müsste: So wird auf theologische und religiöse Hypothesen ebenso verzichtet wie auf die Akzeptanz von Selbstevidenzen resp. Evidenzen in der Moral, die sich als subjektiv gewiss – aber nur als subjektiv gewiss kennzeichnen lassen. Zugleich beschränkt sich dieser hier skizzierte Ansatz der diskursanalytischen Ethik aber auch nicht auf eine bloße Explikation von Grundbegriffen. Vielmehr werden in ihm grundlegende Normen als solche ausgezeichnet und begründet. Ferner bescheidet sich der diskursanalytische Ansatz nicht mit der bloßen Wahl von Grundsätzen. Deshalb kann gegen ihn auch nicht zu Recht der Vorwurf eines Dezisionismus erhoben werden. Die Grundsätze ergeben sich vielmehr aus der Berücksichtigung, dass es um die *Begründung* von Normen geht. Dieser Ansatz nimmt mithin den Sprechakt des Begründens ernst und bezieht mit ein, was von diesem Sprechakt *präsupponiert* wird. Angesichts dessen, dass es gerade um die überzeugende Begründung moralischer Gehalte geht, kann man daher auch nicht behaupten, es würde auf beliebige Grundsätze zurückgegriffen, die bloß gewählt würden, deren Auswahl also nicht zu rechtfertigen wäre.

Alles in allem betrachtet ist ein jegliches Begründen letztlich Teil der empirischen Welt. Allerdings konzentriert sich der hier wiedergegebene Ansatz auf den Bereich des Normativen, der demgemäß als Teil der empirischen Welt betrachtet wird bzw. zu betrachten ist – eine Verfahrensweise, die beträchtliche Übereinstimmungen auch mit der Moralbegründung von C.I. Lewis aufweist, der wohl jenseits jeglichen Verdachts steht, „übernatürliche" Elemente in den Rahmen seiner Moralphilosophie integriert zu haben. Dabei wird vermieden, und dies ist auch zu vermeiden, von der empirischen Welt des Seins, also von Fakten ausgehend, auf ein Sollen zu schließen. Das verwendete normative Element entstammt sprachlichen Regeln, also Normen.

Damit scheint jener diskursanalytische Ansatz die Probleme der Feiglschen Konzeption von vornherein zu vermeiden: So werden keine empirischen und damit auch zumindest potentiell strittigen Thesen über menschliche Ziele vertreten, so dass Begründungspflichten entfallen, die sich als problematisch erwiesen haben. Und es wird auch nicht von letztlich rein Faktischem auf Normatives zu schließen versucht.

Abschließend betrachtet wäre es sicher zuviel gesagt, wollte man die These vertreten, jene diskursanalytische Moral- und Normenbegründung folge den Spuren Feigls oder denen des Logischen Empirismus. Aber man kann durchaus konstatieren, dass es neben Trennendem durchaus signifikante Gemeinsamkeiten (etwa in der kritischen Distanz zu alternativen Konzeptionen, die auf übernatürliche Begründingsinstanzen zurückzugreifen suchen) und Ähnlichkeiten gibt – auch und vor allem in der programmatischen Ausrichtung des Philosophierens.[56, 57]

---

56 Eine kürzere Darstellung und Kritik der Moralphilosophie Feigls findet sich in: Wulf Kellerwessel, *Normenbegründung in der Analytischen Ethik*, *op. cit.*; dort wird auch die hier nur angedeutete diskursanalytische Ethik weiter entfaltet und begründet.

57 Ich danke Herrn Dr. H. Westermann herzlich für die hilfreiche kritische Durchsicht einer früheren Fassung des Textes.

Anne Siegetsleitner, Hannes Leitgeb

Mengers Logik für Ethik und Moral: Nichts von Sollen, nichts von Güte, nichts von Sinnlosigkeit

„Das bloß Formale genügte ihnen nicht – was durchaus verständlich ist –, aber das Ergebnis war meistens, daß sie nicht einmal dem bloß Formalen genügten."[1]

1. Einleitung

Karl Menger, Mitglied des Wiener Kreises und Sohn des liberalen Nationalökonomen Carl Menger, schrieb als seinen Hauptbeitrag zur Ethik eine Schrift mit dem Titel *Moral, Wille und Weltgestaltung. Grundlegung zur Logik der Sitten.*[2] Der Titel ist wohl eine Anspielung auf Schopenhauers *Die Welt als Wille und Vorstellung* und Kants *Grundlegung zur Metaphysik der Sitten.*[3] Ein Beitrag Mengers zur Ethik kann insofern keineswegs als selbstverständlich gelten, da Menger Mathematiker war und vor allem Schriften zur Geometrie, Dimensions- und Kurventheorie veröffentlichte. Zwar hatte er in Wien neben Mathematik und Physik auch Philosophie studiert, doch war er nach der Promotion in Mathematik bei Hans Hahn von 1925 bis 1927 als Mathematiker in Amsterdam tätig (Habilitation 1926) und im Anschluss daran ab 1927 als Professor für Geometrie an der Universität Wien. Auch nach seiner Emigration in die USA im Jahre 1937 lehrte er an mehreren Universitäten als Professor für Mathematik (von 1946 bis zu seiner Emeritierung 1971 am Illinois Institute of Technology in Chicago).

Menger nahm nach seiner Rückkehr aus Amsterdam an Sitzungen des Wiener Kreises teil und verstand sich selbst als Mitglied dieses Kreises. Dies änderte sich jedoch 1929 mit der Publikation der Programmschrift *Wissenschaftliche Weltauffassung* von Carnap, Hahn und Neurath[4]. Menger distan-

1 Karl Menger, *Moral, Wille und Weltgestaltung. Grundlegung zur Logik der Sitten.* Wien: Springer 1934. Hg. und eingeleitet von Uwe Czaniera. Frankfurt am Main: Suhrkamp 1997. Die Seitenangaben zu diesem Buch beziehen sich in diesem Beitrag auf die Ausgabe von 1997. Hier p. 194.

2 *Op. cit.*

3 *Ibid.*, Anmerkung des Herausgebers, p. 65.

4 Rudolf Carnap / Hans Hahn / Otto Neurath, *Wissenschaftliche Weltauffassung. Der Wiener*

zierte sich nicht nur von dieser Schrift, sondern betrachtete sich ab diesem Zeitpunkt auch nicht mehr als Mitglied des Wiener Kreises. Nunmehr sah er sich nur mehr „als dem Wiener Kreis nahestehend".[5]

Was veranlasste Menger dazu, sich neben mathematischen Problemstellungen Fragen der Ethik zuzuwenden? *Moral, Wille und Weltgestaltung* erschien 1934.[6] Schon im zweiten Satz lässt Menger die Leserinnen und Leser wissen, dass ihn ethische und moralische Fragen schon seit langem beschäftigten. Spätestens durch die politischen Umstände ab 1933 sei er an Moral interessiert gewesen, teilt er diesbezüglich in seinen Erinnerungen an die Wiener Zeit, die 1994 als Band 20 der Vienna Circle Collection veröffentlicht wurden, mit: „While the political situation in Austria during the winter of 1933–34 made it extremely difficult to concentrate on pure mathematics, socio-political problems and questions of ethics imposed themselves on everyone almost everyday. In my desire for a consistent, comprehensive world view I asked myself whether some answers might come through exact thought."[7]

Es waren also die Zeitumstände, die Menger zur Beschäftigung mit ethischen und moralischen Fragen drängten. Eine englische, umgearbeitete Ausgabe mit einem ausführlichen Nachwort des Autors wurde im Übrigen 1974 veröffentlicht. Der englische Titel lautet entschieden nüchterner als der deutsche *Morality, Decision, and Social Organization. Towards a Logic of Ethics.*[8] Der Hauptteil des teilweise in Brief- und Dialogform abgefassten

---

Kreis. Wien: Wolf 1929. Abgedruckt in: Michael Stöltzner / Thomas Uebel (Hg.), *Wiener Kreis. Texte zur wissenschaftlichen Weltauffassung.* Hamburg: Meiner 2006, pp. 3-29.

5 Karl Menger, „Memories of Moritz Schlick", in: Eugene T. Gadol (Hg.), *Rationality and science: A memorial volume for Moritz Schlick in celebration of the centennial of his birth.* Wien: Springer 1982, pp. 83–103, hier p. 92. Er gründete das bekannte Mathematische Kolloquium, das er von 1929 bis 1936 leitete. Manchen gilt dieser Kreis als ein zweiter Wiener Kreis (Friedrich Stadler, *Studien zum Wiener Kreis: Ursprung, Entwicklung und Wirkung des logischen Empirismus im Kontext.* Frankfurt am Main: Suhrkamp 1997, p.453). Beiträge des Kolloquiums wurden unter dem Titel *Ergebnisse eines Mathematischen Kolloquiums* in mehreren Bänden veröffentlicht. Gesammelter Nachdruck: *Karl Menger: Ergebnisse eines Mathematischen Kolloquiums.* Hg. v. Egbert Dierker und Karl Siegmund. Wien: Springer 1998.

6 Menger trug über dieses Buch auch in seinem Mathematischen Kolloquium vor (30. Mai 1934). Dabei handelt es sich um Ergänzungen mathematischer Natur.

7 Karl Menger, *Reminiscences of the Vienna Circle and the Mathematical Colloquium.* Hg. v. Louise Golland / Brian McGuinness / Abe Sklar. Dordrecht–Boston–London: Kluwer Academic Publishers 1994 (Vienna Circle Collection 20), p. 181.

8 Karl Menger, *Morality, Decision and Social Organization. Toward a Logic of Ethics.* Dordrecht–Boston: D. Reidel 1974 (Vienna Circle Collection 6).

Beitrages – um den Leserinnen und Lesern das Verständnis seines Buches zu erleichtern – enthält eine Reihe mathematischer Modelle, mit denen Menger zum Pionier mathematischer Modelle in den Sozialwissenschaften wurde. Im zweiten Teil dieses Aufsatzes (Sektion 3) werden wir uns einer Interpretation von Teilen dieser Theorie in der Sprache der Semantik der modernen deontischen Logik zuwenden. Im ersten Teil (Sektion 2) werden wir zunächst Mengers Konzeption von Ethik, seine Ablehnung herkömmlicher ethischer Problemstellungen und Grundzüge seiner Logik der Sitten erläutern. Menger stellt nicht nur herkömmliche Auffassungen davon in Frage, was Philosophie und Wissenschaft in Bezug auf Moral leisten können – also von Ethik –, sondern auch von Moral. Im letzten Teil (Sektion 4) werden wir Mengers ethisches Werk einer abschließenden Zusammenfassung und Bewertung unterziehen.

2. Mengers Auffassung von Ethik und Grundzüge seiner Logik der Sitten (Moral)

2.1 Ablehnung herkömmlicher ethischer Problemstellungen

Viele der herkömmlichen moralphilosophischen Themenstellungen – im Sprachgebrauch von Menger, dem wir uns hier anschließen wollen, somit ethische – lehnte Menger entschieden ab. In einem einleitenden Brief an einen Freund stellt er unmissverständlich klar, worum es ihm in diesem Buch nicht zu tun sein wird. Er werde (1) weder das Wesen von Gut und Übel diskutieren, (2) noch eine Begründung moralischer Normen anstreben oder (3) ein bestimmtes Moralsystem als allgemeingültig vorschlagen oder befehlen, (4) auch keine Methoden oder den Gegenstand der Ethik diskutieren.[9] In allen diesen Hinsichten könne die Philosophie nichts Brauchbares für die Moral leisten.

Warum er diese Probleme nicht behandeln will, führt er näher in Abschnitt II aus, die er „erkenntnistheoretisch-logische Aufzeichnungen über Gut und Böse" nennt. Neben Ausführungen über die individuelle Moralentwicklung hält er u.a. fest, dass die Ausdrücke „gut" und „böse" von unterschiedlichen Menschen und Bevölkerungsgruppen auch verschieden gebraucht werden. Zugleich mit den Worten „gut" und „böse" lerne ein Kind auch den Gebrauch des Wortes „sollen", und zwar verstehe es zu-

9 Vgl. auch Menger, *Reminiscences of the Vienna Circle and the Mathematical Colloquium*, *op. cit.*, p. 184.

nächst die Worte von Erziehenden „du sollst dies tun" als Ausdruck des Wunsches der Erziehenden, das entsprechende Verhalten zu zeigen, und einer damit verbundenen Drohung, dass die Unterlassung vielleicht bestraft werde. Später lerne es noch weitere Gebrauchsweisen von „sollen", welches schließlich mit einigen Äquivokationen behaftet sei: „‚Du sollst' kann Ausdruck eines Wunsches des Sprechenden oder Wiedergabe des Wunsches eines Dritten sein oder Übereinstimmung des als gesollt Bezeichnenden mit einem (eventuell als selbstverständlicher Bezugspunkt angenommenen und gar nicht eigens genannten) System von Normen, vor allem von Rechtsnormen, ausdrücken oder synonym mit ‚gut' verwendet werden."[10]

Weiters stellt Menger fest, dass vollsinnige Erwachsene, die entsprechende Wörter in ihrer Sprache zur Verfügung haben, die meisten der konkreten menschlichen Verhaltensweisen den Kategorien „gut", „indifferent" oder „böse" zuordnen würden. Wobei Menger genau besehen drei Dreiteilungen von Verhaltensweisen ausmacht: (1) gemäß innerer Wünsche eine Dreiteilung danach, welche Verhaltensweisen innerlich für gut, indifferent oder böse gehalten werden, (2) gemäß den Worten eine danach, welche gut, indifferent oder böse genannt werden, und (3) gemäß den Taten eine danach, welche in der Tat regelmäßig verfolgt, welche gelegentlich verfolgt und welche regelmäßig vermieden werden. Der Einfachheit halber beschränkt sich Menger auf den Fall ihrer Übereinstimmung.[11]

Den Rückgriff auf Grundnormen (Ideale) als Antwort auf die Frage „Welche Verhaltensweisen sind gut?" bzw. „Was sollen wir tun?" hält er für ungeeignet. Bei sämtlichen gebräuchlichen Antworten „was dem Willen der Natur entspricht", „was gerecht ist", „was dem Streben nach Vervollkommnung entspricht", „was die Pflicht befiehlt" und „wie es dem Wohl von irgendetwas entspricht" seien nähere Festsetzungen unumgänglich. „Sind aber diese Festsetzungen getroffen, dann ist das einzig praktisch Relevante eben das betreffende System von Geboten und Verboten, seine Benennung mit dem Ideal aber spielt lediglich die Rolle einer verbalen Verbrämung."[12] Auch mit Zwischenschichten speziellerer Normen sei kein deduktives System anzugeben, in dem immer konkretere Normen aus den allgemeineren der vorangehenden Schicht deduzierbar wären.[13]

---

10 Menger, *Moral, Wille und Weltgestaltung*, *op. cit.*, p. 73.

11 *Ibid.*, pp. 74f. und 125.

12 *Ibid.*, p. 82.

13 *Ibid.*, pp. 84f.

Aber wie steht es mit der Frage, ob etwas nicht nur gut genannt werde, sondern gut *sei*? Wie steht es also um die Frage nach einer wahren bzw. richtigen Haltung? Diese Frage aus dem Kernstück traditioneller Ethik ist für Menger keine Fragestellung, die er behandeln will. Wenn jemand in Bezug auf sich selbst von Wesensschau und Intuition spreche, sei dies unwiderlegbar. Menger nimmt jedoch für sich in Anspruch, für die Beschreibung seines eigenen Innenlebens die letzte Instanz zu sein, über derartige Fähigkeiten nicht zu verfügen und mit Menschen, die für sich selbst solche Fähigkeiten behaupten, nicht über Ergebnisse, die darauf beruhen, zu diskutieren.[14] Menger enthält sich der Frage, was ungeachtet dessen, was gut genannt wird, gut sei, gänzlich. Wer ihn nun so verstehen würde, er behaupte „Gut ist, was gut genannt wird", habe ihn völlig missverstanden. Die Frage, was moralisch gut sei, behandelt er gar nicht. Er übt sich vielmehr in Enthaltsamkeit und Bescheidenheit.[15] Menger ist zwar in dem Sinne Dezisionist, dass für ihn moralische Wert- und Normsätze Willensentschlüsse ausdrücken, aber nicht in dem Sinne, dass dadurch die Gültigkeit der Sätze bzw. der darin ausgedrückten Urteile verbürgt würde. Alles, was er im Weiteren voraussetzt, ist lediglich, dass gewisse Verhaltensweisen gut bzw. böse genannt werden.[16]

Hält Menger die von ihm zurückgewiesenen Fragestellungen und Antwortversuche für sinnlos? „Auch diese Frage werden wir weder bejahen noch verneinen, sondern nicht behandeln. Denn wehe dem, der Aussagen als sinnlos erklärt! Er gleicht einem Mann, der, um seinen Feind zu vernichten, den er in einem unentrinnbaren Sumpf erblickt, statt des Weges zu gehen, sich mit gezücktem Dolch in den Sumpf stürzt."[17] Wiederum ist sein Zugang, sich der Frage zu enthalten, anstatt sie zu bejahen oder zu verneinen. Allgemein lehnt Menger Behauptungen über die Sinnhaftig- und Sinnlosigkeit von Normen, Werturteilen oder auch von Methoden, Verfahren, Schlussweisen, Axiomen und Begriffen ab.[18] Auch in seinen Erinnerungen kommt er auf diese Thematik noch einmal zu sprechen: „While the circle in 1934 was still indulging in a great deal of ill-defined talk about meaningful and meaningless, I strictly observed my maxime, *Assert or don't assert or say that you will not assert.* In particular, I explicitly stated in the booklet that I

14 *Ibid.*, II.4.

15 Menger verweist jedoch wiederholt auf existentialistische Positionen, z.B. in Menger, *Reminiscences of the Vienna Circle and the Mathematical Colloquium*, *op. cit.*, p. 96.

16 Menger, *Moral, Wille und Weltgestaltung*, *op. cit.*, p. 91.

17 *Ibid.*, p. 93.

18 *Ibid.*

would not call any sentence about good or evil *meaningless*."[19] Menger nennt keinen moralischen Satz sinnlos. Aber auch nicht sinnvoll! Selbst am Höhepunkt des Carnapschen Ausschlusses moralischer und präskriptiv ethischer Sätze aus dem Bereich des Sinnvollen war dies nicht allgemein geteilte Meinung des Kreises, sofern wir Menger zu jener Zeit noch als Mitglied zählen dürfen. Menger übt sich auch hinsichtlich dieser Problemstellung in Enthaltsamkeit.

Nach Menger hat Ethik auch nicht die Aufgabe, ein bestimmtes Moralsystem mit Anspruch auf Allgemeingültigkeit aufzustellen. Angesichts der Vielfalt von menschlichen Beziehungen nach Ort und Zeit scheint ihm eine einheitliche Regelung gar nicht wünschenswert.[20]

Ethik hat für ihn überhaupt keine Werturteile zu fällen, keine Normen zu billigen oder zu missbilligen. In der Ethik als einem wissenschaftlichen Unternehmen gehe es nicht um wertende Aussagen, die für ihn nur gefühlsmäßige und eine Frage persönlicher Haltung sein können – siehe dazu weiter unten –, sondern nur um Erkenntnis.[21] Den Bereich der Erkenntnis in Bezug auf ethische und moralische Fragen hält er, wie wir gleich darlegen werden, für sehr begrenzt.

2.2 Von Menger anerkannte ethische Problemstellungen und seine metaethische Position

Dennoch will Menger es nicht dabei belassen, dass Wissenschaft und Philosophie nur feststellten, was sie alles in Bezug auf moralische Fragen nicht leisten könnten. Er will nicht bei dieser Ablehnung stehen bleiben, sondern im Bereich der Moral (er spricht hier auch synonym vom Bereich der Sitten) Positives beitragen. Ethik hat Tatsachen festzustellen und zu ordnen.[22] Für die Wissenschaft und wissenschaftliche Philosophie in Bezug auf Moral (die Sitten), also Ethik, hält er demnach für möglich:

1. Feststellung von Tatsachen und erfahrungsgemäßen Regelmäßigkeiten (Psychologie und Biologie der Sitten)
2. Logik der Sitten:
    a. Deontische Logik[23]

---

19 Menger, *Reminiscences of the Vienna Circle and the Mathematical Colloquium*, *op. cit.*, p. 185.

20 Menger, *Moral, Wille und Weltgestaltung*, *op. cit.*, p. 66.

21 *Ibid.*, p. 121.

22 *Ibid.*

23 Eine Logik der Pflichten in Analogie zu logischen Modalitäten, hält er für möglich, doch sei dies nicht das, womit er sich hier beschäftigen wolle (*ibid.*, p. 114). Vgl. aber:

b. Exaktwissenschaftliche Modelle für die moralische Praxis

Wenn sich die Ethik auf diese Aufgaben beschränkt, sei sie ein streng wissenschaftliches Unternehmen. Anliegen von Reformierenden und Moralisierenden und viele der Themenstellungen traditioneller Ethik fänden darin jedoch keinen direkten Platz mehr. Im Unterschied zu Carnap geht er jedoch über historische und ethnographische Beschreibungen hinaus, indem er auch eine theoretische Behandlung präskriptiver Aussagen als wissenschaftliche Arbeit sieht.

Menger geht es vor allem darum zu zeigen, wie exaktes Denken in der Ethik auch zu Positivem führen kann, „das logischer Kritik standhält, und durchaus nicht etwa in bloßer Kritik sich erschöpft“[24]. Sein Beitrag, zu dem er sich als Mathematiker berufen fühlt, liegt auf dem Gebiet der exaktwissenschaftlichen Modelle für die moralische Praxis. „Might not exact thinking, despite everything, yield *positive* ideas connected with ethical problems or at least be somehow applicable to them?”[25] Der Vorwurf, logische Überlegungen seien, soweit es um Moral geht, nicht fruchtbar, scheint ihm nicht berechtigt zu sein.[26]

An metaethischen Bedeutungstheorien, die für das gängige Verständnis der Ethik des Wiener Kreises grundlegend sind, war Menger nicht sonderlich interessiert. Er nimmt jedoch eine bestimmte metaethische Position ein. Darauf kommt er u.a. zu sprechen, wenn er eine seiner Hauptabsichten formuliert, nämlich in der Moral den Verstand in seine Schranken zu verweisen. An Stelle vorgeblicher Resultate verstandesmäßiger Überlegungen, die logischer Kritik nicht standhalten, wollte er die willensmäßige Grundlage moralischer Normen bloßlegen.[27] Als wertende und normative Aussagen seien moralische Aussagen keine verstandesmäßigen Aussagen. Sich für ein bestimmtes Normensystem zu erklären, sei eine Stellungnahme aufgrund des Gefühls, des Geschmacks oder des Wollens. Sich tatsächlich gemäß einer bestimmten Moral zu verhalten, beruhe auf einem Entschluss. Eine Wahl zwischen den Ideen und der Gestaltung der Welt zu treffen, sei mithin ein Willkürakt, ein Entschluss.[28] Und auch wenn noch so viele oder gar

---

„A Logic of the Doubtful. An Optative an Imperative Logic“, in: Karl Menger (Hg.), *Reports of a Mathematical Colloquium* 1. Notre Dame, Ind.: Notre Dame University Press 1939, pp. 53-64.

24 *Ibid.*, p. 194.

25 Menger, *Reminiscences of the Vienna Circle and the Mathematical Colloquium*, *op. cit.*, p. 181.

26 Menger, *Moral, Wille und Weltgestaltung*, *op. cit.*, p. 194.

27 *Ibid.*, p. 210.

28 *Ibid.*, pp. 109ff.

alle übereinstimmten, dürfe dies nicht darüber hinweg täuschen, dass es sich um Geschmacksurteile und Entschlüsse handle: „Den tiefsten Grund der Stellungnahme bildet nicht eine Einsicht, sondern eine Willensentscheidung; nicht ein Erkennen, sondern ein Wollen.“[29] Soweit Mengers metaethische Position, die er nicht weiter begründet, insbesondere nicht durch eine verifikationistische Bedeutungstheorie.

Normen sind für Menger Imperative, wie die von ihm angeführten Beispiele „Du sollst nicht stehlen!“[30] oder „Du sollst keinen Raubmord begehen!“[31] zeigen. Wobei in weiteren Beispielen ersichtlich wird, dass auf das „sollen“ seinem Verständnis nach getrost verzichtet werden kann. „Du sollst keinen Raubmord begehen“ besagt nicht mehr als „Begehe keinen Raubmord!“. Als Imperative seien Normen weder wahr noch falsch. Wird unter „Nonkognitivismus“ die These verstanden, dass moralische Sätze weder wahr noch falsch seien, so handelt es sich eindeutig um eine nonkognitivistische Moraltheorie, die Menger als Hintergrund dient. Menger geht also von einem Nonkognitivismus in Bezug auf moralische Urteile und Normen aus. Seine formale Theorie ist daran aber nicht gebunden. Moralische Normen und präskriptive Sätze allgemein fallen für Menger nicht in den Bereich des Kognitiven und der Erkenntnis, obwohl in der Vorbereitung und als Basis einer moralischen Stellungnahme und eines moralischen Entschlusses Erkenntnis durchaus wichtig sei.[32]

Dass Normen, mit denen er sich im Folgenden beschäftigen wird, Mengers Ansicht nach nicht in den kognitiven und damit für ihn einzigen erkenntnistauglichen Bereich fallen, würde ihrer theoretischen Behandlung jedoch keinen Abbruch tun: „Even after all systems of morality, codes of norms and value judgments have been expelled from the cognitive domain and relegated to the realms of feelings or wishes, does there not remain, I asked myself, *a residue that lends itself to observations as well as to theoretical treatment* – perhaps *from an extensional point of view*?“[33] Imperative können, so war Menger überzeugt, logische Beziehungen zueinander eingehen und seien der Behandlung durch logisch-mathematische Verfahren – zumindest mittelbar – durch die Haltungen ihnen gegenüber zugänglich. Welche

29 Menger, *Reminiscences of the Vienna Circle and the Mathematical Colloquium*, *op. cit.*, p. 112.

30 Menger, *Moral, Wille und Weltgestaltung*, *op. cit.*, p. 123.

31 *Ibid.*, pp. 125f.

32 *Ibid.*, p. 109.

33 Menger, *Reminiscences of the Vienna Circle and the Mathematical Colloquium*, *op. cit.*, p. 183. Dass es nur die Kategorie des Kognitiven und des Gefühlsbereiches gibt, setzt Menger unhinterfragt voraus.

Möglichkeiten Menger hier sah, wollen wir im folgenden Abschnitt in den Grundzügen darstellen.

2.3 Grundzüge von Mengers Logik der Sitten und seine Kritik am Kategorischen Imperativ

Mengers Beitrag aus dem Bereich der exaktwissenschaftlichen Modelle zielt auf seine Anwendung in der moralischen Praxis ab. Menger geht es darum, Organisationsformen des menschlichen Zusammenlebens aufzeigen, die auch bei unterschiedlichen moralischen Einstellungen eine friedliche Koexistenz ermöglichen.[34] Seine Arbeit solle aufweisen, dass hier eine Reihe von Koordinationsmöglichkeiten bestehen, die traditionellerweise übersehen oder vernachlässigt werden. Insbesondere ging es Menger um jene Formen, die zu einheitlichen Vorgaben und Kompromissen eine Alternative bieten könnten.[35] Dazu untersucht Menger Möglichkeiten der Einteilung von Menschen gemäß ihrer Stellungnahme zu Normen und die Beziehung der dadurch entstehenden Gruppen untereinander. Seine allgemeine Theorie befasst sich mit Beziehungen zwischen Individuen und Individuen, zwischen Individuen und Gruppe, und zwischen Gruppen aufgrund ihrer unterschiedlichen Charakteristika, Haltungen und diversen Forderungen an andere.[36] In *Moral, Wille und Weltgestaltung* will er hinsichtlich Menschengruppen, die nach ihren moralischen Auffassungen eingeteilt werden, wissen: Wer gehört zusammen? Wie verträglich sind bestimmte Gruppen mit anderen Gruppen? Jeder Norm wird eine Menschengruppe zugeordnet. Moralen, auf Imperative reduziert, werden die Gruppen der ihnen „geschmacks-, willens- und entschlussmäßig anhängenden Menschen" zugeordnet.[37]

---

34 Die Behauptung, dass das erste Ziel der Moral das friedliche Zusammenleben sei, wie es Josef Zelger in einem Beitrag zu Mengers Theorie formuliert, findet sich jedoch bei Menger nirgends (Josef Zelger, „Karl Mengers Willensvereinigungen in dynamischer Sicht", in: Johann Christian Marek / Josef Zelger / Heinrich Ganthaler / Rainer Born (Hg.), *Österreichische Philosophen und ihr Einfluss auf die analytische Philosophie der Gegenwart.* Band I. *Conceptus*-Sonderband. Innsbruck–München–Salzburg–Graz–Gießen 1977, pp. 183-204, hier p. 185).

35 „Thus what the book suggests is 1) the study of general conditions for the constitution of cohesive compatible voluntary groups; 2) in specific cases, the search, in the direction indicated, for alternatives to dictates and compromises" (Menger, *Reminiscences of the Vienna Circle and the Mathematical Colloquium*, *op. cit.*, p. 190).

36 *Ibid.*, pp. 183f.

37 Menger, *Moral, Wille und Weltgestaltung*, *op. cit.*, p. 194. Dem scheint ein dreigliedriges

Ein Mensch A kann zu einer vorliegenden (verständlichen) Norm *N* drei unterschiedliche Stellungnahmen beziehen:

1. A billigt *N*.
2. A steht *N* indifferent gegenüber.
3. A missbilligt *N*.

Jeder (verständlichen) Norm entspricht somit eine Dreiteilung eines Menschenkreises, nämlich in (1) die Menge derjenigen, welche die Norm billigen, (2) die Menge derjenigen, die der Norm gegenüber indifferent sind, und (3) die Menge derjenigen, die die Norm missbilligen.[38]

Was hier gebilligt wird, ist das Gefordertsein einer Verhaltensweise (wie in einem Imperativ ausgedrückt), nicht aber notwendigerweise die Verbindlichkeit dieser Forderung für alle, d.h. mit der Billigung einer Norm wird nicht zugleich ihre Allgemeingültigkeit gebilligt, auch nicht für alle Mitglieder einer beschränkten moralischen Gruppe.

Von besonderem Interesse für Moralkonzeptionen ist nämlich, was Menger über das Zusammen- bzw. Auseinanderfallen von Forderungen an sich selbst und an andere sagt. Dass eine Norm (ein Imperativ) für das eigene und zugleich für fremdes Verhalten akzeptiert wird, ist für Menger nicht selbstverständlich und wird von ihm nicht einmal für moralische Normen als notwendig erachtet. Dies ist einer der Gründe, warum er den Kategorischen Imperativ kritisiert, wie wir nun näher beleuchten werden.[39] Dieser fordert ja – zumindest in einer Standardinterpretation – die Übereinstimmung der selbst befolgten Normen mit den von den anderen befolgten. Damit setze er eine viel zu einfache Vorstellung von den Bedingungen menschlichen Zusammenlebens voraus.[40]

In einer Gruppe, in der sich alle gegenseitig akzeptieren können (Verträglichkeitsgruppe), können durchaus auch solche Menschen aufgenommen werden, die nicht gegenüber den infrage stehenden Normen dieselbe Stellung einnehmen, solange sie im Verkehr miteinander kompatibel sind. Wenn eine Person für sich selbst die Forderung anerkennt, andere durch Rauchen keinem zusätzlichen Krebsrisiko auszusetzen, das Rauchen bei an-

---

Modell zugrunde zu liegen: Fühlen, Streben, Handeln. Geschmack fällt in den Bereich des Fühlens, das Wollen in den Strebensbereich, der Entschluss in den Bereich des Handelns.

38 *Ibid.*, p. 125.

39 Kritik auch in Menger, *Reminiscences of the Vienna Circle and the Mathematical Colloquium*, *op. cit.*, p. 182.

40 Menger in den Mund gelegt in Zelger, „Karl Mengers Willensvereinigungen in dynamischer Sicht", *op. cit.*, p. 185.

deren jedoch toleriert, so bildet sie mit Rauchenden, die anderen das Nichtrauchen zugestehen, eine Verträglichkeitsgruppe. Dies ist ein Beispiel dafür, dass Verträglichkeit sich nicht auf Übereinstimmung beschränkt.[41] Ein weiteres Beispiel ist eine Menschengruppe, von der ein Teil höflich ist, dies von den anderen aber nicht erwartet (Menger nennt sie die Unempfindlichen), und ein anderer Teil unhöflich ist, den Übrigen aber nicht vorschreibt, ob sie höflich oder unhöflich zu sein haben. Höfliche und unhöfliche Menschen können eine Verträglichkeitsgruppe bilden.[42]

Schlicht nennt Menger einen Menschen, der von seiner Umgebung dieselbe Stellungnahme gegenüber den Normen wünscht, die er selbst einnimmt.[43] Obige Beispiele zeigen, dass Schlichtheit für Verträglichkeit nicht notwendig ist. Doch ist Schlichtheit für Verträglichkeit nicht zumindest hinreichend und somit eine gute Wahl, um Verträglichkeit zu erreichen? Nein, Schlichtheit ist auch nicht hinreichend. Nichtraucher, die nur unter Nichtrauchern sein wollen, und Raucher, die nur unter Rauchern sein wollen, sind beide schlicht, doch nicht miteinander verträglich. Menger urteilt deshalb über den Kategorischen Imperativ, der ja Schlichtheit fordert:

> Wir sehen also: *Will man allgemeine Verträglichkeit der Menschen erreichen, so ist der kategorische Imperativ keine hinreichende Vorschrift, da ja schlichte Menschen nicht miteinander verträglich sein müssen. Andererseits ist, wenn man bloß gewisse Verhaltensweisen ausschalten will, die sich in größerer Zahl in größere Gemeinschaften nicht einordnen lassen, der kategorische Imperativ keine notwendige Bedingung, da ja ein Mensch, der nicht schlicht ist, darum einer Einordnung in größere Gruppen durchaus nicht unfähig sein muß.*[44]

Damit sagt Menger: Toleranz gegenüber dem Verhalten anderer ermöglicht größere Verträglichkeitsgruppen als Schlichtheit. Menger in den Mund gelegt: „Eine Einschränkung der Forderung nach Allgemeingültigkeit halte

41 Rauchende als Beispiel bringt Menger selbst in Karl Menger, „On social groups and relations", in: *Mathematical Social Sciences* 6, 1983, pp. 13-26.

42 Ebensolches gilt auch für autokratische und unterwürfige Menschen, wie Menger in „On social groups and relations", *op. cit.*, ausführt.

43 Menger, *Moral, Wille und Weltgestaltung*, *op. cit.*, p. 174.

44 *Ibid.*

ich auch für moralische Normen durchaus für vertretbar".[45] Darin liege sogar die wichtigste Aussage seines Buches.[46]

3. Eine moderne formale Rekonstruktion der Mengerschen Logik der Sitten und einige Extrapolationen

Im Folgenden werden wir einige von Mengers Gedanken zur „Logik der Sitten" in *Moral, Wille und Weltgestaltung* bzw. in *Morality, Decision and Social Organization* innerhalb eines modernen Rahmens formal rekonstruieren. Dabei wird es uns weniger um historisch korrekte Exegese als vielmehr um eine sachlich angemessene Weiterführung der Mengerschen Ideen mit modernen Mitteln gehen. Bevor wir uns einer „Mengerschen Semantik" der deontischen Logik zuwenden – etwas, das Menger in seinem ethischen Hauptwerk *nicht* angestrebt hat – sowie anschließend der Analyse des Begriffs der *bedeutsamen moralischen Einstellungen* und einem neuen Satz zu Mengers „Gruppen ohne Gegensätze", sind zunächst einige Vorbemerkungen am Platze.

Wie bereits erwähnt, ist ein Leitgedanke Mengers der einer bestimmten *extensionalen* Behandlung von Normen und Normsystemen[47]: „Eine spezielle Norm oder ein spezielles Normensystem [...] hat jeweils einen mit der Zeit veränderlichen Bereich von Anhängern, d.h. von Menschen, die die Norm bzw. das Normensystem billigen."[48] Jeder Norm und jedem Normensys-

45 Zelger, „Karl Mengers Willensvereinigungen in dynamischer Sicht", *op. cit.*, p. 184. Damit verwirft Menger nicht nur Kants Kategorischen Imperativ, sondern jedes Argument in der Ethik, dem Generalisierung als Grundlage dient, wie Thomas Cornides zu Recht bemerkt (Thomas Cornides, „Karl Menger's Contributions to Social Thought", in: *Mathematical Social Sciences* 6, 1983, pp. 1-11, hier p. 10).

46 *Ibid.*, p. 184. Tatsächlich führt Menger in seinem Aufsatz von 1983 die Kritik an Kants Kategorischem Imperativ als erste Motivationsquelle seiner Ausführungen an (Menger, „On social groups and relations", *op. cit.*, p. 13). Obwohl er nur einige erste und einfache Grundsätze angeführt habe, solle deren Wichtigkeit nicht unterschätzt werden: „*Einfach* freilich sind die Aussagen über Willensgruppen samt und sonders. Aber wenn Einfachheit ganz allgemein in meinen Augen kein Nachteil ist, so glaube ich, daß in diesem speziellen Fall die Einfachheit sogar so weit geht, daß manche dieser Sätze nur ausgesprochen werden mußten, um aus der Ethik nicht mehr verschwinden zu können" (Menger, *Moral, Wille und Weltgestaltung*, *op. cit.*, p. 196).

47 Dies ist im Übrigen ganz in Übereinstimmung mit These der Vorrangigkeit der extensionalen Sprachform, die für den frühen Wiener Kreis charakteristisch ist, speziell für Carnap in *Der logische Aufbau der Welt* und *Logische Syntax der Sprache.*

48 Menger, *Moral, Wille und Weltgestaltung*, *op. cit.*, p. 134.

tem (formal: *N*) entspricht somit die Menge von Personen, die *N* billigen. Weiters ordnet Menger manchmal Normen(-systemen) *N* die Menge von Personen zu, die sich wie von *N* gefordert verhalten, d.h., welche *N* erfüllen oder realisieren. Wir werden diese Extensionalisierung im Folgenden durch eine andere, in der heutigen Semantik der deontischen Logik üblichere, ersetzen: Jedem Norm(-ensystem) *N* sei die Menge von möglichen Welten[49], in denen *N* gilt bzw. erfüllt/realisiert ist, zugeordnet.

Weiters unterscheidet Menger – wie ebenfalls schon ausgeführt – in weiten Teilen seines Buches zwischen der *Billigung* von *N*, der *Indifferenz* gegenüber *N* und der *Missbilligung* von *N*. In der zentralen Sektion IV.3 von *Morality, Decision and Social Organization*, um die es uns vorrangig gehen wird, konzentriert sich Menger jedoch nur noch auf die *Billigung* bzw. *Nicht-Billigung* von Normen. Als Ausgleich führt er disjunktive Normen ein, durch deren Billigung ebenfalls eine Indifferenz deren Disjunkten gegenüber zum Ausdruck kommt. Wir werden ihm in diesem Abschnitt darin folgen.

Schließlich teilt Menger in Sektion IV.4 Normen in solche ein, die sich an *einen selbst* richten, und solche, die für *die anderen* gelten. Dadurch, dass wir Personen durch Welten ersetzen, werden wir diese Aufteilung nicht vornehmen müssen.

Wie könnte nun eine „Mengersche Semantik" der deontischen Logik in moderner Kleidung aussehen? Dazu wollen wir zunächst auf den zentralen Grundbegriff der Mengerschen Ethik überhaupt zurückgehen:

Person x billigt (wünscht sich), dass Verhalten (Situation) a vollständig durch Norm(-ensystem) N geregelt wird

In Anlehnung an die Sprechweise des Kategorischen Imperativs könnte man stattdessen auch formulieren: *N* ist eine Maxime, von der *x* wollen kann, dass sie in Bezug auf α zum allgemeinen Gesetz werde. Der Ausdruck „vollständig", von dem wir in der obigen Formulierung Gebrauch gemacht haben, würde dabei jedoch nicht ausreichend Beachtung finden. In der Tat ist die theoretische Priorität von vollständigen Normensystemen vor einzelnen Normen in Mengers ethischen Ausführungen auch von Menger selbst nur ungenügend herausgestrichen worden. Gemeint ist, dass *x* sich *N* sozusagen als vollständiges Gesetzbuch in Punkto α wünscht, nicht etwa als Teil eines solchen Gesetzbuches.

Insbesondere folgt *logisch* aus

49 Mögliche Welten werden dabei manchmal als um eine Person „zentriert" angesehen – zum Beispiel in der Semantik indexikalischer Ausdrücke –, sodass sich in der Bezugnahme auf solchermaßen zentrierte mögliche Welten durchaus auch eine Bezugnahme auf eine Person ausdrücken kann.

- *x* billigt, dass α vollständig durch Norm N_1 geregelt wird, und
- *x* billigt, dass α vollständig durch Norm N_2 geregelt wird,

weder

- *x* billigt, dass α vollständig durch Norm N_1 & N_2 geregelt wird,

noch

- *x* billigt, dass α vollständig durch Norm $N_1 \vee N_2$ geregelt wird.

Während die moderne deontische Logik primär an Einzelnormen interessiert ist, die dann beispielsweise mittels Konjunktion zu umfassenderen Normensystemen zusammengefasst werden können, beginnt Menger bei den umfassenden Normensystemen selbst. Wie eine Einzelnorm Bestandteil vieler verschiedener Normensysteme sein kann, interessiert sich Menger dann auch vorrangig dafür, dass eine Person mehrere verschiedene Normensysteme zugleich billigen kann. Dies ist insofern ein allgemeinerer Ansatz, als in Mengers Ansatz die Akzeptanz einer einzelnen Norm durch eine Person dadurch ausdrückbar ist, dass diese Norm Teil jedes Normensystems ist, welches von der Person gebilligt wird; umgekehrt können aber die vollständigen Normensysteme, die eine Person billigt, nicht notwendigerweise aus den von der Person akzeptierten Einzel- oder Basisnormen erschlossen werden. Es wäre ja beispielsweise denkbar, dass eine Person eine bestimmte Norm nur innerhalb solcher Normensysteme für akzeptabel hält, in der eine andere Norm *nicht* als Bestandteil des Normensystems auftritt. Mit der Billigung eines Normensystems *qua Gesamtheit* geht nicht nur die Billigung der *Anwesenheit* diverser Normen innerhalb des Systems, sondern auch die Billigung der *Abwesenheit* der restlichen Normen einher. Man müsste daher genau genommen auch zwischen der Billigung einer einzelnen Norm *qua Gesamtregelung durch diese eine Norm* und des Akzeptierens einer einzelnen Norm *qua Teil eines diese Norm enthaltenden Normensystems* unterscheiden. Subtile begriffliche Unterscheidungen dieser Art werden sich im folgenden formalen Rahmen präzise fassen lassen.

Wir wollen nun bei obigem Grundbegriff den Parameter α festhalten, uns also auf eine bestimmte Verhaltensweise oder eine bestimmte Situation beschränken – oder aber die Bezugnahme auf α stattdessen in *N* selbst ausdrücken. Weiters werden wir, wie angekündigt, *x* als Welt interpretieren. Schließlich wollen wir auch *N* selbst als Menge von Welten auffassen: Die Menge aller Welten, die gemäß des Normensystems *N* als ideal angesehen werden können. Dies entspricht der üblichen Vorgangsweise in einer Mögliche-Welten-Semantik, satzartige Gebilde semantisch durch Mengen von möglichen Welten zu interpretieren. Wenn wir nun auch noch eine formale

Sprache L festgelegt haben, welche mindestens den „Mengerschen" (oder wenigstens von Menger inspirierten) Satzoperator P_{tot} enthalten soll, dann erhalten wir auf diese Weise die folgende Semantik für L, die dem heute üblichen semantischen Sprachgebrauche nach eine sogenannte modallogische Nachbarschaftssemantik ist:

$<W, N, [.]>$ ist ein Mengersches Model der deontischen Logik gdw

- W ist eine nicht-leere Menge von Welten.
- $N: W \rightarrow \wp(\wp(\mathrm{W}))$, sodass für alle w in W: $N(w) \neq \emptyset$.
- $[.]: L \rightarrow \wp(\mathrm{W})$ kommutiert wie üblich mit den aussagenlogischen Verknüpfungen, d.h., $[\neg A] = W \setminus [A]$, $[A \vee B] = [A] \cup [B]$, usw., und es gilt:
  w in $[P_{tot}(A)]$ gdw $[A]$ in $N(w)$.

$N(w)$ ist dabei die moralische Einstellung in/von w: Die Klasse aller Normensysteme bzw. Weltenmengen, die in oder von w gebilligt werden. Die Funktion [.] ordnet jeder Formel die Menge von Welten zu, in denen die Formel als wahr oder gültig bewertet wird. Der Ausdruck „w in $[P_{tot}(A)]$" in der semantischen Klausel für den neuen Operator P_{tot} ist dabei zu lesen als: Welt w billigt das Normensystem, welches genau die Welten in $[A]$ als ideal bestimmt. In diesem Operator P_{tot} findet Mengers informeller Grundbegriff der Billigung von N als vollständigem Normensystem seine Formalisierung.

Die Logik von P_{tot} ist hochinteressant; sie ist verwandt mit logischen Systemen des nicht-monotonen Schließens, welche seit den frühen 1980er Jahren speziell in den theoretischen Computerwissenschaften Anwendung finden, insbesondere mit der epistemischen Logik von H. Levesques „All I know"-Operator;[50] sie soll uns jedoch – ganz den vorwiegenden Interessen Mengers folgend – hier nicht weiter beschäftigen. Entsprechungen zu den deontischen Standardoperatoren P und O – für die sich Menger signifikanterweise ebenfalls nicht interessiert – ließen sich in der obigen Semantik rekonstruieren mittels:

- w in $[P(A)]$ gdw es gibt ein X in $N(w)$, sodass $X \cap [\mathrm{A}] \neq \emptyset$.
- w in $[O(A)]$ gdw für alle X in $N(w)$: $X \subseteq [A]$.

Als Logik für P und O ergäbe sich dann genau das Standardsystem D der deontischen Logik. Schließlich könnte man $P(A)$ und $O(A)$ gemäß dieser Mengerschen Semantik auch (i) als die iterierten Modalitäten $P(P(A))$

50 Hector J. Levesque, „All I Know: A Study in Autoepistemic Logic", in: *Artificial Intelligence* 42, 2-3, 1990, pp. 263-309.

und $O(O(A))$ in der üblichen Semantik der deontischen Logik verstehen oder (ii) durch Anwendung eines Wollensoperators auf die deontischen Standardoperatoren darstellen. Die jedenfalls in den semantischen Regeln von P und O beinhaltete Quantifikation über vollständige Normensysteme hinweg entspricht jedoch nicht mehr dem „Mengerschen Geist".

In dieser Semantik lassen sich nun einige der begrifflichen Unterscheidungen klar darstellen, die Menger hervorhebt. Zum Beispiel: Seien A und B zwei Aussagesätze (potentielle Norminhalte). Dann sind folgende Weltenmengen X_1, X_2, X_3 voneinander zu unterscheiden:

- w in X_1 gdw $w \models P_{tot}(A \vee B)$ gdw $[A] \cup [B]$ in $N(w)$
(„Billigung von $A \vee B$ als vollständige Regelung")
- w in X_2 gdw $w \models P_{tot}(A)$ & $P_{tot}(B)$ gdw $[A]$, $[B]$ in $N(w)$
(„Simultane Billigung von A als vollständige Regelung sowie von B als vollständige Regelung")
- w in X_3 gdw $w \models P_{tot}(A) \vee P_{tot}(B)$ gdw $[A]$ in $N(w)$ oder $[B]$ in $N(w)$
(„Billigung von A als vollständige Regelung oder Billigung von B als vollständige Regelung")

Die Welten in X_1 sind verhältnismäßig tolerant. Alle Welten in X_2 wollen eine einheitliche Regelung festlegen, lassen dabei aber offen welche. Welten in X_3 zu guter Letzt sind möglicherweise intolerant: Sie können gegebenenfalls von genau einer der Propositionen $[A]$, $[B]$ wollen, dass sie als ideal bestimmt wird. Durch einfache Beispielmodelle lässt sich sofort zeigen, dass X_1, X_2, X_3 als Mengen auseinander fallen können und somit die Formeln $P_{tot}(A \vee B)$, $P_{tot}(A)$ & $P_{tot}(B)$ und $P_{tot}(A) \vee P_{tot}(B)$ wechselseitig nicht logisch äquivalent sind.

In der obigen Formalisierung wurden den Klassen $N(w)$ keinerlei Beschränkungen auferlegt, abgesehen von der trivialen Beschränkung, dass in jeder Welt zumindest ein Normensystem (eine Weltenmenge) gebilligt werden soll. Menger schränkt die moralischen Einstellungen – in unserer Sprache: die Klassen $N(w)$ (relativ zu gegebenem $\langle W, N, [.]\rangle$) – jedoch sodann auf *bedeutsame* ein („without claiming to formulate a logical law or even a universal regularity"[51]). Wir interpretieren dies als Rationalitätsanforderung[52]:

51 Menger, *Morality, Decision and Social Organization*, *op. cit.*, p. 55.

52 Dies lässt sich am besten mit der „Gültigkeit" der Nezessierungsregeln in der doxastischen und epistemischen Logik und der „Gültigkeit" der Axiome für den Revisionsoperator im Standardsystem für Glaubensrevision vergleichen: Diese Regeln und

- I: „Principle of Intermediacy. A person accepting two norms also accepts all (if any) norms between them."[53]
  Wenn X_1, X_3 in $N(w)$ und $X_1 \subseteq X_2 \subseteq X_3$, dann X_2 in $N(w)$.
- RC/C: „[Restricted] Principle of Conjunction. The conjunction of two admitted norms is admitted [at least in all cases where this conjunction is noncategorical]."[54]
  Wenn X_1, X_2 in $N(w)$ [und $|X_1 \cap X_2|>1$], dann $X_1 \cap X_2$ in $N(w)$.
- D: „Principle of Disjunction. The disjunction of two admitted norms is admitted."[55]
  Wenn X_1, X_2 in $N(w)$, dann $X_1 \cup X_2$ in $N(w)$.

$N(w)$ heißt nun *(vollständig) abgerundet* gdw $N(w)$ die Anforderungen I+RC(C)+D erfüllt.

Davon abgesehen, dass für vernünftige Agenten die Erfüllung dieser Bedingungen angezeigt scheint, und auch die Logik von P_{tot} durch die Abrundungspostulate sehr elegant wird, lässt sich folgendes Repräsentationstheorem für abgerundete Mengen (bei uns: Weltenmengen) zeigen:

Theorem (Menger 1934[56]): Sei $<W, N, [.]>$ gegeben, $W = \{w_1,..., w_n\}$ endlich. Es seien für alle w_i in W die Mengen $N_0(w_i)$, $N_1(w_i)$, $N_2(w_i)$, $N_3(w_i)$, $N_4(w_i)$, $N_5(w_i)$ erklärt durch

- $N_0(w_i) = \wp(W)\setminus\{\varnothing\}$
- $N_1(w_i) = \{X \subseteq W \mid w_i \text{ in } X\}$
- $N_2(w_i) = \wp(W)\setminus N_1(w_i)$
- $N_3(w_i) = \{\{w_i\}\}$
- $N_4(w_i) = \wp(W)\setminus\{\{w_i\}\}$
- $N_5(w_i) = \{X \subseteq W \mid w_i \text{ in } X, X \neq \{w_i\}\}$

Dann gilt: $N(w_i)$ ist abgerundet gdw $N(w_i)$ ist darstellbar in der Form

- $N_{i1}(w_1) \cap N_{i2}(w_2) \cap ... \cap N_{in}(w_n)$

Axiome sind strikte genommen nicht logisch gültig und entsprechen schon gar nicht der empirischen Realität echter menschlicher Agenten, sie sind jedoch für ideale *rationale* Agenten jederzeit anwendbar.

53 *Ibid.*, p. 56.

54 *Ibid.*

55 *Ibid.*, p. 57.

56 Karl Menger, „Ein Satz über endliche Mengen mit Anwendungen auf die formale Ethik", in: *Ergebnisse eines Mathematischen Kolloquiums 6*, 1934, pp. 23-26.

Das heißt: Abgerundete moralische Einstellungen – und nur solche – lassen sich als Schnitte gewisser moralischer Basiseinstellungen (die den Mengentypen $N_0(w_i)$, $N_1(w_i)$, $N_2(w_i)$, $N_3(w_i)$, $N_4(w_i)$, $N_5(w_i)$ entsprechen) darstellen.

Wir wollen diesem Ergebnis Mengers nun einen neuen Satz zu Mengers „Gruppen ohne Gegensätze" hinzufügen. Dieses Theorem findet sich nicht bei Menger, es genügt jedoch dem Mengerschen Ziel, formale Resultate zu finden, die sich mit dem moralischen Zusammenleben von Personen in Gruppen und der Koexistenz von moralisch unterschiedlich ausgerichteten Gruppen beschäftigen. Wie Menger selbst an seinen hypothetischen Briefpartner formuliert: „I'll send you a second series of notes, which will show you more clearly what I mean by applying exact thinking to questions of ethics. It is not what you seem to think it is – not a logic of norms or desires. The five notes that I will send you rather deal with human groups or associations."[57]

Dazu legen wir für beliebige w_1, w_2 in W (relativ zu gegebenem $<W, N, [.]>$) fest:

- w_1 stimmt mit w_2 überein gdw $N(w_1) = N(w_2)$.
- w_1 ist ohne Gegensatz zu w_2 gdw $N(w_1) \cap N(w_2) \neq \varnothing$.

(Diverse dazu verwandte Begriffe sind für Menger ebenso relevant, wir wollen uns jedoch solchermaßen beschränken.)

Menger beschreibt in IV.1 wie entsprechend sogenannte *volle Gruppen der Übereinstimmung* einerseits und *Gruppen ohne Gegensätze* andererseits gebildet werden können, erstere mittels Partitionsbildung, zweitere durch Anwendung einer Variante der Methode der Quasianalyse, wie man sie bei Carnap in *Der logische Aufbau der Welt* findet. Ohne darauf näher eingehen zu wollen, kann einer Gruppe ohne Gegensätze – einer Gruppe von Personen bzw. (bei uns) Welten, aus der je zwei ohne Gegensatz zueinander sind – folgendes Problem anhaften: Je zwei Elemente der Gruppe können sich auf wenigstens eine Weltenmenge als billigenswert einigen, ohne dass es jedoch irgendeine Weltenmenge gäbe, auf die sich zugleich alle Gruppenmitglieder einigen könnten. Ohne irgendwelche Anforderungen an die Klassen N(w) zu stellen, lässt sich diese logische Möglichkeit nicht ausschließen.[58] Zum Beispiel: Wenn $N(w_1) = \{\{w_1\}, \{w_2\}\}$, $N(w_2) = \{\{w_2\}, \{w_3\}\}$, $N(w_3) = \{\{w_1\}, \{w_3\}\}$, dann sind je zwei Welten in $\{w_1, w_2, w_3\}$ ohne Gegensatz,

57 Menger, *Morality, Decision and Social Organization*, *op. cit.*, p. 40.

58 Dieses Problem entspricht der *difficulty of imperfect community*, welche Nelson Goodman in *Structure of Appearance*. Harvard: Harvard University Press 1951, an der Carnapschen Quasianalyse diagnostiziert.

es gibt jedoch keine Weltenmenge die in allen moralischen Einstellungen enthalten wäre. Unter gewissen Umständen ist dieses Problem freilich ausgeschlossen:

Theorem: Sei $<W, N, [.]>$ gegeben; sei $W' \subseteq W$ so, dass für alle w in W' die moralische Einstellung $N(w)$ vollständig abgerundet ist. Dann gilt: Wenn W' eine Gruppe ohne Gegensätze ist, d.h., für alle w_1, w_2 in W' gilt

$$N(w_1) \cap N(w_2) \neq \emptyset$$

dann gibt es ein $X \subseteq W$, sodass

$$X \text{ in } \cap_{w \text{ in } W'} N(w).$$

In Worten: In einer Gruppe von Welten (bei Menger: Personen) mit abgerundeten moralischen Einstellungen gilt: *Können sich je zwei auf ein Normensystem einigen, dann gibt es ein Normensystem, auf das sich alle einigen können.* Lokale Verträglichkeit in einer Gruppe impliziert globale Verträglichkeit innerhalb der Gruppe. Rationalitätsanforderungen genüge zu tun, kann der moralischen „Kohärenz" einer Gruppe zuträglich sein – ein Ergebnis ganz im Sinne Mengers.

4. Zusammenfassung und Bewertung

Zusammenfassend ist nach Menger für eine wissenschaftliche Ethik folgendes Vorgehen angebracht:

- Interessiere Dich für die moralischen Einstellungen von Personen/Welten, d.h. die Menge der vollständigen Normensysteme, die aus Sicht einer Person/Welt wünschenswert sind.
- Stelle Rationalitätsanforderungen an solche moralischen Einstellungen.
- Charakterisiere und klassifiziere (mit formalen Mitteln) diejenigen moralischen Einstellungen, die diesen Rationalitätsanforderungen genügen.
- Studiere (mit formalen Mitteln) logische Möglichkeiten der Einteilung von Personen/Welten in Gruppen ohne Gegensätze.

Eine solche Ethik kommt ganz ohne Moral aus. Sie braucht weder echte normative Operatoren noch minimale, allgemeinverbindliche Normen. Insofern erscheint sie problematischer als eine Logik ohne Moral, wie sie ein Toleranzprinzip à la Carnap gewährleistet, dessen Urheberschaft übrigens Menger für sich in Anspruch nimmt.[59] Handelt es sich bei *Moral, Wille*

59 Menger, *Reminiscences of the Vienna Circle and the Mathematical Colloquium*, *op. cit.*, p. 200.

und Weltgestaltung überhaupt um einen ethischen Beitrag? Oder ist Menger eine klare Themenverfehlung unterlaufen? Es ist, wie Menger in einem Gespräch, das den mathematisch-logischen Aufzeichnungen vorangestellt ist, seinem Gegenüber klagend in den Mund legt, eine „Ethik ohne Gut und Böse, ohne Sittlich und Unsittlich". „Aber ist damit nicht auch ihr Urteil gesprochen? Sind das nicht ethische Bestrebungen, welche ihren Gegenstand verfehlt haben? Kann man derlei überhaupt Ethik nennen? Gleicht es nicht einer Zoologie, die nicht von Tieren, einer Astronomie, die nicht von Sternen spricht?"[60] Menger antwortet darauf, er lege bei keiner Wissenschaft auf die klare Abgrenzung wert. Wissenschaften würden teils durch die in ihnen verwendeten Wörter, aber auch teils durch historische Zufälle zusammenhängen. Strenge Abgrenzungen hinsichtlich Gegenstand oder Methode seien gänzlich nutzlos.[61] Ihm selbst sei es nicht besonders wichtig, dass seine Untersuchungen der Ethik zugeordnet würden, doch sehe er andererseits keinen Grund, sie aus diesem Gebiet auszuschließen. „Wenn Du es aber unbedingt wünschst, so schließe sie aus und gib ihnen einen eigenen Namen!"[62] „Ethistik", wem es beliebe.[63]

Diese sprachliche Lösung wird jedoch jene nicht beruhigen, die minimale Standards als notwendigen Bestandteil jeder Moral sehen. Was wäre mit einer Gruppe von Kinderschändern und ihren ihre Handlungsweisen tolerierenden Familien: Würde es wirklich hinreichen, diese Gruppe ausreichend von jenen zu separieren, die dies nicht gutheißen? Muss nicht jede Moral (und somit auch jede Ethik) von minimalen Grundnormen ausgehen, die für alle Gruppen verbindlich sind? Auf diesen Einwand ist klarzustellen, dass Mengers Theorie nur auf Gruppenzusammenschlüsse aufgrund individueller Willensentscheidungen, sich für oder gegen bestimmte mora-

---

Zur Entwicklung des Toleranzprinzips siehe auch Karl Menger, „Logical Tolerance in the Vienna Circle", in: Karl Menger, *Selected Papers in Logic and Foundations, Didactics, Economics*. Dordrecht–Boston–London: D. Reidel 1979 (Vienna Circle Collection 10), pp. 11-16.

60 Menger, *Moral, Wille und Weltgestaltung, op. cit.*, p. 96.

61 Selbst die Grenzen der Verwendung des Wortes „Geometrie" seien schwankend und änderten sich über die Zeit hinweg (*ibid.*, p. 103). Wobei ihm die Analogien der Geometrie zur Ethik nicht allzu groß scheinen. Am ehesten könnten sich noch jene auf die Geometrie berufen, die die Möglichkeiten und das Vorhandensein verschiedener Normensysteme feststellten (*ibid.*, p. 194).

62 *Ibid.*, p. 97. In diesem Zusammenhang mokiert sich Menger auch über das Projekt der Einheitswissenschaft. Er bezeichnet „Einheitswissenschaft" sogar als Wortmonstrum (*ibid.*).

63 *Ibid.*, p. 197.

lische Normen auszusprechen, anzuwenden ist. Wofür Modelle untersucht werden, sind pluralistische Lösungen auf der Basis individueller Entscheidungen.[64] Jene Kinder, denen im Falle von sexueller Gewalt die Sorge gilt, fallen aus dem Anwendungsbereich heraus. Wo nicht frei entscheidende Gruppenmitglieder von Handlungen betroffen sind, hat Menger nichts vorzuschlagen. Menschen, die nicht frei entscheiden können, bleiben unberücksichtigt und ausgesetzt, da nicht einmal für minimalen Schutz Platz vorgesehen ist. Menger setzt ein Machtgleichgewicht in der Entscheidungssituation voraus. Ist schon fraglich, wie vollständig sich Gruppen mit unterschiedlichen Normensystemen in der Praxis vollständig voneinander trennen lassen und es an Kontaktstellen ohne der Billigung von gemeinsamen Grundnormen auch jederzeit Potential für Konflikt und Eskalation geben wird, so liegt darin eine weitere Beschränkung der Praxistauglichkeit.

Dies heißt jedoch nicht, Menger habe für die moralische Praxis nichts anzubieten. Er gibt an keiner Stelle vor, alle moralischen Bereiche mit seinem Modell erfassen zu können oder gar, dass so vorzugehen sei. Er stellt bloß dar, welche pluralistischen Lösungswege – auch in manchen Moralfragen! – möglich wären. Warum sollten moralische Regelungen für alle einheitlich sein? Warum soll keine in vielen Bereichen pluralistische Moral friedlich lebbar sein? Des Weiteren gibt er offen zu, dass er eine persönliche Präferenz für eine möglichst weitreichende Umsetzung solcher Möglichkeiten hegt und andere mit ihm darin übereinstimmen könnten. Wer der Ansicht ist, in der Moral gehe es u.a. um die friedliche Koexistenz oder zumindest eine Aufteilung in Verträglichkeitsgruppen von frei Entscheidenden auf der Basis von Geschmacks- und Willenseinstellungen, kann Mengers Instrumentarium für die Lösung moralischer Probleme heranziehen. Menger hat gezeigt, dass ein friedliches Zusammenleben nicht immer einheitliche Regelungen braucht. Was jemand in seiner Umgebung wolle, müsse ja nicht gleich zum Menschheitsgesetz werden, so warnt Menger vor zu einheitlichen Menschheitsbeglückungen.[65]

Eine wissenschaftlich einwandfreie Aufgabe der Ethik kann darin liegen, Möglichkeiten einer pluralistischen Moral zu untersuchen. Dieser Art von Ethik dient Mengers logisch-mathematische Theorie. Die theoretischen Erkenntnisse selbst sind wertfrei, doch können sie praktische Entscheidungen auf moralischem Terrain beeinflussen. *Moral, Wille und Weltgestaltung* bietet kein moralisches Wissen, sondern Wissen, das im Rahmen wissenschaft-

64 Diesen Pluralismus betont er besonders im Nachwort zur englischen Ausgabe.

65 Menger, *Moral, Wille und Weltgestaltung*, *op. cit.*, p. 206.

licher Ethik für die Moral erarbeitet wird. Mengers logischer Beitrag ist für Ethik und Moral gedacht, und zwar, ohne auf ein Sollen, auf Güte oder logisch-empiristische Sinnlosigkeit setzen zu müssen.

Elisabeth Nemeth

Wissenschaftsphilosophie als kulturelle Aufgabe. Überlegungen zu Philipp Frank und Ernst Cassirer[1]

1. Einleitung

Der Physiker und Philosoph Philipp Frank hat für die Geschichte des Logischen Empirismus eine Schlüsselrolle gespielt. Er war bei den ersten Anfängen des späteren „Wiener Kreises" dabei.[2] Als Physiker, Spezialist für die Relativitätstheorie, Freund und Biograph Albert Einsteins hat er die Sicht der modernen Naturwissenschaften im Wiener Kreis wesentlich mitgeprägt. In den 1930er Jahren spielte er oft die Rolle eines Vermittlers zwischen den Anhängern einer logisch-empiristisch orientierten Wissenschaftsphilosophie. Diese vertraten bekanntlich sehr unterschiedliche Auffassungen, was immer wieder zu beträchtlichen Spannungen führte.[3]

---

1 Dieser Text ist eine überarbeitete und ins Deutsche übersetzte Version des Artikels „Philosophy of Science and Democracy. Some Reflections on Philipp Frank's *Relativity – A Richer Truth*", in: Michael Heidelberger / Friedrich Stadler (Hg.), *Wissenschaftsphilosophie und Politik / Philosophy of Science and Politics*, Wien–New York: Springer 2003, pp. 119-138.

2 Siehe Rudolf Haller, „Der erste Wiener Kreis", in: Rudolf Haller, *Fragen zu Wittgenstein und Aufsätze zur österreichischen Philosophie.* Studien zur österreichischen Philosophie Bd. 10. Amsterdam: Rodopi 1986, pp. 89-107; Friedrich Stadler, *Studien zum Wiener Kreis. Ursprung, Entwicklung und Wirkung des Logischen Empirismus im Kontext.* Frankfurt am Main: Suhrkamp 1997; Thomas Uebel, *Vernunftkritik und Wissenschaft. Otto Neurath und der erste Wiener Kreis.* Veröffentlichungen des Instituts Wiener Kreis Bd. 9, Wien–New York: Springer 2000 (besonders Kap. 4-6) und Thomas Uebel, „On the Austrian Roots of Logical Empiricism: The Case of the First Vienna Circle", in: Paolo Parrini/Wesley C. Salmon/Merrilee H. Salmon (Hg.), *Logical Empiricism. Historical and Contemporary Perspectives.* Pittsburgh: University of Pittsburgh Press 2003, pp. 67-93.

3 Im Zuge der Vorbereitung der *Prager Vorkonferenz der internationalen Kongresse für Einheit der Wissenschaft* schrieb Neurath am 6.8.1934 an Philipp Frank in Bezug auf die Einführung in die Konferenz: „Sie müssen beginnen, weil sie das sozialste Wesen unter uns sind." (Zitiert mit Genehmigung der Wiener Kreis Stichting, Amsterdam.) Tatsächlich bezeugt die Korrespondenz zwischen Philipp Frank und Neurath in der zweiten Hälfte der 1930er Jahre, wie oft Frank klärend und vermittelnd in Auseinandersetzungen einzugreifen suchte – sei es in den Differenzen zwischen Schlick und Neurath, sei es bei den Vorbereitungen für die Pariser Kongresse 1935 und 1937, wo er versuchte, die

Im Folgenden soll eine Dimension des Denkens von Frank herausgehoben werden, die lange Zeit wenig Aufmerksamkeit fand. Unter den frühen Logischen Empiristen war Frank derjenige, der kontinuierlich über die kulturelle Bedeutung der Wissenschaftsphilosophie nachdachte. Er hat damit als Erster begonnen, nämlich 1917. Damals erschien sein Aufsatz „Die Bedeutung der physikalischen Erkenntnistheorie Machs für das Geistesleben der Gegenwart" in der Zeitschrift *Die Naturwissenschaften*. Es handelt sich um eine Schrift in Erinnerung an den Tod von Ernst Mach im Jahr 1916 und um die erste Veröffentlichung, in der ein späteres Mitglied des Wiener Kreises ausführlich darüber nachdenkt, wie Wissenschaft, Wissenschaftsphilosophie und kulturelle Welt miteinander zusammenhängen.[4] Im Folgenden geht es nicht um diese frühe Schrift, sondern um einen der späten Texte Franks, der 1950 in den USA erschienen ist. Philipp Frank, der 1938 in die USA emigrierte, war nämlich nicht nur der Erste, der die kulturelle Seite der Wissenschaftsphilosophie betonte, sondern – nach dem Tod von Zilsel und Neurath in den 1940er Jahren – auch das letzte Mitglied des Wiener Kreises, das für eine entsprechende Deutung des Logischen Empirismus warb.[5] Er bemühte sich aufzuzeigen, welche sozialen, politischen und kulturellen Wirkungen die „moderne Wissenschaft und ihre Philosophie"[6] haben und wie sie zur Weiterentwicklung moderner Demokratien beitragen können.

Der Text *Wahrheit – absolut oder relativ?*[7] aus dem Jahre 1950 führt uns etwas vor Augen, was in der Zeit nach dem Zweiten Weltkrieg – wenn

---

Wogen zwischen den Franzosen Rougier und Boll zu glätten.

4 Philipp Frank, „Die Bedeutung der physikalischen Erkenntnistheorie Machs für das Geistesleben der Gegenwart", Original 1917, abgedruckt in: *Der Wiener Kreis. Texte zur wissenschaftlichen Weltauffassung.* Philosophische Bibliothek Bd. 577. Hg. v. Michael Stöltzner / Thomas E. Uebel. Hamburg: Meiner 2006, pp. 93-113, engl. Übersetzung in: Philipp Frank, *Modern Science and its Philosophy*. Cambridge: Harvard University Press 1950, pp. 61-78.

5 1938 emigrierte Frank in die USA, lehrte von 1939 bis 1953 an der Harvard University sowie an zahlreichen anderen amerikanischen Universitäten. 1948 gründete er das *Institute for the Unity of Science* in Harvard, das er bis 1965 leitete. Für weitere Informationen zu Leben und Werk siehe Stadler, *Studien zum Wiener Kreis*, *op. cit.*, pp. 681-687.

6 *Modern Science and its Philosophy* ist der Titel eines Bandes, den Frank 1950 veröffentlichte. Er enthält unter anderem auch frühe Schriften Franks in englischer Übersetzung, darunter Frank, „Die Bedeutung der physikalischen Erkenntnistheorie Machs für das Geistesleben der Gegenwart", *op. cit.*

7 Philipp Frank, *Wahrheit – relativ oder absolut?* Zürich: Pan-Verlag 1952. Übersetzung ins Deutsche von *Relativity – A Richer Truth*. Boston: Beacon 1950.

wir einmal vom Beispiel Karl Poppers absehen – sehr selten war: einen Wissenschaftsphilosophen, der sich als öffentlicher Intellektueller verstand und auch entsprechend auftrat. Frank dachte öffentlich darüber nach, wie Demokratie und liberale Konzepte gesellschaftlicher Ordnung gegen totalitäre Ideen und autoritäre politische Tendenzen verteidigt und wie sie weiterentwickelt werden können. Er nahm in den Jahren 1940 bis 1951 an der *Conference on Science, Philosophy and Religion* in New York teil und griff dabei in die Debatte über die Ursachen des Nationalsozialismus ein. Um den Stellenwert dieser Beiträge beurteilen zu können, müssten wir sie in ihrem historischen Rahmen untersuchen: Die Erfahrungen mit dem Nationalsozialismus und dem Stalinismus sind in Franks Betrachtungen ebenso eingegangen wie die Wirkungen des Kalten Krieges auf das geistige Leben in den USA. Im vorliegenden Artikel kann eine solche historische Kontextualisierung nicht geleistet werden. Hier geht es mir darum, ein Stück weit herauszuarbeiten, wie Frank die politischen, sozialen und kulturellen Perspektiven, die mit dem Logischen Empirismus im Wien der 1920er und 30er Jahre verbunden waren, in den USA ab 1940 weiterführen und unter den veränderten Bedingungen neu artikulieren wollte. Ich meine, dass dies sowohl von historischem als auch von gegenwärtigem Interesse ist. Die Probleme, über die die Teilnehmer der Konferenz debattierten, haben mit Fragen, die heute im Blickfeld einer immer stärker globalisierten Welt stehen, mehr zu tun, als man zunächst meinen möchte. Die Beiträge des ersten Jahres – 1940 – erschienen unter dem Titel *Science, Philosophy and Religion in their Relation to the Democratic Way of Life*. Die Organisatoren begründeten die Wahl des Themas damit, dass die Zivilisation durch den Aufstieg totalitärer Systeme, die auf unterschiedlichen anti-wissenschaftlichen, anti-philosophischen und anti-religiösen Dogmen beruhen, bedroht sei.[8] Frank war der Auffassung, dass Wissenschaftler und Wissenschaftsphilosophen in diesen Debatten Wesentliches beizutragen haben – ein Anspruch, der bis heute unsere Aufmerksamkeit verdient.

---

8 Die erste Konferenz fand im September 1940 in New York statt. Das Buch, das die Beiträge zu dieser ersten Phase versammelte, wurde in der März-Nummer von *Nature* 1941 besprochen. „The papers contained in the present volume were prepared for a conference held in New York during September 9-11, 1940, the subject of the conference being 'Science, Philosophy and Religion in their Relation to the Democratic Way of Life'. Those who initiated the conference maintain that 'civilization itself is threatened by the rise of totalitarian systems based on various anti-scientific, anti-philosophic, and anti-religious dogmas'." (*Nature* 147, 1941, pp. 367-369; 29 March 1941).

Darüber hinaus werde ich zu zeigen versuchen, dass sich die Art und Weise, wie der späte Frank die Wissenschaft und ihre Philosophie als Teile eines umfassenden kulturellen Projekts sah, sich mit dem philosophischen Projekt Ernst Cassirers in mehr als einer Hinsicht trifft. Frank anerkannte Cassirer als einen großen Intellektuellen, zu seiner Philosophie hatte er ein kritisches, aber sehr anerkennendes Verhältnis.[9] Unabhängig davon meine ich, dass in den Werken der beiden Philosophen gemeinsame Problemstellungen enthalten sind, die mehr Aufmerksamkeit verdienen als die wenigen Beobachtungen, die ich hier vorlege.[10]

2. Philipp Frank zum Begriff der Objektivität in der Physik

> Als 1940 Frankreich und mit ihm der ganze westeuropäische Kontinent unter dem Ansturm der deutschen Macht zusammenbrachen, gab es überall Menschen, die die tieferen Ursachen dieses Zusammenbruchs militärischer und politischer Moral in der agnostischen und skeptischen Einstellung unserer Zeit – in der Erschütterung des Glaubens an absolute Werte zu finden glaubten.[11]

So beginnt der schmale Band *Wahrheit – relativ oder absolut?*, der den Reflexionsprozess des Naturwissenschaftlers und Philosophen dokumentiert, der sich einem Vorwurf stellt, den „Theologen, Pädagogen, Soziologen, Philosophen und Historiker“[12] an die Naturwissenschaften richteten. Der Vorwurf klingt bekannt: Die übertriebene Rolle, welche die

---

9 Dass Frank großen Respekt vor Cassirer hatte, zeigt sich in seiner Rezension von Cassirers *Determinismus und Indeterminismus in der modernen Physik*. Dort bezeichnet er Cassirer zwar als Vertreter der „Schulphilosophie“, aber er zollt der Schrift große Anerkennung. Frank lobt Cassirers Argumentationsweise und hebt die klare, verständliche Sprache hervor. Cassirers Schrift sei auch vom Standpunkt des Logischen Empirismus aus sehr zu begrüßen. (Philipp Frank, „Bemerkungen zu E. Cassirer: Determinismus und Indeterminismus in der modernen Physik“, in: *Theoria* 4, 1938, pp. 70-80, engl. Übersetzung in: Frank, *Modern Science and its Philosophy*, *op. cit.*, pp. 172-185.)

10 John Michael Krois hat darauf aufmerksam gemacht, dass es noch viel mehr bemerkenswerte Elemente in der Beziehung zwischen Cassirers Denken und dem Logischen Empirismus gibt (John Michael Krois, „Ernst Cassirer und der Wiener Kreis“, in: Friedrich Stadler (Hg.), *Elemente moderner Wissenschaftstheorie*. Veröffentlichungen des Instituts Wiener Kreis Bd. 8, Wien–New York: Springer 2000, pp. 105-122).

11 Frank, *Wahrheit – relativ oder absolut?*, *op. cit.*, p. 9.

12 *Ibid.*

Naturwissenschaften im modernen Geistesleben angeblich spielen, hätte zum Aufstieg des Totalitarismus beigetragen. Der Relativismus des wissenschaftlichen Denkens, so wurde auf der *Conference on Science, Philosophy and Religion* argumentiert, habe den Glauben an absolute Werte unterhöhlt und die Menschen für totalitäre Propaganda empfänglich gemacht.

Wie reagiert nun Frank auf diesen Vorwurf? – Er nimmt ihn sehr ernst, ja, er bestätigt dessen grundlegende Behauptung: Die Wissenschaft, so Frank, stellt tatsächlich jeden absoluten Erkenntnisanspruch in Frage und schwächt daher im Prinzip die Bereitschaft, an absolute Werte zu glauben. Aber, so argumentiert er weiter, das heißt nicht, dass die Wissenschaft auch den Glauben an die Objektivität von Werten schwächen muss – im Gegenteil: Die Wissenschaft könne die Auffassung, dass auch Werten in einem bestimmten Sinn Objektivität zukommt, sogar unterstützen.

Um dies zu erklären und zu begründen, stellt Frank zuerst dar, unter welchen Bedingungen in den Wissenschaften von „objektiver Wahrheit" und vom „Fortschritt" im wissenschaftlichen Wissen die Rede sein kann. In einem zweiten Schritt versucht er zu zeigen, wie die Wissenschaften als gesellschaftliche Praktiken auf andere Bereiche sozialen Handelns bezogen sind und wie sie zur Weiterentwicklung von Demokratie und gesellschaftlicher Freiheit beitragen, genauer: beitragen *können*. Frank war sich nämlich ganz im Klaren darüber, dass wissenschaftlicher Fortschritt nicht notwendigerweise mit gesellschaftlichem und politischem Fortschritt verbunden ist. Doch dazu später.

Die wissenschaftsphilosophische Einsicht, auf die es Frank in erster Linie ankommt, besteht im Folgenden: Verfahrensweisen, welche die Relativität der Wahrheit von Aussagen sichtbar machen, führen nicht zu Willkür und Subjektivismus, sondern bilden den Kern wissenschaftlicher Objektivität. In diesem Sinn bezeichnet Frank den „sogenannten ‚Relativismus' [als] eine Methode, die viel zum Fortschritt menschlicher Erkenntnis beigetragen hat."[13] Überall dort, wo der wirkliche Kampf um Fortschritte im Wissen geführt worden ist, habe „gerade die Lehre von der ‚Relativität der Wahrheit' die führende Rolle" gespielt.[14] Um seine Auffassung von wissenschaftlicher Objektivität einem breiten Publikum zu erklären, greift Frank auf ein bekanntes Beispiel aus der Geschichte der Wissenschaft zurück. Er führt es als die „relativistische Haltung des Copernicus" ein. Die Entdeckung der Antipoden hat, so Frank, die Bedeutung der Begriffe „oben" und „unten"

13 *Ibid.*, p. 14.

14 *Ibid.*

„relativiert". Aussagen, die diese Begriffe enthalten, waren Jahrhunderte lang klar und einsichtig, seit der Entdeckung der Antipoden aber müssen sie mit einer Erläuterung (*qualification*) versehen werden. Den Satz „Mein Kopf ist über meinen Füßen, und meine Füße sind unter meinem Kopf" müssen wir seither spezifizieren, indem wir den Ausdruck „relativ zur Schwerkraft an einem ausdrücklich beschriebenen Standort"[15] hinzufügen. Ohne diese Hinzufügungen sind Sätze, die die Begriffe „oben" und „unten" verwenden, unvollständig.

> Wir befinden uns hier in der gleichen Lage, wie wenn man uns zu entscheiden bäte, ob die Behauptung, „dieser Tisch ist gr..." wahr sei, wobei „gr..." „grün" oder „grau" oder „groß" bedeuten kann. Wenn ich mich weigere, über die Richtigkeit einer solchen Behauptung ein endgültiges Urteil abzugeben, weiche ich nicht einer Entscheidung aus, sondern ich verlange eine Erklärung oder Vervollständigung der Behauptung selbst. Wird die Behauptung vervollständigt, zum Beispiel durch den Zusatz des Ausdrucks „relativ zur Schwerkraft an meinem Standort", so werde ich sehr bestimmt antworten: „Gewiß ist mein Kopf über meinen Füßen" und: „der Kopf meines Antipoden ist gewiß unter meinen Füßen". Wenn ich die Behauptung in anderer Weise ergänze, zum Beispiel durch den Zusatz: „relativ zur Schwerkraft an dem Standort meines Antipoden", so lautet die Antwort anders, doch ebenso bestimmt wie zuvor. Beide Antworten sind „absolut" – oder besser: zuverlässig – wahr.[16]

Philosophisch gesehen, so Frank weiter, sind wesentliche Fortschritte in den Wissenschaften als Fortschritte in der Semantik zu verstehen, in der „Bedeutungslehre" (*theory of meaning*). Neue Erfahrungen, die nicht in den Rahmen unserer etablierten Begriffe passen, zwingen uns, die Beziehung zwischen den Begriffen und dem Rahmen, auf den sie sich beziehen, ausdrücklich zu machen. Ist ein solcher Schritt einmal getan, sind Sätze, die diese Ausdrücke verwenden, ohne sie explizit auf den Rahmen zu beziehen, unklar und müssen ergänzt werden. Um sie zu ergänzen, brauchen wir eine neue, eine reichere Sprache, die es uns erlaubt, einen begrifflichen Rahmen zu konstruieren, in dem wir – etwa im herangezogenen Beispiel – die Antworten auf die Frage, wo oben und unten ist, auf die Stellen

---

15 *Ibid.*, p. 17.

16 *Ibid.*, pp. 17f.

auf dem Globus beziehen, an denen die Antworten gegeben worden sind. Damit hat sich, so Frank, keineswegs „ein Element der Unsicherheit und des Zweifels in unsere Angaben über Positionen eingeschlichen“.[17] Auch innerhalb des neuen Rahmens sind Sätze wahr, und zwar „‚absolut‘ – oder besser: zuverlässig – wahr (*‚absolutely‘ – or better ‚dependably‘ – true*)“.[18]

> Immer gebrauchen wir Worte und Sätze, die unsere Tatsachenerfahrung am angemessensten und einfachsten beschreiben. Werden neue Tatsachen entdeckt, so wird die Sprache, die unseren früheren, ärmeren Tatsachenvorrat zu schildern pflegte, zu arm, um unseren neuerworbenen Reichtum an Wissen darzustellen. Wir müssen unsere Ausdrucksweise durch das „Zusatz“- oder „Relativierungsverfahren“ bereichern, wie wir es soeben an unserem Beispiel von „oben“ und „unten“ beschrieben haben. Wenn wir diese neue „relativierte“ Sprache gebrauchen, können wir unseren neuen Tatsachenvorrat „objektiv“ beschreiben, genau so, wie wir vorher durch Verwendung der ausdrucksärmeren Sprache unseren früheren, ärmeren Vorrat an Erfahrung schildern konnten.[19]

Größere Objektivität erreichen wir nach Frank immer dann, wenn es uns gelingt, eine Sprache zu erfinden, die uns in die Lage versetzt, einen „neuen Tatsachenvorrat“ (*a new stock of facts*) zu beschreiben und mit den bisher beschriebenen in Beziehung zu setzen. Die neue Sprache ist gegenüber der älteren „relativiert“, insofern sie einen Zusatz enthält, der die Ausdrücke der älteren in ein neues Bezugssystem stellt. Dieses „Relativierungsverfahren“ leistet zweierlei: Erstens ermöglicht es uns, Beziehungen zwischen bisher unverbundenen Erfahrungen zum Ausdruck zu bringen. Zweitens zieht es die Aufmerksamkeit auf das Verhältnis zwischen dem theoretischen Rahmen und den einzelnen Behauptungen, die in diesem Rahmen formuliert werden. Daher bedeutet größere Objektivität auch: in höherem Ausmaß einzusehen, wie die Wahrheit unserer Aussagen von begrifflichen und methodischen Voraussetzungen abhängt.

> [...] Einsteins berühmte Relativitätslehre hat nichts mit irgendeinem „Subjektivismus“ oder „Skeptizismus“ zu tun, und noch weniger be-

17 *Ibid.*, p. 17.

18 *Ibid.*, p. 24.

19 *Ibid.*, p. 18.

> deutet sie einen Verzicht des menschlichen Geistes auf die Erforschung der „Wahrheit".
> Genau das Gegenteil ist richtig. „Relativismus" bedeutet die Einführung einer ausdrucksreicheren Sprache, die es uns gestattet, den Bedürfnissen einer reicheren Erfahrung zu begegnen. Wir können jetzt diese neuen Tatsachen mit einfachen und direkten Worten erfassen, und dies ermöglicht es uns, dem, was man die „reine Wahrheit vom Weltall" bezeichnen kann, ein Stückchen näher zu kommen.[20]

Das ist die grundlegende Struktur von Franks Überlegungen. Er erläutert sie mit Hilfe wohlbekannter Lehren aus der Wissenschaftsphilosophie. Nach Frank bieten Holismus, Operationalismus und Pragmatismus verschiedene, aber verwandte Gesichtspunkte, unter denen wir die Bezugsrahmen unserer Begriffe und Aussagen explizieren können. Auf sie wollen wir hier nicht weiter eingehen. Nur auf einen Aspekt sei ausdrücklich verwiesen: In Franks Sicht vertritt der Logische Empirismus eine durch und durch holistische Auffassung des Wissens.

> Nach den logischen Empirizisten ist das „Sinnvoll-Sein" eine Eigenschaft eines Systems von Behauptungen oder Prinzipien. Wir können auch sagen, daß „Sinnvoll-Sein" eine Eigenschaft einer Lehre ist. Ein alleinstehendes Wort oder sogar eine alleinstehende Behauptung hat nur indirekt einen Sinn. Wir bezeichnen sie als „sinnvoll", wenn sie sich dazu eignen, Teile eines sinnvollen Systems oder einer solchen Lehre zu sein.[21]

Besonders hervorzuheben ist in unserem Kontext der letzte Punkt: Nicht nur in der Wissenschaft sind immer mehr Begriffe mit der Spezifizierung „relativ zu einem bestimmten Bezugssystem" versehen worden. Auch Fortschritte in Religion, Ethik und Politik folgen einer Logik zunehmender „Relativierung", die den Sinn einzelner Überzeugungen auf ein begriffliches System bezieht bzw. auf einen operationalen Sinn. Frank zitiert den Theologen Theodor Parker, der darauf hingewiesen habe, „daß die ‚Bekenntnisse' und ‚Riten' des Christentums auch von den schlimmsten

20 *Ibid.*, p. 23.

21 *Ibid.*, p. 32.

Verbrechern akzeptiert werden, wenn an sie kein operationaler Sinn geknüpft ist".[22]

Wir müssen verstehen, so Frank, dass auch scheinbar absolute moralische Urteile – absolut, weil sie aus der Pflicht, Gottes Willen zu befolgen, abgeleitet werden – ohne einen Rahmen, der den Sinn des Gebotenen spezifiziert, unvollständig im oben angegebenen Sinne sind. Auch wenn wir davon überzeugt sind, dass das Gebot „Du sollst nicht töten" in Gottes Willen begründet ist und daher absolut gilt, brauchen wir Spezifizierungen. Ist es verboten, einen Tyrannen zu töten? Städte zu bombardieren? Im Krieg Sabotage zu verüben? Auch moralische Urteile brauchen ein Bezugssystem, das ihre Bedeutung spezifiziert.

3. Ernst Cassirer über Objektivierung

An diesem Punkt soll auf bemerkenswerte Überschneidungen zwischen Franks und Cassirers Sicht wissenschaftlicher Objektivität und deren Verhältnis zu anderen Bereichen kulturellen und gesellschaftlichen Handelns hingewiesen werden. Im Folgenden zunächst eine grobe Skizze von Zügen in Cassirers früher Wissenschaftsphilosophie, die auf eine Verwandtschaft zu Franks Überlegungen hindeuten.

1. Der moderne Erkenntnisbegriff, der mit der neuzeitlichen Naturwissenschaft entsteht, bricht mit dem Absolutismus des metaphysischen und des alltäglichen Erkenntnisbegriffs. Der Gegenstand der Erkenntnis wird nicht mehr als ein dem Denken transzendentes Sein gedacht, an dem das Denken in irgendeiner Form teilhat, sondern als der gesetzmäßige Zusammenhang der Erfahrungswirklichkeit.

> Hier werden nicht mehr Vorstellungen an absoluten Gegenständen gemessen, sondern es sind verschiedene Teilerfahrungen ein und derselben Gesamterfahrung, die einander wechselseitig als Maßstab dienen. Jede Teilerfahrung wird danach befragt, was sie für das Gesamtsystem bedeutet: und diese Bedeutung ist es, die ihr das Maß an Objektivität bestimmt. So handelt es sich hier im letzten Grunde nicht darum, was eine bestimmte Erfahrung „ist", sondern um das, was sie „wert" ist, d.h.

22 *Ibid.*, p. 37.

> welche Leistung ihr, als besonderem Baustein, im Aufbau des Ganzen zukommt.[23]

2. Eine der wichtigsten Einsichten der modernen Philosophie besteht darin, dass alle unsere erkennende Tätigkeit auf unserer Fähigkeit beruht, Zeichen festzusetzen und festzuhalten, das heißt einen bestimmten Aspekt unserer Erfahrung als Repräsentanten eines Ganzen zu fassen: „[…] der einzelne gegebene Eindruck bleibt nicht schlechthin, was er ist, sondern wird zum Symbol der durchgehenden systematischen Verfassung, innerhalb deren er steht und an welcher er in bestimmtem Maße teilhat."[24]

3. Die moderne Wissenschaft und die ihr entsprechende Philosophie der Erkenntnis sind antimetaphysisch und holistisch.

4. Dem Aufbau des Ganzen der Erfahrung liegt eine „Stufenfolge in Graden der Objektivität" zugrunde. Den „eigentlichen Kern des Wirklichkeitsbegriffs [bildet] die logische Differenzierung der Erfahrungsinhalte und ihre Einordnung in ein gegliedertes System von Abhängigkeiten".[25] Es handelt „sich hier stets um eine Beziehung, die zwischen dem relativ engeren und dem relativ weiteren Erfahrungskreis" besteht.[26] Jeder Schritt im Prozess der „Objektivierung" entdeckt

> in einem Material, das zunächst als schlechthin unbestimmt beiseite gelassen wurde, noch ein Moment der Bestimmbarkeit. […] Das Gegebene gliedert sich jetzt in weitere und engere Objektivitätskreise, die deutlich voneinander abgehoben und nach bestimmten Gesichtspunkten abgestuft sind […].[27]

Für Cassirer kann wissenschaftliche Objektivität nur als Objektivierungsprozess „mit relativen Haltepunkten" gedacht werden. Der moderne Erkenntnisbegriff kennt, so argumentiert er gut kantianisch, „keine höhere Objektivität als die, die in der Erfahrung und entsprechend ihren Bedingungen gegeben ist".[28] Damit wird die Frage nach der „Objektivität der Erfahrung *über-*

---

23 Ernst Cassirer, *Substanzbegriff und Funktionsbegriff. Untersuchungen über die Grundlagen der Erkenntnistheorie.* Berlin: Bruno Cassirer 1910, 2. Aufl. 1923, p. 367.

24 *Ibid.*, p. 373.

25 *Ibid.*, p. 371.

26 *Ibid.*, p. 365.

27 *Ibid.*, pp. 386f.

28 *Ibid.*, p. 368.

haupt" zu einer sinnlosen Frage. Sie beruht im Grunde „auf einer logischen Illusion" derselben Art wie die Frage nach dem absoluten Ort der Welt:

> denn wie in dieser ein Verhältnis, das nur für die einzelnen Teile des Universums in ihrer wechselseitigen Beziehung Geltung hat, fälschlich auf das Universum als Ganzes übertragen wird, so wird hier ein begrifflicher Gegensatz, der bestimmt ist, die einzelnen Phasen der empirischen Erkenntnis zu unterscheiden, auf die gedachte Allheit dieser Phasen und ihre Aufeinanderfolge angewandt.[29]

Die moderne Wissenschaft und Philosophie, die diesen Erkenntnisbegriff hervorgebracht haben, haben aber damit auch ein nahezu unlösbares Problem geschaffen, nämlich das Problem, worin die Rechtfertigung dieses Objektivierungsprozesses im Ganzen besteht. In *Das Erkenntnisproblem* (1906) führte Cassirer Descartes als charakteristisches Beispiel für einen modernen Philosophen vor, in dessen Werk beides verkörpert ist: der moderne Gedanke des Objektivierungsprozesses (oder der „graduellen Objektivität") und die moderne Unsicherheit darüber, in welcher Form nun die Frage nach den Grundlagen dieses Prozesses insgesamt gestellt werden kann. Zwar weist Cassirer die „Bürgschaft", die Descartes der Erkenntnis dem Ganzen durch den Gottesbegriff verschaffen wollte, als Rückfall in die Metaphysik zurück. Nichtsdestoweniger hielt er das Problem, das Descartes gestellt hat, für ein legitimes, ja unvermeidliches Problem:

> Es ist der *Begriff der Wirklichkeit selbst*, der ihn bewegt und der über das Schicksal der Wissenschaft zu entscheiden scheint. Sollten die reinen, mathematischen und physikalischen Gesetze, die die Deduktion ergibt, bei all ihrer „Notwendigkeit" dennoch bloße *Beziehungen* bleiben, von denen wir niemals mit Sicherheit bestimmen können, ob ihnen ein Sein in der Welt der Tatsachen entspricht? Erscheint damit nicht alle Arbeit des Denkens schließlich vergebens und grundlos?[30]

Wir machen nun einen großen Sprung. In den 1920er Jahren führte Cassirer den Begriff der „symbolischen Form" ein. Dieser bildet den Angelpunkt

29 *Ibid.*, p. 369.

30 Ernst Cassirer, *Das Erkenntnisproblem in der Philosophie und Wissenschaft der neueren Zeit.* Bd. 1. Berlin: Bruno Cassirer 1906. Darmstadt: Wissenschaftliche Buchgesellschaft 1994, p. 483.

einer philosophischen Konzeption, die auf eine neue „Erste Philosophie" abzielt. Eine der Leistungen, die diese neue Konzeption erbringen sollte, bestand darin, die Frage nach der philosophischen Begründung des empirischen Wissens als Ganzem neu zu stellen, und zwar auf eine Weise, die nicht in die Metaphysik führen muss.[31] Hier wieder nur einige grobe Züge des konzeptionellen Rahmens, den Cassirer in der *Philosophie der symbolischen Formen* entwickelt:

1. Objektivierungsverfahren gibt es nicht nur in der Wissenschaft. Cassirer spricht von einer Vielfalt von Gestaltungsweisen im Ganzen des geistigen Lebens.

> Auch sie lassen sich als gewisse Weisen der „Objektivierung" bezeichnen: d.h. als Mittel, ein Individuelles zu einem Allgemeinen zu erheben; aber sie erreichen dieses Ziel der Allgemeingültigkeit auf einem völlig anderen Wege als auf dem des logischen Begriffs und des logischen Gesetzes.[32]

2. Jede „Weise der Objektivierung" – Cassirer zählt in diesem Zusammenhang Sprache, Mythos, Kunst und Religion auf – artikuliert und entwickelt eine spezifische symbolische Form. Fortschritte in die Richtung größerer Objektivität geschehen innerhalb einer symbolischen Form immer dann, wenn es gelingt, die Darstellungsmöglichkeiten so zu erweitern, dass Aspekte in die Erfahrungswelt einbezogen werden können, die bisher nicht berücksichtigt wurden. Es gibt auch in anderen symbolischen Formen etwas Ähnliches wie Objektivitätskreise.

3. Jede dieser Formen entwirft und entfaltet die Wirklichkeit als Ganzes. Die philosophische Reflexion muss der holistischen Struktur jeder dieser Formen gerecht werden.[33]

4. Jede der Objektivierungsformen tendiert zum „Absolutismus", d.h. sie tendiert dazu, die Gestalt der Welt, die sie hervorbringt, als in den

---

31 Damit soll keineswegs suggeriert werden, die *Philosophie der symbolischen Formen* sei letztlich nichts anderes als die Weiterführung eines neo-kantianischen erkenntnistheoretischen Projekts. John Michael Krois hat sehr deutlich herausgearbeitet, dass die Transformation der Philosophie, an der Cassirer arbeitete, weder auf Erkenntnistheorie noch auf Kulturphilosophie reduziert werden kann (John Michael Krois, *Cassirer. Symbolic Forms and History*. New Haven–London: Yale University Press 1987.

32 Ernst Cassirer, *Philosophie der symbolischen Formen.* Bd. 1. Berlin: Bruno Cassirer 1923. Darmstadt: Wissenschaftliche Buchgesellschaft 1988, pp. 8f.

33 *Ibid.*, p. 27.

Dingen selbst begründet aufzufassen und daher unbedingte Geltung zu beanspruchen. In der Tat sei

> jeder Grundform des Geistes, indem sie auftritt und sich entwickelt, das Bestreben eigen […], sich nicht als einen Teil, sondern als ein Ganzes zu geben und damit statt einer bloß relativen eine absolute Geltung für sich in Anspruch zu nehmen. […] Aus diesem Streben zum Unbedingten, das jeder Einzelrichtung innewohnt, ergeben sich die Konflikte der Kultur und die Antinomien des Kulturbegriffs.[34]

Die Konzeption einer Mehrzahl symbolischer Formen macht es möglich, so Cassirer, die Kritik absoluter Geltungsansprüche zu erweitern und zu radikalisieren:

> Solange die philosophische Betrachtung sich lediglich auf die Analyse der reinen Erkenntnisform bezieht und sich auf diese Aufgabe einschränkt, solange kann auch die Kraft der naiv-realistischen Weltsicht nicht völlig gebrochen werden.[35]

Cassirers philosophischer Ansatz zielt somit darauf ab, naiv-realistische Geltungsansprüche nicht nur im Bereich theoretischer Erkenntnis, sondern auch in anderen Bereichen der Kultur zu kritisieren. Indem er so „die Kritik der Vernunft zu einer Kritik der Kultur“[36] werden lässt, relativiert Cassirer gewissermaßen die wissenschaftliche Erfassung der Welt insgesamt. Aber was genau bedeutet diese „Relativierung“? Ich meine, dass Philipp Franks Gebrauch dieses Ausdrucks uns helfen kann, klarer zu sehen, was Cassirers Anliegen war. Die *Philosophie der symbolischen Formen* schlägt einen philosophischen Rahmen vor, mit dessen Hilfe das philosophische Denken über Objektivität gleichsam ergänzt werden kann. Erinnern wir uns: Seit die Antipoden entdeckt worden sind, haben die Worte „oben“ und „unten“ den bestimmten Sinn, der ihnen früher zukam, verloren. Seither müssen sie mit dem Zusatz „relativ zur Schwerkraft in einem spezifisch beschriebenen Bezugssystem“ versehen werden. In ähnlicher Weise will Cassirer, dass wir philosophische Überlegungen, die das Wort „objektiv“ ohne Erläuterung gebrauchen, als unvollständige Sätze sehen. Er schlägt vor, dass wir sie je-

---

34 *Ibid.*, p. 13.

35 *Ibid.*, p. 11.

36 *Ibid.*

weils ergänzen sollten, indem wir die Weise der Objektivierung spezifizieren: objektiviert in der Sprache, im Mythos, in der Wissenschaft.

Ich bin mir im Klaren darüber, dass die Analogie zwischen Frank und Cassirer nur bis zu einem gewissen Grad hält. Der Punkt, auf den es mir ankommt, ist der folgende: Wenn wir Franks Begriff der Relativierung verwenden, können wir die Einführung des Begriffs symbolischer Formen als Einführung einer reicheren philosophischen Sprache verstehen, die Cassirer in die Lage versetzte, die Wissenschaft als einen spezifischen Beitrag zu dem mehrdimensionalen Projekt der Objektivierung zu deuten. Ganz im Gegensatz zu jeglichem antiwissenschaftlichen Skeptizismus schuf diese „Relativierung" der Wissenschaft das Bezugssystem, in dem die Frage nach den Grundlagen der „graduellen" wissenschaftlichen Objektivität in neuer Weise gestellt werden kann. Dieses Bezugssystem sollte es der philosophischen Betrachtung möglich machen, die Verfahrensweisen und Ergebnisse wissenschaftlicher Objektivierung in ihren vielfältigen Beziehungen zu Sprache, Mythos, Kunst, Religion, Technik, Ethik … zu beschreiben, ohne dabei die Geltungsansprüche in den verschiedenen Bereichen einzuebnen.

4. Kreuzungspunkte zwischen Cassirer und Frank

Auch Frank war der Auffassung, dass die Frage nach der Rechtfertigung der Verfahrensweisen, mit deren Hilfe wissenschaftliches Wissen hervorgebracht wird, in einen Rahmen gestellt werden muss, der diese Verfahren zu anderen Bereichen gesellschaftlichen Handelns in Beziehung setzt. In unserem Text betrachtet Frank diese Beziehungen unter zwei verschiedenen Gesichtspunkten.

Vom ersten Gesichtspunkt aus thematisiert er die politischen Erfahrungen der ersten Hälfte des 20. Jahrhunderts. Frank unterstreicht hier, dass die Wissenschaft intellektuelle Instrumente der Kritik sowie kritische Haltungen gegenüber absoluten Wahrheitsansprüchen hervorbringt und damit den Kampf gegen autoritäre und totalitäre Ideen und Politik potentiell unterstützt.[37] Er bringt eine Reihe von Beispielen aus dem Nationalsozialismus und der Sowjetunion, die zeigen sollen, dass wissenschaftliches Wissen und wissenschaftliche Haltungen unter autoritären Bedingungen große kritische Kraft entwickeln können und immer

37 Frank, *Wahrheit – relativ oder absolut?*, *op. cit.*, pp. 83ff.

wieder entwickelt haben.[38] In dieser Hinsicht haben Franks Überlegungen Ähnlichkeiten mit denen von John Dewey, Charles Morris, Ernest Nagel, Robert Merton und auch Karl Popper.[39] Diesen Gesichtspunkt werden wir hier nicht weiter verfolgen.

Der zweite Gesichtspunkt eröffnet einen weiteren Blickwinkel und zielt – politisch gesehen – auf die Zukunft ab. Die Wissenschaft kann nach Frank als ein Modell dienen, mit dessen Hilfe wir über Freiheit und Demokratie nachdenken können. Auch diese Auffassung haben die eben genannten Zeitgenossen Franks mit unterschiedlichen Akzentsetzungen bereits vertreten. Aber die Art und Weise, wie Frank den Gedanken entfaltet hat, ist durchaus originell. Seine spezifischen Züge werden besonders deutlich, wenn wir Franks Überlegungen vor dem Hintergrund von Cassirers Philosophie betrachten. Machen wir uns zunächst an einer Stelle aus Franks Buch deutlich, wie er die Brücke zwischen Wissenschaft und Gesellschaft, Kultur, Politik schlägt.

> Jeder weitere Schritt zum Liberalismus in der Regierung eines Volkes sowie auch in der Gesellschaft und Religion war immer mit einer Weiterentwicklung der Semantik verknüpft. Überlieferte Schlagworte, die man nicht mehr in ihrer ursprünglichen Bedeutung akzeptieren konnte, wurden auf ihre Wirkung auf das menschliche Verhalten, auf das Glück und Leid der Menschen untersucht. Das heißt, diese Worte wurden in zunehmendem Maße nach der pragmatischen und operationalistischen Auffassung von der Bedeutung interpretiert.[40]

Unter Franks Perspektive bringt also nicht nur die Wissenschaft einen kritischen Umgang mit tradierten Begriffen hervor, der zur „Weiterentwicklung der Semantik" führt. Auch in den Bereichen politischen, gesellschaftlichen und religiösen Handelns findet Arbeit an einem besseren Verständnis der Bedeutung unserer Begriffe statt. Nach Frank spielen die Wissenschaften nur eine der vielen Geigen in einem breit angelegten Projekt. Und dieses ist dem von Cassirer in mehreren Hinsichten ähnlich. Erinnern wir uns:

---

38 Siehe dazu Uebel, „On the Austrian Roots of Logical Empiricism: The Case of the First Vienna Circle", *op. cit.*, pp. 103-106.

39 Siehe dazu Alan Richardson, „Tolerance, Internationalism, and Scientific Community in Philosophy: Political Themes in Philosophy of Science, Past and Present", in: Heidelberger / Stadler, *Wissenschaftsphilosophie und Politik / Philosophy of Science and Politics*, *op. cit.*, pp. 65-90, hier pp. 72-86.

40 Frank, *Wahrheit – relativ oder absolut?*, *op. cit.*, p. 36.

Cassirer rekonstruierte Verfahrensweisen gradueller Objektivität nicht nur innerhalb der Wissenschaft, sondern auch in anderen Bereichen kulturellen Schaffens.

> Auch das religiöse Bewußtsein bildet – sosehr es von der „Realität", von der „Wahrheit" seines Gegenstandes überzeugt ist – diese Realität nur auf der untersten Stufe, nur auf der Stufe eines rein mythologischen Denkens, in eine einfache dingliche Existenz um. Auf allen höheren Stufen der Betrachtung dagegen ist es sich mehr oder minder deutlich bewußt, daß es seinen Gegenstand nur dadurch „hat", daß es sich in einer durchaus eigenartigen, ihm allein zugehörigen Weise auf ihn bezieht.[41]

Cassirer begriff Objektivität als das „gemeinsame Projekt" von unterschiedlichen Richtungen kultureller Aktivität.

> Die verschiedenen Erzeugnisse der geistigen Kultur, die Sprache, die wissenschaftliche Erkenntnis, der Mythos, die Kunst, die Religion werden so, bei aller ihrer Verschiedenheit, zu Gliedern eines einzigen großen Problemzusammenhangs, – zu mannigfachen Ansätzen, die alle auf das eine Ziel bezogen sind, die passive Welt der bloßen Eindrücke, in denen der Geist zunächst befangen scheint, zu einer Welt des reinen geistigen Ausdrucks umzubilden.[42]

Auch wenn Cassirer die Wissenschaften und das wissenschaftliche Denken von den 1920er Jahren an als nur eine Form kultureller Gestaltung neben anderen denkt, haben die Wissenschaften für ihn doch auch Modellcharakter für jenes breitere und weiter reichende kulturelle Projekt, zu dem sie beitragen. Denn wesentliche Charakteristika des gemeinsamen Projekts „die passive Welt der Eindrücke zu einer Welt reinen geistigen Ausdrucks umzubilden" sind nur in den Wissenschaften ans Tageslicht gekommen, weil sie von Wissenschaftlern und Philosophen analysiert und explizit gemacht worden sind.

Frank hat – trotz der Analogien mit Cassirer – nicht von mehreren „Wegen der Objektivierung" gesprochen, und nichts in seinem Buch weist darauf hin, dass er Religion, Mythos und Kunst als solche verstanden hätte.

41 Cassirer, *Philosophie der symbolischen Formen*, *op. cit.*, p. 13.

42 *Ibid.*, p. 12.

Aber das Buch zeigt deutlich, dass aus seiner Sicht die Verfahrensweisen, die der „graduellen Objektivität" der Wissenschaften zugrunde liegen, auch außerhalb der Wissenschaft ins Werk gesetzt werden. Auch Frank erweiterte die Perspektive über die Wissenschaft hinaus, führte eine „reichere Sprache" ein, um die wissenschaftliche Praxis mit anderen Bereichen sozialen Handelns in Beziehung setzen zu können. Während aber Cassirer das philosophische Denken über *Objektivität* in einen neuen Rahmen stellen und damit vervollständigen wollte, suchte Frank nach einer reicheren Sprache für das Nachdenken über menschliche *Fortschritte*. Er fasste wissenschaftliche Objektivierung als eine bestimmte Art von Fortschritt. In der Perspektive, die Frank vorschlug, können wir über Fortschritte in den Wissenschaften nur dann sinnvolle Aussagen machen, wenn wir den Rahmen, in dem die Bedeutung des Worts „Fortschritt" definiert wird, weit genug fassen. Ganz ähnlich wie wir uns über die Wahrheit des Satzes „Dieser Tisch ist gr…" kein Urteil bilden können, solange der Terminus „gr…" nicht vervollständigt ist, können wir nicht wissen, was mit der Behauptung, eine wissenschaftliche Erkenntnis stelle einen Fortschritt dar, gemeint ist, und daher auch nicht beurteilen, ob sie wahr oder falsch ist. Sätze, die Behauptungen über den Fortschritt der Wissenschaft *tout court* aufstellen, haben keinen klaren Sinn. Sie bekommen diesen erst, wenn sie mit Sätzen über kulturelle, gesellschaftliche und politische Fortschritte in Beziehung gesetzt werden.

Die Affinität zwischen Frank und Cassirer sehe ich zunächst darin, dass auch Frank einen theoretischen Rahmen finden zu müssen glaubte, in dem die wissenschaftliche Objektivierung im Ganzen auf ihre Rechtfertigung hin befragt werden kann. Auch Frank sucht nach einer Rechtfertigung, die nicht auf ein absolutes Prinzip rekurriert. Sicherlich, Frank hätte nicht wie Cassirer davon gesprochen, dass es die Aufgabe der Philosophie sei, die verschiedenen Formen gesellschaftlicher Praxis auf einen „einheitlichen Mittelpunkt, ein ideelles Zentrum zu beziehen"[43], aber er hätte wohl zumindest folgenden Auffassungen zugestimmt: erstens, dass verschiedene Formen menschlichen Fortschritts in theoretisch und praktisch relevanter Weise aufeinander bezogen sind, und zweitens, dass das Zentrum dieser Beziehungen „niemals in einem gegebenen Sein, sondern nur in einer gemeinsamen Aufgabe liegen" kann.[44] Drittens trägt sowohl für Frank als auch für Cassirer die Wissenschaft zu dem gemeinsamen kulturellen Projekt nicht nur in spezifischer, sondern auch in eminenter Weise bei: Wesentliche

43 *Ibid.*

44 *Ibid.*

Charakteristika des kulturellen Projekts, in das moderne Gesellschaften verstrickt sind, werden innerhalb der Wissenschaft deutlicher sichtbar als in anderen Bereichen gesellschaftlichen Handelns. Aber – und das ist der vierte Punkt, an dem sich Cassirer und Frank treffen – die Bedeutung und das Gewicht dieser Charakteristika wird nur dann sichtbar, wenn wir die wissenschaftliche Praxis nicht isoliert betrachten. Wir brauchen einen theoretischen Rahmen, in dem wir erfassen können, auf welche Weise die Wissenschaften in einem Projekt menschlichen Fortschritts beteiligt sind, dessen Definition nicht „gegeben" ist (weder innerhalb noch außerhalb der Wissenschaft), sondern in sozialen politischen und kulturellen Kämpfen auf dem Spiel steht.

Zu diesem Projekt (und seiner Definition) kann die Wissenschaft beitragen, indem sie aufzeigt, dass viele ihrer wichtigsten Erkenntnisse dadurch gewonnen worden sind, dass Wissenschaftlerinnen und Wissenschaftler grundlegende Annahmen, die der etablierten Wissenschaft bis zu diesem Zeitpunkt als notwendig erschienen, in Frage gestellt und sie durch komplexere ersetzt haben. Es ist diese Erfahrung erfolgreicher Analyse und „Relativierung" scheinbar absoluter Begriffe und Annahmen innerhalb der eigenen Praxis, was die Wissenschaft all denen als Lehre weitergeben kann, die sich die Frage stellen, in welchem Sinn wir von gesellschaftlichen, politischen und kulturellen Fortschritten sprechen können.

5. Wissenschaftsphilosophie gegen die Gefahren wissenschaftlichen Spezialistentums

Es ist nun wichtig zu sehen, dass es für Frank – ebenso wie für Cassirer – keine gleichsam naturgegebene, notwendige Beziehung zwischen der Entwicklung der modernen Wissenschaften und gesellschaftlichen, kulturellen und politischen Fortschritten gibt: Nur unter bestimmten Bedingungen trägt die Wissenschaft zum gemeinsamen Projekt kulturellen Fortschritts bei. Sowohl Cassirer als auch Frank meinten, dass diese Bedingungen nur mit Hilfe der Philosophie geschaffen werden können. Sie waren freilich unterschiedlicher Auffassung darüber, welcher Art diese Philosophie sein müsste. Im Folgenden werden wir nur noch einem der beiden philosophischen Projekte ein Stück weit nachgehen, nämlich dem von Philipp Frank.

Frank betonte immer wieder, dass Wissenschaft nicht per se eine Avantgarde im Prozess gesellschaftlicher Fortschritte ist. Auch die Wissenschaft kann als „absolutes Wissen" missverstanden werden, und zwar sowohl von Wissenschaftlerinnen und Wissenschaftlern als auch von der Öffentlichkeit. Frank sagt ausdrücklich, dass das immer dann der Fall ist, wenn Wissenschaft als Sammlung von Fakten[45] oder als spezialisiertes Wissen in scharf getrennten Disziplinen[46] missverstanden wird. Frank war sich vollkommen bewusst darüber, dass diese Missverständnisse sehr verbreitet sind, und er hielt sie für eine reale Bedrohung der Demokratie. Dieses falsche Bild der Wissenschaften werde, so Frank, den Studenten an den meisten Universitäten vermittelt, und das zerstöre die kritische Fähigkeit wissenschaftlichen Denkens statt sie zu fördern.

> Wenn sich ein Student geistig nur auf eine naturwissenschaftliche Disziplin beschränkt und seine Sprache sich streng an die Terminologie dieses Gebietes hält, kann er leicht gefährlichen Schlagworten anderer Gebiete zum Opfer fallen. Einem Spezialisten der Physik oder Chemie kann man sehr leicht einreden, ein Psychologiefachmann hätte bewiesen, daß die Menschheit zu ihrem Glück eine bestimmte Regierungsform oder eine bestimmte religiöse Überzeugung nötig habe. Man kann ihm einreden, Wirtschaftsexperten hätten bewiesen, daß es hungernde Menschen geben müsse, damit sich die Räder der Wirtschaft drehen. Man kann Fachwissenschaftlern sogar einreden, daß die Spezialisten der Ethik bewiesen hätten, jeder müsse einer Autorität gehorchen, ganz gleich, was für Verbrechen diese Autorität befehlen sollte.
>
> Wenn aber ein Student die Bedeutung der Feststellung, eine Behauptung sei „bewiesen", auf seinem eigenen Gebiete versteht, wird er leicht auch allgemein zu unterscheiden lernen, was bewiesen werden kann und was nicht. Er wird über die angemaßte Befehlsgewalt selbsteingesetzter Führer urteilen und ihren Behauptungen, diese Befehle seien durch gut fundierte Lehren wie zum Beispiel die Ethik, die Nationalökonomie oder die Theologie bewiesen, mit Kritik begegnen.[47]

Auch hoch qualifizierte Wissenschaftlerinnen und Wissenschaftler können also eine „leichte Beute gefährlicher Slogans" werden – und solche Slogans kommen nicht nur aus der Politik, sondern auch aus wissenschaftlichen

---

45 Frank, *Wahrheit – relativ oder absolut?*, *op. cit.*, pp. 58ff.

46 *Ibid.*, pp. 51f.

47 *Ibid.*, p. 81.

Feldern. Frank meinte, die Wissenschaft könne ihre wertvollsten Wirkungen nur und nur soweit ausüben, als die handelnden Personen selbst das, was sie tun, in einer spezifischen Weise begreifen; d.h. nur wenn sie das, was sie als Wissenschaftlerinnen oder Wissenschaftler tun, nicht als Sammeln von Fakten begreifen und ihre Aufgabe nicht als das Verkünden von Wahrheiten an die Öffentlichkeit, sondern als Arbeit an der Integration des Wissens und am Fortschritt der Semantik. Deshalb hat Frank der Philosophie der Wissenschaft eine so große Bedeutung beigemessen. Freilich durfte sie in seinen Augen genau das nicht sein, wozu sie in den Jahrzehnten nach Kriegsende de facto immer mehr wurde: eine unabhängige Disziplin. Ganz im Gegensatz zum Zeitgeist stellte sich Frank Wissenschaftsphilosophie als eine Dimension von Forschung und Lehre in allen Wissenschaften vor – und zwar als eine Dimension, die nicht immer und nicht automatisch innerhalb der Wissenschaften existiert. Sie kann vernachlässigt und zerstört werden – oder im Gegenteil absichtlich entwickelt. Zu Beginn der 1950er Jahre befand Philipp Frank, dass die philosophische Dimension wissenschaftlicher Forschung und Lehre stark vernachlässigt sei. Seine Beobachtungen sind heute nicht weniger aktuell als in den 1950er Jahren: „Unser Erziehungssystem bringt häufig einen Naturwissenschaftler hervor, der auf einem engen Gebiet ein Fachmann ist und alle anderen Gebiete des Lebens absolut nicht kennt. Ein solcher Mensch wird sehr leicht Betrügern zum Opfer fallen.“[48]

Wenn sich Frank als Gründer und Leiter des *Institute for the Unity of Science* für Integration und Einheit der Wissenschaft einsetzte, zielte er keineswegs darauf ab, ein umfassendes philosophisches System oder eine einheitliche Basis zu entwickeln. Es ging ihm vielmehr darum, einen spezifischen Typ von wissenschaftlicher Lehre und Forschung zu fördern und zu verbreiten. Philosophie sollte Studenten aller Fächer gelehrt werden und zwar als Gegengift zum Absolutismus, den Wissenschaft tendenziell hervorbringt. Eine Tendenz zu Absolutheitsansprüchen, so argumentierte Frank in der Tradition Machs, ist in überkommenen wissenschaftlichen Begriffen ebenso verkörpert wie in engen Grenzen wissenschaftlicher Disziplinen. Sie kann nur – auch hier knüpft Frank an Mach an – von den Wissenschaftlerinnen und Wissenschaftlern selbst überwunden werden, und nicht von einer Philosophie, die sich selbst als Spezialistin versteht, nämlich als Spezialistin im Hinterfragen der Voraussetzungen von Wissenschaft (*examiner of presup-*

48 *Ibid.*, p. 82.

positions).[49] Frank lehnte die Aufgabenteilung zwischen Wissenschaft und Philosophie ab, die viele Philosophen bis heute für sich in Anspruch nehmen. Er begründete dies damit, dass eine solche Philosophie gerade nicht zur Überwindung der Isolierung von spezialisiertem Wissen beitragen könne, sondern letztlich als „Instrument der Zersplitterung und Desintegration des Erziehungssystems" wirke.[50] Sie sei deshalb zutiefst kontraproduktiv: Sie liege quer zu allen Anstrengungen, die engen Grenzen spezialisierten Wissens zu überwinden.

> Die Philosophieschulen, die gern eine scharfe Trennlinie zwischen Wissenschaft und Philosophie ziehen, stimmen meist in den folgenden Punkten überein: Jede Fachwissenschaft hat ihre Spezialprobleme so gründlich wie möglich zu bearbeiten, ohne auf den Nachbarn zur Rechten oder zur Linken zu blicken. Der Fachwissenschaftler soll „Tatsachen" sammeln, ohne sich zu einer Interpretation zu erkühnen. Wenn alle Fachwissenschaften ihre „tatsachensammlerische Mission" [*fact-finding-mission*] sorgfältig und gründlich ausgeführt hätten, könnte der philosophisch Geschulte das Feld übernehmen und eine „Interpretation der Tatsachen" liefern, die die ersehnte Integration der Erkenntnis ergeben würde. […]
> Dies mag für viele Ohren hübsch klingen. Wenn man aber dieses Schema in die Praxis umsetzen wollte, so hätte das eine vernichtende Wirkung auf die Entwicklung eines zusammenhängenden Wissenschaftssystems.[51]

Dieses grobe philosophische Bild der „fact-finding-mission" der empirischen Wissenschaften mag heute anachronistisch sein (jedenfalls in der Wissenschaftsphilosophie ist es das schon lange). Aber ein paar Punkte sind es wert, auch in unserem post-kuhnischen Zeitalter herausgehoben zu werden. Heben wir erstens hervor, dass Frank seine Kritik nicht aus einer antipositivistischen Perspektive formulierte, sondern im Namen des Empirismus der einheitswissenschaftlichen Bewegung. Zweitens weist Frank auf etwas hin, was selten zum Thema gemacht wird: auf das zutiefst komplizenhafte Verhältnis, in dem eine Philosophie, die sich als „examiner of presuppositions" versteht, mit der „fact-finding-mission" der Einzelwissenschaften steht. Vor allem die deutschsprachige Philosophie vom 19. Jahrhundert

49 *Ibid.*, p. 55.
50 *Ibid.*, p. 56.
51 *Ibid.*, p. 58.

bis zur Frankfurter Schule hat dieses Image gepflegt und der Philosophie die Aufgabe zugesprochen, die Grundlagen und die Einheit des Wissens jenseits der engen Grenzen der Einzelwissenschaften zu denken. Dagegen vertrat Frank die Ansicht, dass eine solche Auffassung von Philosophie die Verengung des spezialisierten wissenschaftlichen Blicks nicht aufhebt, sondern geradezu legitimiert und fördert, was seiner Ansicht nach große Gefahren für die Entwicklung der Demokratien in der westlichen Welt in sich birgt. „Da in einer Demokratie Gesetzgebung und Verwaltung durch das Urteil der Bürger bestimmt werden, sollte man die Entwicklung eines solchen Spezialistentypus nicht fördern."[52] Das führt mich zum dritten und, aus meiner Sicht, interessantesten Aspekt von Franks Überlegungen.

6. Ein wissenschaftsphilosophisches Projekt mit politischen und moralischen Implikationen

Wenn Frank betonte, dass alle Studenten der Naturwissenschaften – aber auch anderer Disziplinen – Philosophie lernen sollten und dass die philosophische Dimension wissenschaftlicher Forschung stärker und bewusst entwickelt werden müsse, stand viel mehr auf dem Spiel als die notorischen Streitereien über institutionalisierte disziplinäre Grenzen. Frank hatte die Vision, dass die Philosophie Wissenschaftlerinnen und Wissenschaftler mit intellektuellen Instrumenten ausstatten sollte, die sie in die Lage versetzen, die leitenden Prinzipien ihrer eigenen Praxis ausdrücklich zu machen, sie zu reflektieren und nach ihrer Begründung zu fragen. Reflexion und Begründung der Erkenntnis hatte die Philosophie seit ihren Anfängen zu leisten versucht, und in diesem Sinn war es auch wirklich Philosophie im klassischen Sinn, was Frank für angehende Wissenschaftlerinnen und Wissenschaftler forderte. Freilich, wer Studenten unterschiedlicher Disziplinen vermitteln will, wie und mit welchen Wirkungen sie selbst die leitenden Normen ihrer eigenen wissenschaftlichen Praxis zum Thema machen können, wird gut daran tun, nicht nur philosophische Lehrmeinungen unter ihnen zu verteilen. Der Anspruch, den Frank hier stellt, ist außerordentlich hoch. Es geht darum, Menschen zu lehren, Wissenschaft als die soziale Praxis zu denken, in die sie selbst verwickelt sind und deren leitende Prinzipien nur teilweise explizit und klar – und die begründungsbedürftig – sind.

52 *Ibid.*, p. 82.

Dass die Prinzipien wissenschaftlicher Erkenntnis nicht ein für alle Mal geklärt und begründet werden können, war die Lektion, die Wissenschaftler und Philosophen vom 19. Jahrhundert an zu lernen hatten. Die modernen philosophischen Doktrinen des 19./20. Jahrhunderts, auf die sich Frank bezog (Pragmatismus, Operationalismus, Logischer Empirismus), versuchten zu zeigen, wie das philosophische Unternehmen, reflexive Verantwortung für kognitive Normen zu übernehmen, unter den neuen „relativierten" historischen Bedingungen weitergeführt werden konnte.[53] Die *Unified Science* Bewegung – vor allem ihre besonders aktiven Proponenten Frank und Neurath – versuchten, diesem neuen philosophischen Unternehmen (oder besser: dem alten unter neuen Umständen) eine spezifische Wendung zu geben. Sie nahmen die Einsicht besonders ernst, dass die Wissenschaft eine gesellschaftliche Praxis ist, deren Normen weder von der Natur noch durch die Vernunft ein für alle Mal gegeben sind. Aber sie nahmen auch sehr ernst, dass Normen ihre bindende Kraft der Überzeugung der handelnden Individuen verdanken und daher nicht unabhängig von der Praxis, die sie leiten, existieren. In diesem Sinn können Normen nur von den „Praktikern" selbst in Frage gestellt werden: Nur sie sind in der Lage, das wirksam zu bezweifeln, wovon sie bisher überzeugt waren, und eine neue Überzeugung, eine neue leitende Annahme festzusetzen. Dieses Privileg des Handelnden, seine leitenden Überzeugungen bezweifeln zu können, ist gleichzeitig eine Position, die es ihm oder ihr unmöglich macht, alle auf ein Mal in Frage zu stellen.

In seinem berühmten Essay „Die Festlegung einer Überzeugung" hat C. S. Peirce die Auffassung vertreten, dass der radikale Zweifel, den Descartes in die Philosophie eingeführt hat, gar kein wirklicher Zweifel sein kann, weil er unser Handeln nicht bestimmt (und auch gar nicht bestimmen kann). Lange vor Wittgenstein beschrieb Peirce den Zweifel an unseren Überzeugungen als eine schmerzliche Erfahrung von praktischer Verwirrung und Desorientierung, als eine Situation, in der wir nicht wissen, wie wir weiter machen sollen, und die wir so schnell wie möglich zu überwinden versuchen. In diesem Sinn enthält die Wissenschaft unvermeidlicherweise ein konservatives Moment.[54] Denn jede erfolgreiche Praxis – dar-

---

53 Michael Friedman, „On the Sociology of Scientific Knowledge and its Philosophical Agenda", in: *Studies in History and Philosophy of Science* 29, 2, 1998, pp. 239-271; Michael Friedman, *Reconsidering Logical Positivism*. Cambridge, UK: Cambridge University Press 1999.

54 Auf dieses konservative Moment wissenschaftlicher Praxis hat Neurath schon in seiner Besprechung der *Logik der Forschung* von Karl Popper aufmerksam gemacht (siehe Otto

auf kann uns Peirce aufmerksam machen – reproduziert und verstärkt ihre leitenden Annahmen: Solange die Annahmen unser Handeln erfolgreich leiten, besteht keine innere Notwendigkeit, sie in Frage zu stellen. Sogar die Möglichkeit, das wirklich (das heißt für Peirce mit Wirkung auf unser Handeln) zu tun, ist viel beschränkter, als uns manche Philosophen glauben machen wollten.

> Manche Philosophen haben sich vorgestellt, daß es reicht, mündlich oder schriftlich eine Frage zu äußern, um die Untersuchung zu beginnen. Sie haben uns sogar empfohlen, unsere Studien damit zu beginnen, alles in Frage zu stellen. Aber die Verwandlung eines Satzes in einen Fragesatz allein spornt den Geist noch nicht zum Kampf um die Überzeugung an. Es muß einen wirklichen und lebendigen Zweifel geben, ohne den jede Diskussion eitel ist.[55]

Unter diesem Gesichtspunkt war das Ziel der *Unified Science*, wie Frank und Neurath sie sich vorstellten, Wissenschaftlerinnen und Wissenschaftler darin zu üben, „wirkliche lebendige Zweifel" über die Rechtfertigung dessen, was sie tun, zu haben. Und weil Frank und Neurath die Auffassung der Pragmatisten teilten, dass „wirkliche lebendige" Zweifel praktische Zweifel sind, also Zweifel darüber, wie wir weiter machen sollen, schlugen sie vor, die intellektuellen und sozialen Umstände zu schaffen, aus denen dieser Typ von Fragen hervorgeht und – hoffentlich – in fruchtbarer Weise beantwortet werden könnte. Zusammenführung von irreduzibel pluralen Wissensfeldern – ich erinnere an Neuraths „Enzyklopädie als Modell"[56] – war das intellektuelle Bezugssystem einer praktischen Bewegung, die nicht den Anspruch erhob, auf einer innertheoretischen Notwendigkeit zu beruhen. Die Auffassung, dass das Projekt historisch, gesellschaftlich

---

Neurath „Pseudorationalismus der Falsifikation", Original 1935, abgedruckt in: Otto Neurath, *Gesammelte philosophische und methodologische Schriften.* Hg. v. Rudolf Haller u. Heiner Rutte. Wien: Hölder-Pichler-Tempsky 1981, pp. 635-644). In Kuhns Ansatz wird es bekanntlich zu einem Moment der „Normalwissenschaft".

55 Charles Sanders Peirce, „Die Festlegung einer Überzeugung", Original 1877, deutsche Übersetzung in: Ekkehard Martens (Hg.), *Texte der Philosophie des Pragmatismus.* Stuttgart: Reclam 1975, pp. 61-98, hier p. 70.

56 Otto Neurath, „Die Enzyklopädie als ‚Modell'", Original 1936, abgedruckt in: Neurath, *Gesammelte philosophische und methodologische Schriften, op. cit.*, pp. 725-738. Siehe auch Otto Neurath, „Einheit der Wissenschaft als Aufgabe", Original 1935, abgedruckt in: Neurath, *Gesammelte philosophische und methodologische Schriften, op. cit.*, pp. 625-629.

und politisch notwendig sei, teilte Frank mit Neurath.[57] Thomas Uebel hat immer wieder betont, dass Neurath die Wissenschaft als eine gesellschaftliche Praxis auffasste, deren Form von den „Praktikern" bestimmt wird.[58] Und er hob hervor, dass Neurath wollte, dass die Wissenschaftlerinnen und Wissenschaftler selbst sich für kompetent und sogar persönlich verpflichtet fühlen sollten, sich auf die Klärung der Begriffe ihrer wissenschaftlichen Praxis einzulassen und Verantwortung für sie zu übernehmen.[59] In unserem Kontext können wir besser sehen, was das bedeutet – und wir können sehen, dass die Proponenten der *Unified Science* Bewegung sich darüber bewusst waren, dass ihr Projekt sich einer weitreichenden philosophischen Herausforderung zu stellen hat.

Wie Frank und Neurath es sahen, war die *Unified Science* ein epistemologisches und ein politisches Projekt in einem.[60] Das Ziel aller Aktivitäten (der Kongresse, Publikationsserien, der Enzyklopädie) war ganz und gar nicht, wissenschaftliche Fakten zu sammeln und sie der Öffentlichkeit als Wahrheiten zu verkünden. Das Ziel war vielmehr, die logischen und empirischen Verfahrensweisen offenzulegen, über die Wissenschaftlerinnen und Wissenschaftler zu ihren Ergebnissen gelangen. Vielleicht könnte dieses Projekt heute neu eingeschätzt werden, wenn es unter dem Gesichtspunkt betrachtet wird, dass die Öffentlichkeit zunehmend Interesse daran haben müsste (und teilweise schon hat), das *big business* der Produktion wissenschaftlichen Wissens besser zu kontrollieren. Obwohl dieser Aspekt gesellschaftlicher Kontrolle für die Beurteilung des *Unified Science* Projekts wichtig ist, dürfen wir einen anderen nicht aus dem Auge verlieren. *Unified Science* sollte auch einen gesellschaftlichen Raum schaffen, ein Forum, in dem die innerhalb der Wissenschaft handelnden Personen *selbst* dazu gedrängt würden, sich die Kompetenzen anzueignen, die ihnen erlauben, ihre

57 Zum Beispiel in: Neurath, „Die Enzyklopädie als ‚Modell'", *op. cit.*, und Neurath, „Einheit der Wissenschaft als Aufgabe", *op. cit.*

58 Thomas E. Uebel, „The Enlightenment Ambition of Epistemic Utopianism: Otto Neurath's Theory of Science in Historical Perspective", in: Ronald N. Giere / Alan W. Richardson (Hg.), *Origins of Logical Empiricism.* Minnesota Studies in the Philosophy of Science Vol. XVI. London: University of Minnesota Press 1996, pp. 91-114, hier p. 108.

59 Thomas E. Uebel, „Enlightenment and the Vienna Circle's Scientific World Conception", in: Amelie Oksenberg Rorty (Hg.), *Philosophers on Education. Historical Perspectives.* London–New York: Routledge 1998, p. 429.

60 Zur „politischen Wissenschaftsphilosophie des Logischen Empirismus" siehe Thomas E. Uebel, „Political Philosophy of Science in Logical Empiricism: The Left Vienna Circle", in: *Studies in History and Philosophy of Science* 36, 2005, pp. 754-773.

grundlegenden kognitiven Annahmen als leitende praktische Prinzipien wahrzunehmen, die nur teilweise explizit und klar sind. Wissenschaftler und Wissenschaftlerinnen würden gezwungen zu lernen, dass sie selbst für den Typ von Fortschritt verantwortlich sind, den Frank „Fortschritte in der Semantik" nannte.

Es ist wichtig zu sehen, dass damit die Wissenschaftlerinnen und Wissenschaftler nicht in die Position gebracht sind, ein beliebiges epistemologisches Bezugssystem zu wählen, je nach dem, was sie selbst oder ihre Communities vorziehen. Als „Praktiker" sind sie gerade nicht in der distanzierten Position relativistischer Philosophie oder der Wissenschaftssoziologie.[61] Der Anspruch, dass Wissenschaftlerinnen und Wissenschaftler dazu verpflichtet sind, Verantwortung für ihre leitenden Prinzipien zu nehmen, heißt, dass sie diese Verantwortung von „innerhalb" dieser Praxis zu übernehmen haben. Wie in jeder anderen menschlichen Praxis sind „Fortschritte in der Semantik" nur unter der Bedingung zu haben, dass Individuen und Gruppen bereit sind, ihre leitenden Normen von innerhalb ihrer Praxis zu befragen; dass sie bereit sind (und über die entsprechenden Kompetenzen verfügen), das intellektuelle Bezugssystem, von dem ihre eigene Praxis abhängt, zu „relativieren" – und damit eine neue, komplexere Sprache zu schaffen, die reich genug ist, Erfahrungen zu integrieren, die in unterschiedlichen Sprachen formuliert worden sind. Die „Einheitssprache" (eine zugegeben unglückliche Bezeichnung), wie Frank und Neurath sie sich vorstellten, war weder die allumfassende, ein für alle mal korrekt aufgebaute wissenschaftliche Sprache noch die Sprache der Physik.[62] Es war die

61 Michael Friedman hat in sehr erhellender Weise die Spannung untersucht, die zwischen den internen Normen, die die Praxis der Wissenschaft bestimmen, auf der einen Seite und den distanzierten, externen Feststellungen einer skeptischen und relativistischen Philosophie auf der anderen Seite besteht (Friedman, „On the Sociology of Scientific Knowledge and its Philosophical Agenda", *op. cit.*, p. 268). Die Tradition, die Friedman als die Hume-Carnap-Wittgenstein-Tradition charakterisiert und der er selbst sich anschließt, habe diese Spannung aufgelöst, indem sie die wissenschaftliche Praxis von der relativistischen Philosophie strikt trennte: „we isolate the practice of science from the corrosive effects of skeptical and relativistic philosophy [...] by sharply segregating philosophy, as a discipline, from the scientific enterprise" (*ibid.*, p. 269). Ich meine, dass die *Unified Science* im Sinne Franks und Neuraths ein Projekt war, das mit dieser Spannung anders umzugehen versuchte.

62 Siehe Thomas Mormann, „Encyclopedism as an Anti-Cartesian Account of Language and Science", in: Elisabeth Nemeth / Friedrich Stadler (Hg.), *Encyclopedia and Utopia. The Life and Work of Otto Neurath (1882–1945)*, Vienna Circle Yearbook 4, Dordrecht–Boston–London: Kluwer 1996, pp. 87-96; Thomas Mormann, „Neuraths anticartesische Konzeption von Sprache und Wissenschaft", in: Elisabeth Nemeth / Richard

„reichere Sprache", die immer dann gebraucht wird, wenn der sprachliche Rahmen, mit dem wir bisher erfolgreich gearbeitet haben, durch eine zunächst als inkompatibel erscheinende Erfahrung in Frage gestellt wird. Das Projekt der *Unified Science* beruhte auf einer – im weiten Sinn – politischen Anstrengung, die darauf abzielte, die gesellschaftlichen Umstände zu schaffen, unter denen „lebendige Probleme", die nach einer „reicheren Sprache" verlangen, öfter auftreten und diskutiert würden als innerhalb der etablierten disziplinären und kulturellen Grenzen.

Wie ich dieses Projekt verstehe, wollte es die Wissenschaftlerinnen und Wissenschaftler auch dazu bringen, zu sehen, dass ihre leitenden Normen nicht erklärt und nicht gerechtfertigt werden können, wenn sie nicht in Beziehung zu den normativen Prinzipien in anderen Sphären menschlicher Praxis gesetzt werden (inklusive denen anderer Disziplinen). Unsere kognitiven Normen „relativieren" heißt in diesem Sinn aber nicht, dass wir versuchen, sie von einem äußeren Gesichtspunkt her zu rechtfertigen (sie direkt mit einer sozialen, politischen Zielsetzung zu begründen). Es heißt vielmehr, einen intellektuellen und linguistischen Rahmen (und auch einen sozialen Raum) zu schaffen, in dem wir klar machen können, dass Verantwortung für unsere kognitiven Normen zu übernehmen nur eine Dimension ist in dem viel breiteren Projekt, das darin besteht, Verantwortung für unser Handeln zu übernehmen.

Wenn Frank Studenten lehren wollte, die Normen ihrer eigenen wissenschaftlichen Praxis aus einer reflexiven Distanz zu betrachten und sich nach den Gründen ihrer Rechtfertigung zu fragen, dann ging es nicht um eine wissenschaftlich-philosophische Unterweisung im engen Sinn. Frank sah darin ein kulturelles Projekt mit weitreichenden gesellschaftlichen, politischen und auch moralischen Implikationen. Die Wissenschaft *kann* eine der Avantgarden in der Bemühung um gesellschaftliche Fortschritte sein, sie spielt diese Rolle aber nicht notwendiger Weise und nicht unter allen Umständen. Frank war der Auffassung, dass die Wissenschaft bis ins 19. Jahrhundert eine wesentliche Kraft im Projekt der Aufklärung war.[63] Er beobachtete freilich schon 1917, dass keineswegs sicher ist, ob sie diese Rolle im 20. Jahrhundert weiterhin spielen wird können.[64] Wenn den

---

Heinrich (Hg.), *Otto Neurath: Rationalität, Planung, Vielfalt.* Wiener Reihe Bd. 9, Wien–Berlin: Oldenbourg-Akademie 1999, pp. 32-61.

63 Zur Kontinuität zwischen Franks Denken und dem der Aufklärung siehe Thomas E. Uebel, „Education, Enlightenment and Positivism: The Vienna Circle's Scientific World-Conception Revisited", in: *Science & Education* 13, 2004, pp. 41-66.

64 Frank, „Die Bedeutung der physikalischen Erkenntnistheorie Machs für das Geistes-

Wissenschaften weiterhin eine Rolle im Projekt der Aufklärung zukommen kann, dann nur unter bestimmten Voraussetzungen. Wissenschaftlerinnen und Wissenschaftler müssten in der Lage sein, selbst einzusehen, dass auch in den Wissenschaften die entscheidenden Fortschritte oft nicht durch eine der *Community of Falsifiers* angeblich immanente Dynamik erzielt werden, sondern durch individuelle und kollektive Anstrengungen, die in gewissem Sinn auch moralischer und politischer Natur sind. Die Forderung, dass Wissenschaftlerinnen und Wissenschaftler sich darin üben sollten, den theoretischen Rahmen ihrer wissenschaftlichen Praktiken auch dann in Frage zu stellen, wenn diese Praktiken in sich erfolgreich sind, richtet sich an Institutionen und an die Wissenschaftlerinnen und Wissenschaftler selbst. Für Institutionen bedeutet diese Forderung, dass sie das Überschreiten disziplinärer, sozialer und kultureller Grenzen unterstützen und ermutigen sollten. Für die handelnden Individuen bedeutet sie, dass sie freiwillig – das heißt, ohne durch innertheoretische Notwendigkeit oder durch äußere Faktoren gezwungen zu sein – bereit sein sollen, ihre leitenden Normen in einem breiteren Rahmen zu beschreiben und zu begründen, als sie in ihren disziplinären Grenzen gewöhnt sind.

An diesem Punkt können wir deutlicher sehen, warum Frank glaubte, dass Wissenschaft, wenn sie in der von ihm vorgeschlagenen Weise gelehrt und praktiziert würde, den Glauben an die Objektivität von Werten nicht zerstören muss, sondern diesen sogar unterstützen könnte. Wissenschaft würde als eine Praxis erfahren und eingeübt, die Menschen in die Lage versetzt, nicht nur Behauptungen in Frage zu stellen und neu zu formulieren, sondern auch die leitenden Normen, denen diese Behauptungen genügen sollen. Die *Unified Science* sollte ein Feld gesellschaftlicher Erfahrung werden, das diejenigen Dispositionen und Fähigkeiten hervorbringt, mit denen wir reflexive Verantwortung für die Normen unseres Handelns – in den Wissenschaften und außerhalb – zu übernehmen versuchen. Freilich: Eine Art Vorbild und treibende Kraft für soziale und politische Fortschritte wird die Wissenschaft nur dann sein können, wenn Wissenschaftlerinnen und Wissenschaftler bereit sind, jene Fähigkeiten und Dispositionen, die sie in einer reflektierten wissenschaftlichen Praxis erworben haben (Pierre Bourdieu nannte sie „wissenschaftlichen Habitus"), auch außerhalb der Wissenschaft einzusetzen. Wenn sie also bereit sind, an dem viel weiter reichenden Projekt teilzunehmen, das darin besteht, die moralischen und

leben der Gegenwart", *op. cit.*

politischen Standards in einer sich schnell verändernden Welt zu befragen, sie zu reformulieren und neu zu begründen.

Namenregister

Nicht erfasst wurden Fußnoten, Tabellen und Graphiken

Die Autorinnen und Autoren

Sonja Kato-Mailáth-Pokorny (Wien)

Abgeordnete zum Wiener Landtag und Gemeinderat. Von 1995–2001 war Kato-Mailáth-Pokorny als Journalistin und Pressesprecherin tätig. Ihr Studium der Geschichte schloss sie mit einer Arbeit über Wilhelm Börner, den langjährigen Leiter der Ethischen Gemeinde Wien, ab: *Wilhelm Börner (1882–1951) – Sein Leben an Hand ausgewählter Werke.* Sie führt diese Forschung im Rahmen einer Dissertation fort.

Wulf Kellerwessel (Aachen)

Professor für Philosophie an der RWTH Aachen mit den Arbeitsgebieten Ethik, Politische Philosophie, Sprachphilosophie, Erkenntnis- und Wissenschaftstheorie, Analytische Philosophie, Philosophie der Aufklärung sowie der Philosophie der Neuzeit und Gegenwart. Wulf Kellerwessel veröffentlichte u.a. *Referenztheorien in der analytischen Philosophie* (frommann-holzboog 1995), *Normenbegründung in der analytischen Ethik* (Königshausen & Neumann 2003), *Michael Walzers kommunitaristische Moralphilosophie* (LIT 2005) sowie *Regel und Handlungssubjekt in der gegenwärtigen Moralphilosophie* (LIT 2007) und *Wittgensteins Sprachphilosophie in den „Philosophischen Untersuchungen"* (Heusenstamm 2009). Zudem gab er neben weiteren Werken *Wittgensteins Spätphilosophie. Analysen und Probleme* (Königshausen & Neumann 1998, mit Th. Peuker) heraus.

Hannes Leitgeb (Bristol)

Professor für Mathematische Logik und Philosophie der Mathematik an der Universität Bristol mit den Arbeitsschwerpunkten Logik und Erkenntnistheorie, Philosophie der Mathematik, Wissenschaftstheorie, Kognitionswissenschaften, Geschichte der Philosophie. Hannes Leitgeb ist u.a. (Mit-)Herausgeber der Zeitschriften *Studia Logica* und *Erkenntnis*, der Reihen *The Collected Works of Rudolf Carnap* (Open Court) und *LOGOS Book Series on Logic, Metaphysics, and Philosophy of Language* (Ontos) sowie von *Reduction and Elimination in Philosophy and the Sciences* (Ontos 2009, mit A. Hieke) und *Reduction: Between the Mind and the Brain* (Ontos 2009, mit A. Hieke).

Thomas Mormann (Donostia-San Sebastián)

Professor für Logik und Wissenschaftsphilosophie an der Universität des Baskenlandes in Donostia-San Sebastián (Spanien) mit den Forschungsschwerpunkten Wissenschaftstheorie, Philosophische Logik, Formale Ontologie, Philosophie des Wiener Kreises und Deutsche Philosophie des frühen 20. Jahrhunderts. Veröffentlichungen (u.a.): *Rudolf Carnap* (Beck 2000) und *Rudolf Carnap, Scheinprobleme in der Philosophie und andere metaphysikkritische Schriften* (Herausgeber, Meiner 2004).

Edgar Morscher (Salzburg)

Professor für Philosophie an der Universität Salzburg mit den Arbeitschwerpunkten Ethik, Ontologie, philosophische Logik und Semantik, Philosophie des 19. und 20. Jahrhunderts. Edgar Morscher verfasste u.a. *Studien zur Logik Bernard Bolzanos* (Academia 2007), *Bernard Bolzano's Life and Work* (Academia 2008) und *Kann denn Logik Sünde sein? Die Bedeutung der modernen Logik für Theorie und Praxis des Rechts* (LIT 2009). Darüber hinaus ist er neben weiteren Werken (Mit-)Herausgeber der *Bernard-Bolzano-Gesamtausgabe* (frommann-holzboog), der *Beiträge zur Angewandten Ethik* (Academia) sowie von *New Essays in Free Logic* (Kluwer 2001, mit A. Hieke), *Was wir Karl R. Popper und seiner Philosophie verdanken. Zu seinem 100. Geburtstag* (Academia 2002) und *Was heißt es, ein Recht auf etwas zu haben? Stig und Helle Kangers Analyse der Menschenrechte* (Academia 2004).

Elisabeth Nemeth (Wien)

Professorin am Institut für Philosophie der Universität Wien mit den Forschungsschwerpunkten Philosophie und Geschichte des Wiener Kreises (besonders Neurath, Zilsel, Frank) und erkenntnistheoretische Aspekte der Sozial- und Kulturforschung (besonders Ernst Cassirer und Pierre Bourdieu). Elisabeth Nemeth veröffentlichte u.a. *Otto Neurath und der Wiener Kreis. Revolutionäre Wissenschaftlichkeit als politischer Anspruch* (Campus 1981) und gab folgende Werke (mit-)heraus: *Encyclopedia and Utopia. The Life and Work of Otto Neurath (1882–1945)* (Kluwer 1996, mit F. Stadler), *Otto Neurath: Rationalität, Planung, Vielfalt* (Akademie Verlag 1999, mit R. Heinrich), *Paris – Wien. Enzyklopädien im Vergleich* (Springer 2005, mit N. Roudet) und *Otto Neurath's Economics in Context* (Springer 2008, mit St. Schmitz, Th. Uebel).

Dietmar von der Pfordten (Göttingen)

Professor für Rechts- und Sozialphilosophie an der Georg-August-Universität Göttingen mit dem Arbeitsschwerpunkt Praktische Philosophie, v.a. Politische Ethik und Rechtsethik. Er ist u.a. Autor von *Ökologische Ethik. Zur Rechtfertigung menschlichen Verhaltens gegenüber der Natur* (Rowohlt 1996) und *Rechtsethik* (Beck 2001, 2. Aufl. 2010). Darüber hinaus gab er in der Reihe *Alber Texte zur Philosophie* den Band *Texte zur Rechtsphilosophie* (Alber 2002) heraus, sowie mit J. Nida-Rümelin *Ökologische Ethik und Rechtstheorie* (Nomos 1995, 2. Aufl. 2002). 2009 wird *Menschenwürde, Recht und Staat bei Kant. Fünf Untersuchungen* erscheinen (Mentis) und 2010 *Normative Ethik.*

Jan Radler (Frankfurt/Oder)

Wissenschaftlicher Mitarbeiter am Lehrstuhl für philosophische Grundlagen kulturwissenschaftlicher Analyse der Europa-Universität Viadrina in Frankfurt (Oder). Seine Forschungen konzentrieren sich neben der Erkenntnistheorie auf die Geschichte der Österreichischen Philosophie und des Logischen Empirismus sowie auf das Verhältnis von Philosophie und Erfahrungswissenschaften. Jan Radler verfasste u.a. *Victor Krafts konstruktiver Empirismus. Eine historische und philosophische Studie* (Logos-Verlag 2006).

Anne Siegetsleitner (Salzburg)

Elise-Richter-Stelleninhaberin an der Universität Salzburg. Ihre Forschungsschwerpunkte liegen auf den Gebieten der Feministischen Philosophie, Angewandten Ethik, Metaethik, Sozial- und Politischen Philosophie, Rechtsphilosophie sowie der Philosophie des 20. Jahrhunderts. Sie publizierte u.a. *E-Mail im Internet und Privatheitsrechte* (Alber 2001) und ist (Mit-)Herausgeberin der Reihe *Angewandte Ethik* (Alber, mit N. Knoepffler, P. Kunzmann, R. Merkel, I. Pies,) sowie von *Menschenwürde im interkulturellen Dialog* (Alber 2005, mit N. Knoepffler) und *Einführung in die Angewandte Ethik* (Alber 2006, mit N. Knoepffler, P. Kunzmann, I. Pies).

Thomas Uebel (Manchester)

Professor für Philosophie an der Universität Manchester mit den Schwerpunkten Geschichte der Wissenschaftsphilosophie, der Analytischen und Österreichischen Philosophie sowie Erkenntnistheorie und Philosophie der Sozialwissenschaften. Er ist u.a. Autor von *Overcoming Logical Positivism from Within* (Rodopi 1992), *Vernunftkritik und Wissenschaft* (Springer 2000), *Empiricism at the Crossroads. The Vienna Circle's Protocol Sentence Debate Revisited* (Open Court 2007) und Mitautor von *Otto Neurath: Philosophy between Science and Politics* (Cambridge University Press 1996, mit N. Cartwright, J. Cat, L. Fleck). Zudem ist Thomas Uebel (Mit-)Herausgeber folgender Werke: *Rediscovering the Forgotten Vienna Circle* (Kluwer 1991), *The Cambridge Companion to Logical Empiricism* (Cambridge University Press 2007, mit A. Richardson) und *Otto Neurath's Economics in Context* (Springer 2008, mit St. Schmitz, E. Nemeth).

SpringerPhilosophie

Veröffentlichungen des Instituts Wiener Kreis

K. R. Fischer, F. Stadler (Hrsg.)
„Wahrnehmung und Gegenstandswelt"
Zum Lebenswerk von Egon Brunswik (1903–1955)

1997. 187 Seiten. 15 Abb. 1 Frontispiz. Text: d/e
Broschiert **EUR 30,–,** sFr 47,–*
ISBN 978-3-211-82864-9. Bd. 4

Friedrich Stadler (Hrsg.)
Bausteine wissenschaftlicher Weltauffassung
Lecture Series/Vorträge des Instituts Wiener Kreis 1992–1995

1997. 231 Seiten. Text: d/e
Broschiert **EUR 33,–,** sFr 51,50*
ISBN 978-3-211-82865-6. Bd. 5

Friedrich Stadler (Hrsg.)
Phänomenologie und logischer Empirismus
Zentenarium Felix Kaufmann (1895–1949)

1997. 163 Seiten. 1 Frontispiz. Text: d/e
Broschiert **EUR 28,–,** sFr 43,50*
ISBN 978-3-211-82937-0. Bd. 7

Friedrich Stadler (Hrsg.)
Elemente moderner Wissenschaftstheorie
Zur Interaktion von Philosophie, Geschichte und Theorie der Wissenschaften

2000. XXVI, 220 Seiten. 16 Abb.
Broschiert **EUR 39,95,** sFr 62,–*
ISBN 978-3-211-83315-5. Bd. 8

C. Jabloner, F. Stadler (Hrsg.)
Logischer Empirismus und Reine Rechtslehre
Beziehungen zwischen dem Wiener Kreis und der Hans Kelsen-Schule

2001. XXI, 339 Seiten.
Broschiert **EUR 59,95,** sFr 93,–*
ISBN 978-3-211-83586-9. Bd. 10

FSC
www.fsc.org
MIX
Papier | Fördert gute Waldnutzung
FSC® C083411

Kolibri 360 GmbH
Ferdinand-Jühlke-Straße 7
99095 Erfurt, Deutschland
produktsicherheit@kolibri360.de